東京大学工学教程

基礎系 数学

ベクトル解析

東京大学工学教程編纂委員会 編

大岩 顕
奥薗 透
松野俊一 著
岡 隆史
有田亮太郎

Vector Analysis

SCHOOL OF ENGINEERING
THE UNIVERSITY OF TOKYO

丸善出版

東京大学工学教程

編纂にあたって

東京大学工学部，および東京大学大学院工学系研究科において教育する工学はいかにあるべきか．1886 年に開学した本学工学部・工学系研究科が 125 年を経て，改めて自問し自答すべき問いである．西洋文明の導入に端を発し，諸外国の先端技術追奪の一世紀を経て，世界の工学研究教育機関の頂点の一つに立った今，伝統を踏まえて，あらためて確固たる基礎を築くことこそ，創造を支える教育の使命であろう．国内のみならず世界から集う最優秀な学生に対して教授すべき工学，すなわち，学生が本学で学ぶべき工学を開示することは，本学工学部・工学系研究科の責務であるとともに，社会と時代の要請でもある．追奪から頂点への歴史的な転機を迎え，本学工学部・工学系研究科が執る教育を聖域として閉ざすことなく，工学の知の殿堂として世界に問う教程がこの「東京大学工学教程」である．したがって照準は本学工学部・工学系研究科の学生に定めている．本工学教程は，本学の学生が学ぶべき知を示すとともに，本学の教員が学生に教授すべき知を示す教程である．

2012 年 2 月

2010–2011 年度
東京大学工学部長・大学院工学系研究科長　北　森　武　彦

東京大学工学教程

刊行の趣旨

現代の工学は，基礎基盤工学の学問領域と，特定のシステムや対象を取り扱う総合工学という学問領域から構成される．学際領域や複合領域は，学問の領域が伝統的な一つの基礎基盤ディシプリンに収まらずに複数の学問領域が融合したり，複合してできる新たな学問領域であり，一度確立した学際領域や複合領域は自立して総合工学として発展していく場合もある．さらに，学際化や複合化はいまや基礎基盤工学の中でも先端研究においてますます進んでいる．

このような状況は，工学におけるさまざまな課題も生み出している．総合工学における研究対象は次第に大きくなり，経済，医学や社会とも連携して巨大複雑系社会システムまで発展し，その結果，内包する学問領域が大きくなり研究分野として自己完結する傾向から，基礎基盤工学との連携が疎かになる傾向がある．基礎基盤工学においては，限られた時間の中で，伝統的なディシプリンに立脚した確固たる工学教育と，急速に学際化と複合化を続ける先端工学研究をいかにしてつないでいくかという課題は，世界のトップ工学校に共通した教育課題といえる．また，研究最前線における現代的な研究方法論を学ばせる教育も，確固とした工学知の前提がなければ成立しない．工学の高等教育における二面性ともいえ，いずれを欠いても工学の高等教育は成立しない．

一方，大学の国際化は当たり前のように進んでいる．東京大学においても工学の分野では大学院学生の四分の一は留学生であり，今後は学部学生の留学生比率もますます高まるであろうし，若年層人口が減少する中，わが国が確保すべき高度科学技術人材を海外に求めることもいよいよ本格化するであろう．工学の教育現場における国際化が急速に進むことは明らかである．そのような中，本学が教授すべき工学知を確固たる教程として示すことは国内に限らず，広く世界にも向けられるべきである．2020 年までに本学における工学の大学院教育の 7 割，学部教育の 3 割ないし 5 割を英語化する教育計画はその具体策の一つであり，工学の教育研究における国際標準語としての英語による出版はきわめて重要である．

現代の工学を取り巻く状況を踏まえ，東京大学工学部・工学系研究科は，工学の基礎基盤を整え，科学技術先進国のトップの工学部・工学系研究科として学生が学び，かつ教員が教授するための指標を確固たるものとすることを目的として，時代に左右されない工学基礎知識を体系的に本工学教程としてとりまとめた．本工学教程は，東京大学工学部・工学系研究科のディシプリンの提示と教授指針の明示化であり，基礎（2 年生後半から 3 年生を対象），専門基礎（4 年生から大学院修士課程を対象），専門（大学院修士課程を対象）から構成される．したがって，工学教程は，博士課程教育の基盤形成に必要な工学知の徹底教育の指針でもある．工学教程の効用として次のことを期待している．

- 工学教程の全巻構成を示すことによって，各自の分野で身につけておくべき学問が何であり，次にどのような内容を学ぶことになるのか，基礎科目と自身の分野との間で学んでおくべき内容は何かなど，学ぶべき全体像を見通せるようになる．
- 東京大学工学部・工学系研究科のスタンダードとして何を教えるか，学生は何を知っておくべきかを示し，教育の根幹を作り上げる．
- 専門が進んでいくと改めて，新しい基礎科目の勉強が必要になることがある．そのときに立ち戻ることができる教科書になる．
- 基礎科目においても，工学部的な視点による解説を盛り込むことにより，常に工学への展開を意識した基礎科目の学習が可能となる．

東京大学工学教程編纂委員会　　委員長　光　石　　　衛
幹　事　吉　村　　　忍

基礎系 数学

刊行にあたって

数学関連の工学教程は全 17 巻からなり，その相互関連は次ページの図に示すとおりである．この図における「基礎」,「専門基礎」,「専門」の分類は，数学に近い分野を専攻する学生を対象とした目安であり，矢印は各分野の相互関係および学習の順序のガイドラインを示している．その他の工学諸分野を専攻する学生は，そのガイドラインに従って，適宜選択し，学習を進めて欲しい.「基礎」は，ほぼ教養学部から 3 年程度の内容ですべての学生が学ぶべき基礎的事項であり，「専門基礎」は，4 年生から大学院で学科・専攻ごとの専門科目を理解するために必要とされる内容である．「専門」は，さらに進んだ大学院レベルの高度な内容で，「基礎」,「専門基礎」の内容を俯瞰的・統一的に理解することを目指している．

数学は，論理の学問でありその力を訓練する場でもある．工学者はすべてこの「論理的に考える」ことを学ぶ必要がある．また，多くの分野に分かれてはいるが，相互に密接に関連しており，その全体としての統一性を意識して欲しい．

*　　*　　*

本書では，微積分をベクトル空間へと発展させたベクトル解析について述べる．ここでは「場」という考え方が中心的な役割を果たす.「場」にはスカラー場，ベクトル場，テンソル場といったいくつかの種類があるが，それらが微分演算子により互いに関係する．勾配，回転，発散などがこれに対応している．また，部分積分の一般化である Stokes の定理，Gauss の定理により次元の違う積分の間に関係がつくことで，局所的な構造と大域的な構造が結びつく．ベクトル解析は，力学，電磁気学，流体力学などにとって欠かせない方法論であるとともに，その概念は微分幾何学やトポロジーへと自然につながっている．

東京大学工学教程編纂委員会
数学編集委員会

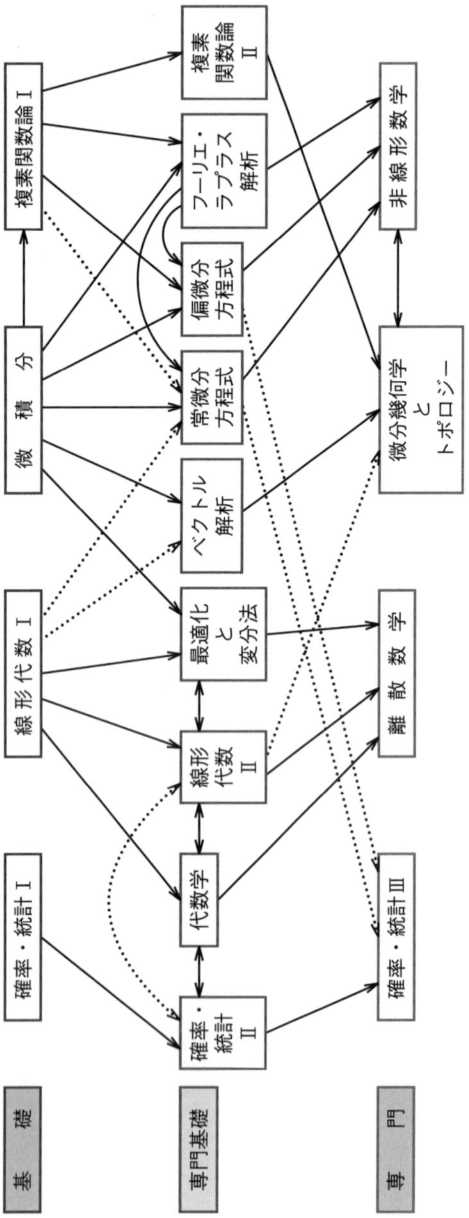

工学教程（数学分野）の相互関連図

目　　次

はじめに

ベクトル解析は，電磁気学における Maxwell の方程式のような物理学の基本法則を記述するのに不可欠であるだけでなく，理工学の分野で広く活用される分野である．本書はこのベクトル解析について，理工系大学の専門教育において取り扱われるべき内容を解説することを目的としている．本教程の性格から，数学としての論理展開の厳密性よりも応用に使いやすい形を目指し，以下のような構成をとっている．

第 1 章では線形空間におけるベクトルの性質，ベクトルの内積や外積などベクトル解析の基礎をまとめた．第 2 章では場の概念を導入する．スカラーやベクトル，テンソルを位置と時間の関数として取り扱い，座標変換に対する変換性について議論する．第 3 章から第 5 章ではスカラー場，ベクトル場の微分と積分を考察し，第 6 章においてはベクトル解析において重要な積分定理（Gauss の定理，Stokes の定理）が導出される．その後，第 7 章において実際の応用の場面でよく使われる公式をまとめた．ベクトル解析は本来その結果が座標系によるものではない．第 8 章ではさまざまな曲線座標系とその間の座標変換について解説した．最後に第 9 章においてベクトル解析がどのように応用されるかについて，古典力学，電磁気学，流体力学を例にとって解説した．

ベクトル解析についてはこれまでに優れた教科書，参考書が多く出版されており，本書執筆の上でもおおいに参考にさせていただいている．これらの文献については読者の便宜のため，最後にリストをまとめている．

1 ベクトル空間

ベクトルは，長さと方向をもつ“矢印”のイメージで理解され，さまざまな物理量を表現する上で重要かつ有用な概念である．ベクトルで構成される空間は線形空間であり，その性質やベクトルの演算を理解することは，数学だけでなく物理や工学でもたいへん重要である．この章では線形空間のベクトルの性質から，代表的なベクトル演算である内積やベクトル積などを中心に，ベクトル解析の基本となる事柄を見ていく．

1.1 線 形 空 間

あるベクトルの集合 R の任意の二つのベクトル $\boldsymbol{A}$ と $\boldsymbol{B}$ の和として，$\boldsymbol{A}+\boldsymbol{B}$ がやはり R のベクトルであり，スカラー a により R のベクトル $\boldsymbol{A}$ のスカラー倍 $a\boldsymbol{A}$ が存在するものとする．この R のベクトルについて以下の性質が成り立つとき，ベクトルの集合 R を**線形空間**あるいは**ベクトル空間**とよぶ：

$$\boldsymbol{A}+\boldsymbol{B}=\boldsymbol{B}+\boldsymbol{A} \quad \text{(ベクトル和の交換則)} \tag{1.1}$$

$$(\boldsymbol{A}+\boldsymbol{B})+\boldsymbol{C}=\boldsymbol{A}+(\boldsymbol{B}+\boldsymbol{C}) \quad \text{(ベクトル和の結合則)} \tag{1.2}$$

$$\boldsymbol{0}+\boldsymbol{A}=\boldsymbol{A} \quad \text{(ゼロベクトルの存在)} \tag{1.3}$$

$$(-1)\boldsymbol{A}=-\boldsymbol{A} \quad \text{(逆ベクトルの存在)} \tag{1.4}$$

$$a(\boldsymbol{A}+\boldsymbol{B})=a\boldsymbol{A}+a\boldsymbol{B} \quad \text{(スカラー倍の分配則)} \tag{1.5}$$

$$(a+b)\boldsymbol{A}=a\boldsymbol{A}+b\boldsymbol{A} \quad \text{(スカラー倍の分配則)} \tag{1.6}$$

$$a(b\boldsymbol{A})=(ab)\boldsymbol{A} \quad \text{(スカラー倍の結合則)} \tag{1.7}$$

$$1\boldsymbol{A}=\boldsymbol{A} \quad \text{(単位スカラーの存在)} \tag{1.8}$$

ただし a と b はスカラーである．

線形空間のベクトル列 $\boldsymbol{A}_1, \boldsymbol{A}_2, \boldsymbol{A}_3, \cdots, \boldsymbol{A}_n$ の線形結合 (または一次結合) は，$\alpha_1\boldsymbol{A}_1+\alpha_2\boldsymbol{A}_2+\alpha_3\boldsymbol{A}_3+\cdots+\alpha_n\boldsymbol{A}_n$ のように表すことができる．ただし $\alpha_1, \alpha_2, \cdots, \alpha_n$ はスカラーである．

$\boldsymbol{A}_1, \boldsymbol{A}_2, \boldsymbol{A}_3, \cdots, \boldsymbol{A}_n$ とゼロベクトル $\boldsymbol{0}$ (すべての成分がゼロであるベクトル) について,

$$\alpha_1 \boldsymbol{A}_1 + \alpha_2 \boldsymbol{A}_2 + \alpha_3 \boldsymbol{A}_3 + \cdots + \alpha_n \boldsymbol{A}_n = \boldsymbol{0} \tag{1.9}$$

を満たす $\alpha_1, \alpha_2, \cdots, \alpha_n$ の中で, $\alpha_1 = \alpha_2 = \cdots = \alpha_n = 0$ でない組合せが存在する場合, ベクトル $\boldsymbol{A}_1, \boldsymbol{A}_2, \boldsymbol{A}_3, \cdots, \boldsymbol{A}_n$ は**一次従属**であるという.

式 (1.9) を満たす $\alpha_1, \alpha_2, \cdots, \alpha_n$ が $\alpha_1 = \alpha_2 = \cdots = \alpha_n = 0$ のみであるとき, $\boldsymbol{A}_1, \boldsymbol{A}_2, \boldsymbol{A}_3, \cdots, \boldsymbol{A}_n$ は**一次独立**であるという.

一つのベクトルの場合には, ベクトル $\boldsymbol{A} = \boldsymbol{0}$ のとき一次従属であり, $\boldsymbol{A} \neq \boldsymbol{0}$ のとき一次独立である. 二つの場合は, $\alpha_1 \boldsymbol{A}_1 + \alpha_2 \boldsymbol{A}_2 = \boldsymbol{0}$ が成り立つとき $\alpha_1 = \alpha_2 = 0$ なら, ベクトル $\boldsymbol{A}_1$ と $\boldsymbol{A}_2$ は一次独立である. $\alpha_1 = \alpha_2 = 0$ でない α_1 と α_2 が存在する場合は, 二つのベクトルは一次従属であり, 平行または反平行である. 三つのベクトルの場合は, $\alpha_1 \boldsymbol{A}_1 + \alpha_2 \boldsymbol{A}_2 + \alpha_3 \boldsymbol{A}_3 = \boldsymbol{0}$ が成り立つとき $\alpha_1 = \alpha_2 = \alpha_3 = 0$ なら, $\boldsymbol{A}_1$ と $\boldsymbol{A}_2$ と $\boldsymbol{A}_3$ は一次独立である. このとき三つのベクトルは同じ平面内にはない. $\alpha_1 = \alpha_2 = \alpha_3 = 0$ でない α_1 と α_2 と α_3 が存在する場合は, 三つのベクトルは一次従属であり, 三つのベクトルが同じ平面内に存在し, 一つのベクトルが別の二つのベクトルの線形結合で表すことができる. 四つ以上のベクトルについても上記の定義で一次独立と一次従属を定義することができる.

もし線形空間で n 個の一次独立なベクトル列が存在し, $n+1$ 個のベクトル列は一次従属にしかならない場合, 線形空間は n 次元である.

1.2　基底と成分表示

n 次元の線形空間において, 一次独立な n 個のベクトルの集合 $\boldsymbol{u}_1, \cdots, \boldsymbol{u}_n$ を**基底**とよぶ. n 次元空間の任意のベクトル $\boldsymbol{A}$ は, この基底の線形結合 (一次結合) により,

$$\boldsymbol{A} = A_1 \boldsymbol{u}_1 + A_2 \boldsymbol{u}_2 + \cdots + A_n \boldsymbol{u}_n = \sum_{i=1}^{n} A_i \boldsymbol{u}_i \tag{1.10}$$

と書くことができる. 式 (1.10) において, 各 $\boldsymbol{u}_i$ として $\boldsymbol{e}_i = (0, \cdots, 0, \overset{\overset{i}{\vee}}{1}, 0, \cdots, 0)$ とすると, 各基底ベクトルの係数 A_i $(i = 1, 2, \cdots, n)$ がベクトルの成分に相当し, ベクトル $\boldsymbol{A}$ を

$$\boldsymbol{A} = (A_1, A_2, \cdots, A_n) \tag{1.11}$$

と表示することもある．$\boldsymbol{e}_i$ $(i = 1, \cdots, n)$ は n 次元 Euclid (ユークリッド) 空間の正規直交基底 (標準基底) であり，式 (1.11) を標準基底に関する成分表示という．もし $\boldsymbol{A} = \boldsymbol{B}$ なら，ベクトルの各成分は等しい $(A_i = B_i)$．また $\boldsymbol{A} + \boldsymbol{B} = \boldsymbol{C}$ なら $A_i + B_i = C_i$ である．またベクトル $\boldsymbol{A}$ がゼロベクトルである $(\boldsymbol{A} = \boldsymbol{0})$ であるとき，すべての成分はゼロ $(A_i = 0)$ である．

1.3　内 積 と 距 離

1.3.1　内　　積

二つの n 次元ベクトル $\boldsymbol{A} = (A_1, A_2, \cdots, A_n)$ と $\boldsymbol{B} = (B_1, B_2, \cdots, B_n)$ の内積を，次のように各成分の積の和で定義する：

$$\boldsymbol{A} \cdot \boldsymbol{B} = A_1 B_1 + A_2 B_2 + \cdots + A_n B_n = \sum_{i=1}^{n} A_i B_i \tag{1.12}$$

式 (1.12) において $\boldsymbol{A} = \boldsymbol{B}$ のとき

$$\boldsymbol{A} \cdot \boldsymbol{A} = \sum_i A_i^2 \tag{1.13}$$

となる．したがってベクトル $\boldsymbol{A}$ の大きさ (長さ) $||\boldsymbol{A}||$ は

$$||\boldsymbol{A}|| = \sqrt{\sum_i A_i^2} = \sqrt{\boldsymbol{A} \cdot \boldsymbol{A}} \tag{1.14}$$

と定義される．ここで $||\boldsymbol{A}|| \geq 0$ であり，$||\boldsymbol{A}|| = 0$ となるのは，$\boldsymbol{A} = \boldsymbol{0}$ のときのみである．内積はスカラー積ともよばれる．

2，3 次元の場合は，二つのベクトル $\boldsymbol{A}$ と $\boldsymbol{B}$ のなす角度 θ が定義でき，式 (1.12) の内積は以下のように表される．

$$\boldsymbol{A} \cdot \boldsymbol{B} = ||\boldsymbol{A}||\,||\boldsymbol{B}|| \cos\theta \tag{1.15}$$

$||\boldsymbol{A}||$ と $||\boldsymbol{B}||$ はそれぞれベクトル $\boldsymbol{A}$ と $\boldsymbol{B}$ の大きさを表す．

ベクトル $\boldsymbol{A}$ と $\boldsymbol{B}$ (ただし $\boldsymbol{A} \neq \boldsymbol{0}$，$\boldsymbol{B} \neq \boldsymbol{0}$) について

$$\boldsymbol{A} \cdot \boldsymbol{B} = 0 \tag{1.16}$$

となるとき，二つのベクトル $\boldsymbol{A}$ と $\boldsymbol{B}$ は直交するという．2，3 次元の場合には式

(1.15) より，$\cos\theta = 0$ を満たさなくてはならないので，$\theta = \pi/2, 3\pi/2, \cdots$ であり，$\boldsymbol{A}$ と $\boldsymbol{B}$ が直交することが直観的にも理解できる．

また定義から明らかに，

$$\boldsymbol{A} \cdot \boldsymbol{B} = \boldsymbol{B} \cdot \boldsymbol{A} \tag{1.17}$$

が成り立ち，内積は可換であることがわかる．

ベクトル $\boldsymbol{A}$，$\boldsymbol{B}$，$\boldsymbol{C}$ の内積について次の分配法則とスカラー倍が成り立つ：

$$\boldsymbol{A} \cdot (\boldsymbol{B} + \boldsymbol{C}) = \boldsymbol{A} \cdot \boldsymbol{B} + \boldsymbol{A} \cdot \boldsymbol{C} \tag{1.18}$$

$$\boldsymbol{A} \cdot (a\boldsymbol{B}) = (a\boldsymbol{A}) \cdot \boldsymbol{B} = a\boldsymbol{A} \cdot \boldsymbol{B} \tag{1.19}$$

ただし a はスカラーである．

n 次元線形空間の基底ベクトルがそれぞれ直交する単位ベクトル (大きさが 1) の場合，この基底の組を**正規直交基底**という．正規直交基底 $\{\boldsymbol{e}_i\}$ の内積には，次のような性質がある．

$$\boldsymbol{e}_i \cdot \boldsymbol{e}_j = \begin{cases} 1 & (i = j) \\ 0 & (i \neq j) \end{cases} \tag{1.20}$$

これをまとめて

$$\boldsymbol{e}_i \cdot \boldsymbol{e}_j = \delta_{ij} \tag{1.21}$$

と書く．ここで，δ_{ij} は **Kronecker** (クロネッカー) **のデルタ**とよび，

$$\delta_{ij} = \begin{cases} 1 & (i = j) \\ 0 & (i \neq j) \end{cases} \tag{1.22}$$

である．

上の正規直交基底の内積に関する性質を用いると，内積 $\boldsymbol{A} \cdot \boldsymbol{B}$ は，デカルト座標系 (直交直線座標系) での成分 A_i, B_i を使い，

$$\begin{aligned} \boldsymbol{A} \cdot \boldsymbol{B} &= \left(\sum_i A_i \boldsymbol{e}_i \right) \cdot \left(\sum_j B_j \boldsymbol{e}_j \right) \\ &= \sum_i \sum_j A_i B_j \boldsymbol{e}_i \cdot \boldsymbol{e}_j \\ &= \sum_i \sum_j A_i B_j \delta_{ij} \\ &= \sum_i A_i B_i \end{aligned} \tag{1.23}$$

となり，式 (1.12) の定義式を得ることができる．前述の内積の可換性はここからも明らかである．

n 次元線形空間中の一次独立な n 個のベクトルを使って，n 個の正規直交基底をつくることができる．n 個のベクトルを $\boldsymbol{A}_1$, $\boldsymbol{A}_2$, $\boldsymbol{A}_3$, $\cdots$, $\boldsymbol{A}_n$ として，これらから正規直交基底 $\boldsymbol{e}_1$, $\boldsymbol{e}_2$, $\boldsymbol{e}_3$, $\cdots$, $\boldsymbol{e}_n$ をつくる以下の方法を，**Schmidt** (シュミット) **の正規直交化法**という．

$\boldsymbol{A}_i$ $(i = 1, 2, 3, \cdots, n)$ は独立なベクトルであるということは，$||\boldsymbol{A}_i|| \neq 0$ であるので，

$$\boldsymbol{e}_1 = \boldsymbol{A}_1/||\boldsymbol{A}_1|| \tag{1.24}$$

により最初の基底ベクトル $\boldsymbol{e}_1$ をつくる．次に $\boldsymbol{A}_2$ から $\boldsymbol{e}_1$ に平行な成分を除いて $\boldsymbol{e}_1$ に直交するベクトル $\boldsymbol{A}'_2$ をつくり，それを正規化することにより二つ目の基底ベクトル $\boldsymbol{e}_2$ を次のようにつくる：

$$\boldsymbol{A}'_2 = \boldsymbol{A}_2 - (\boldsymbol{A}_2 \cdot \boldsymbol{e}_1)\boldsymbol{e}_1, \quad \boldsymbol{e}_2 = \boldsymbol{A}'_2/||\boldsymbol{A}'_2|| \tag{1.25}$$

次に $\boldsymbol{A}_3$ から $\boldsymbol{e}_1$ と $\boldsymbol{e}_2$ に平行な成分を除いて，正規化することで，三つ目の基底ベクトル $\boldsymbol{e}_3$ を次のようにつくることができる：

$$\boldsymbol{A}'_3 = \boldsymbol{A}_3 - (\boldsymbol{A}_3 \cdot \boldsymbol{e}_1)\boldsymbol{e}_1 - (\boldsymbol{A}_3 \cdot \boldsymbol{e}_2)\boldsymbol{e}_2, \quad \boldsymbol{e}_3 = \boldsymbol{A}'_3/||\boldsymbol{A}'_3|| \tag{1.26}$$

同様に繰り返していき，$n-1$ 番目までの基底ベクトル $\boldsymbol{e}_i$ $(i = 1, 2, 3, \cdots, n-1)$ を $\boldsymbol{A}_n$ から除いて，基底ベクトル $\boldsymbol{e}_i$ $(i = 1, 2, 3, \cdots, n-1)$ のすべてに直交するベクトル $\boldsymbol{A}'_n$ をつくり，それを正規化して n 番目の基底ベクトル $\boldsymbol{e}_n$ を次のようにつくることができる：

$$\boldsymbol{A}'_n = \boldsymbol{A}_n - \sum_{i=1}^{n-1}(\boldsymbol{A}_n \cdot \boldsymbol{e}_i)\boldsymbol{e}_i, \quad \boldsymbol{e}_n = \boldsymbol{A}'_n/||\boldsymbol{A}'_n|| \tag{1.27}$$

こうして正規直交基底 $\boldsymbol{e}_1$, $\boldsymbol{e}_2$, $\boldsymbol{e}_3$, $\cdots$, $\boldsymbol{e}_n$ が得られる．

1.3.2　距　　離

二つのベクトル $\boldsymbol{A}$ と $\boldsymbol{B}$ の距離を考える．ある n 次元空間中の二つの点 A と B の位置ベクトルをそれぞれ $\boldsymbol{A}$ と $\boldsymbol{B}$ とする．このとき二つの点の距離は成分表示

を使うと，

$$\sqrt{(A_1 - B_1)^2 + (A_2 - B_2)^2 + \cdots + (A_n - B_n)^2}$$

と表すことができ，

$$\sqrt{\sum_i (A_i - B_i)^2} = \sqrt{(\boldsymbol{A} - \boldsymbol{B}) \cdot (\boldsymbol{A} - \boldsymbol{B})} = ||\boldsymbol{A} - \boldsymbol{B}|| \tag{1.28}$$

と書くと，二つのベクトルの距離も内積によって表されることがわかる．

式 (1.12) の内積の定義から次の関係式を導くことができる：

$$||\boldsymbol{A} \cdot \boldsymbol{B}|| \leq ||\boldsymbol{A}||\,||\boldsymbol{B}|| \tag{1.29}$$

これは **Schwarz** (シュヴァルツ) **の不等式**として知られる．等号が成り立つ場合，$\boldsymbol{A}$ と $\boldsymbol{B}$ は一次従属である．また式 (1.29) から，$\boldsymbol{A}$ と $\boldsymbol{B}$ について，次の三角不等式

$$||\boldsymbol{A} + \boldsymbol{B}|| \leq ||\boldsymbol{A}|| + ||\boldsymbol{B}|| \tag{1.30}$$

が成り立つことが容易にわかる．これは 2 次元空間における $\boldsymbol{A}$ と $\boldsymbol{B}$ がつくる三角形に対する幾何学的な考察からも理解することができる．

3 次元空間中の位置ベクトル $\boldsymbol{r} = (x, y, z)$ を用いて，平面や球を簡単に表すことができる．$\boldsymbol{n}$ および $\boldsymbol{c}$ を定ベクトル (位置によらず一定のベクトル) とすると，

$$\boldsymbol{n} \cdot (\boldsymbol{r} - \boldsymbol{c}) = 0 \tag{1.31}$$

を満たす点 $\boldsymbol{r}$ は，$\boldsymbol{n}$ を法線ベクトルとし $\boldsymbol{c}$ を含む平面に存在する．また，a を正の定数として，

$$||\boldsymbol{r} - \boldsymbol{c}||^2 = a^2 \tag{1.32}$$

を満たす点 $\boldsymbol{r}$ は，点 $\boldsymbol{c}$ を中心とする半径 a の球上に存在する．

1.4　ベクトル積

ベクトル積は，主に 3 次元空間で有用な概念であるので，以下では 3 次元空間上のベクトルのみを取り扱う．

ベクトル $\boldsymbol{A}$ と $\boldsymbol{B}$ のベクトル積 $\boldsymbol{C}$ を

$$\boldsymbol{C} = \boldsymbol{A} \times \boldsymbol{B} \tag{1.33}$$

と定義する．$\boldsymbol{C}$ の大きさは

$$||\boldsymbol{C}|| = ||\boldsymbol{A}||\,||\boldsymbol{B}||\sin\theta \tag{1.34}$$

で与えられ (θ は $\boldsymbol{A}$ と $\boldsymbol{B}$ のなす角)，$\boldsymbol{C}$ の方向は $\boldsymbol{A}$ と $\boldsymbol{B}$ に垂直で，$\boldsymbol{A}, \boldsymbol{B}, \boldsymbol{C}$ が右手系をつくるように定める．この定義により，

$$\boldsymbol{A} \times \boldsymbol{B} = -\boldsymbol{B} \times \boldsymbol{A} \tag{1.35}$$

が成り立つことが容易にわかる．

またベクトル $\boldsymbol{C}$ の大きさ $||\boldsymbol{C}||$ は，$\boldsymbol{A}$ と $\boldsymbol{B}$ がつくる平行四辺形の面積に等しい．

ベクトル $\boldsymbol{A}$，$\boldsymbol{B}$，$\boldsymbol{C}$ のベクトル積について次の分配法則とスカラー倍が成り立つ：

$$\boldsymbol{A} \times (\boldsymbol{B} + \boldsymbol{C}) = \boldsymbol{A} \times \boldsymbol{B} + \boldsymbol{A} \times \boldsymbol{C} \tag{1.36}$$

$$(\boldsymbol{A} + \boldsymbol{B}) \times \boldsymbol{C} = \boldsymbol{A} \times \boldsymbol{C} + \boldsymbol{B} \times \boldsymbol{C} \tag{1.37}$$

$$\boldsymbol{A} \times (a\boldsymbol{B}) = (a\boldsymbol{A}) \times \boldsymbol{B} = a\boldsymbol{A} \times \boldsymbol{B} \tag{1.38}$$

ただし a はスカラーである．

正規直交基底 $\{\boldsymbol{e}_1, \boldsymbol{e}_2, \boldsymbol{e}_3\}$ のベクトル積について，

$$\boldsymbol{e}_1 \times \boldsymbol{e}_1 = \boldsymbol{e}_2 \times \boldsymbol{e}_2 = \boldsymbol{e}_3 \times \boldsymbol{e}_3 = \boldsymbol{0} \tag{1.39}$$

$$\boldsymbol{e}_1 \times \boldsymbol{e}_2 = \boldsymbol{e}_3, \quad \boldsymbol{e}_2 \times \boldsymbol{e}_3 = \boldsymbol{e}_1, \quad \boldsymbol{e}_3 \times \boldsymbol{e}_1 = \boldsymbol{e}_2 \tag{1.40}$$

の関係が得られる．

上の関係式を使うと，$\boldsymbol{C} = \boldsymbol{A} \times \boldsymbol{B}$ の成分表示は，

$$\begin{aligned} C_1 &= A_2B_3 - A_3B_2 \\ C_2 &= A_3B_1 - A_1B_3 \\ C_3 &= A_1B_2 - A_2B_1 \end{aligned} \tag{1.41}$$

となる．あるいは，まとめて

$$C_i = A_jB_k - A_kB_j \tag{1.42}$$

と書ける．ただし，i, j, k は循環的である．このことから，ベクトル積 $\boldsymbol{A} \times \boldsymbol{B}$ が

$$\boldsymbol{A} \times \boldsymbol{B} = \begin{vmatrix} \boldsymbol{e}_1 & \boldsymbol{e}_2 & \boldsymbol{e}_3 \\ A_1 & A_2 & A_3 \\ B_1 & B_2 & B_3 \end{vmatrix} \tag{1.43}$$

の行列式の形に書けることがわかる．

例題 1.1　ベクトル積 $\boldsymbol{A} \times \boldsymbol{B}$ の大きさは，$\boldsymbol{A}$ と $\boldsymbol{B}$ をその二つの辺にもつ平行四辺形の面積に等しく，向きは $\boldsymbol{A}$ および $\boldsymbol{B}$ に垂直であることを確かめよ．

(解)　図 1.1 のように $\boldsymbol{A}$ を底辺とみなすと，$||\boldsymbol{B}|| \sin\theta$ は辺 $\boldsymbol{A}$ からの高さである．したがって $||\boldsymbol{A}||\,||\boldsymbol{B}|| \sin\theta$ は平行四辺形の面積である．また以下のように，ベクトル積 $\boldsymbol{A} \times \boldsymbol{B}$ とベクトル $\boldsymbol{A}$ と $\boldsymbol{B}$ のそれぞれの内積を調べると，

$$\begin{aligned} \boldsymbol{A} \cdot (\boldsymbol{A} \times \boldsymbol{B}) &= A_1(A_2B_3 - A_3B_2) + A_2(A_3B_1 - A_1B_3) \\ &\quad + A_3(A_1B_2 - A_2B_1) = 0 \end{aligned} \tag{1.44}$$

$$\begin{aligned} \boldsymbol{B} \cdot (\boldsymbol{A} \times \boldsymbol{B}) &= B_1(A_2B_3 - A_3B_2) + B_2(A_3B_1 - A_1B_3) \\ &\quad + B_3(A_1B_2 - A_2B_1) = 0 \end{aligned} \tag{1.45}$$

となるので $\boldsymbol{A} \times \boldsymbol{B}$ は $\boldsymbol{A}$ と $\boldsymbol{B}$ に垂直であることが確認できる．　◁

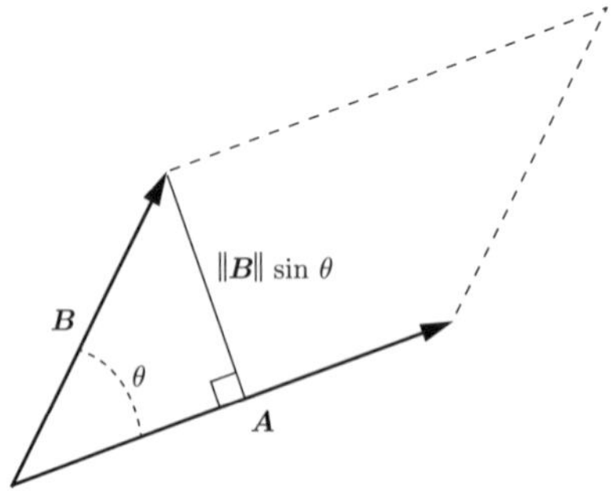

図 1.1　ベクトル $\boldsymbol{A}$, $\boldsymbol{B}$ によってつくられる平行四辺形

1.4.1　三　重　積

次に三つのベクトルに対する積の中で特に重要なスカラー積とベクトル積を取り扱う．

a. スカラー三重積

三つのベクトル $\boldsymbol{A}, \boldsymbol{B}, \boldsymbol{C}$ の次の形の積を**スカラー三重積**という．

$$\boldsymbol{A} \cdot (\boldsymbol{B} \times \boldsymbol{C}) \tag{1.46}$$

式 (1.46) の値はスカラーである．その大きさは $\boldsymbol{A}, \boldsymbol{B}, \boldsymbol{C}$ がつくる平行六面体 (図 1.2) の体積を与えることが次の議論からわかる．$\boldsymbol{B}\times\boldsymbol{C}$ は平行六面体のベクトル $\boldsymbol{B}$ と $\boldsymbol{C}$ がつくる底面に垂直なベクトルで，底面積の大きさをもつ．$\boldsymbol{B} \times \boldsymbol{C}$ と $\boldsymbol{A}$ とのスカラー積は，ベクトル $\boldsymbol{B} \times \boldsymbol{C}$ 方向への $\boldsymbol{A}$ の射影に $\boldsymbol{B} \times \boldsymbol{C}$ の大きさ，つまり底面積を掛けたもので，$\boldsymbol{A}$ の射影成分が底面からの高さに相当することから，スカラー三重積は平行六面体の体積になる．ただし，式 (1.46) は負値となることがあり，正の場合は $\boldsymbol{A}, \boldsymbol{B}, \boldsymbol{C}$ は右手系で，負の場合は左手系をなす．

スカラー三重積を成分表示すると，

$$\begin{aligned}
\boldsymbol{A} \cdot (\boldsymbol{B} \times \boldsymbol{C}) &= A_1(B_2C_3 - C_2B_3) + A_2(B_3C_1 - C_3B_1) + A_3(B_1C_2 - C_1B_2) \\
&= B_1(C_2A_3 - A_2C_3) + B_2(C_3A_1 - A_3C_1) + B_3(C_1A_2 - A_1C_2) \\
&= \boldsymbol{B} \cdot (\boldsymbol{C} \times \boldsymbol{A})
\end{aligned} \tag{1.47}$$

という関係式が成り立つことがわかる．同様に

$$\boldsymbol{A} \cdot (\boldsymbol{B} \times \boldsymbol{C}) = \boldsymbol{C} \cdot (\boldsymbol{A} \times \boldsymbol{B}) \tag{1.48}$$

となる．つまりベクトルの位置の偶数回の入れ替えに対しては符号が変わらないことを意味している．一方，奇数回の入れ替えに対しては符号が反転し

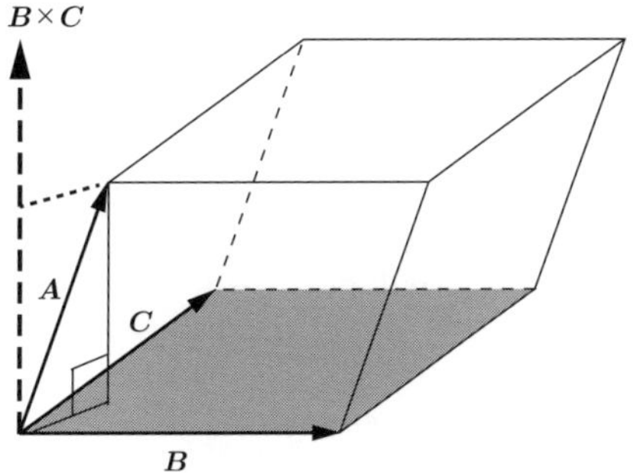

図 **1.2** ベクトル $\boldsymbol{A}, \boldsymbol{B}, \boldsymbol{C}$ によってつくられる平行六面体

$$\boldsymbol{A}\cdot(\boldsymbol{B}\times\boldsymbol{C}) = -\boldsymbol{A}\cdot(\boldsymbol{C}\times\boldsymbol{B}) = -\boldsymbol{B}\cdot(\boldsymbol{A}\times\boldsymbol{C}) = -\boldsymbol{C}\cdot(\boldsymbol{B}\times\boldsymbol{A}) \tag{1.49}$$

の関係式が成り立つ．

スカラー三重積 $\boldsymbol{A}\cdot(\boldsymbol{B}\times\boldsymbol{C})$ がゼロである場合，三つのベクトルは同一平面上にある．

ところで式 (1.47) において，A_1 にかかる係数はちょうど行列式 $\begin{vmatrix} B_2 & B_3 \\ C_2 & C_3 \end{vmatrix}$ になっていることがわかる．したがってスカラー三重積は

$$\boldsymbol{A}\cdot(\boldsymbol{B}\times\boldsymbol{C}) = \begin{vmatrix} A_1 & A_2 & A_3 \\ B_1 & B_2 & B_3 \\ C_1 & C_2 & C_3 \end{vmatrix} \tag{1.50}$$

のように行列式の形に書くこともできる．

b.　ベクトル三重積

三つのベクトル $\boldsymbol{A}, \boldsymbol{B}, \boldsymbol{C}$ の次の形の積をベクトル三重積という：

$$\boldsymbol{A}\times(\boldsymbol{B}\times\boldsymbol{C}) \tag{1.51}$$

これはベクトルである．また $\boldsymbol{A}\times(\boldsymbol{B}\times\boldsymbol{C})$ は $\boldsymbol{A}$ および $\boldsymbol{B}\times\boldsymbol{C}$ に垂直であり，$\boldsymbol{B}\times\boldsymbol{C}$ は $\boldsymbol{B}$ と $\boldsymbol{C}$ が定める平面に垂直であるので，$\boldsymbol{A}\times(\boldsymbol{B}\times\boldsymbol{C})$ は $\boldsymbol{B}$ と $\boldsymbol{C}$ のなす平面内のベクトルである (図 1.3)．したがって，$\boldsymbol{A}\times(\boldsymbol{B}\times\boldsymbol{C})$ は $\boldsymbol{B}$ と $\boldsymbol{C}$ の一次結合で表すことができ，

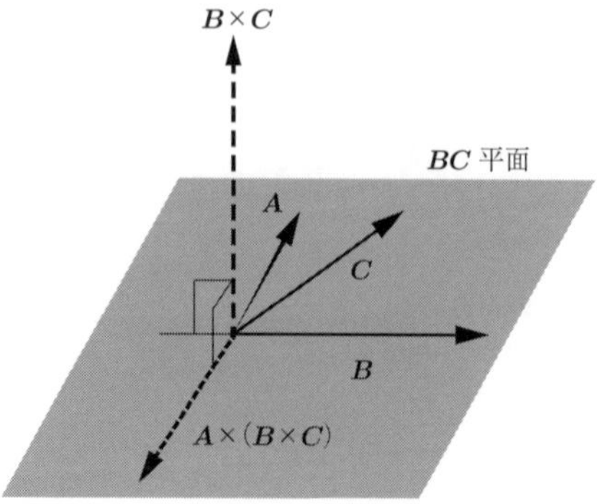

図 1.3　ベクトル $\boldsymbol{A}, \boldsymbol{B}, \boldsymbol{C}$ のベクトル三重積

$$\boldsymbol{A} \times (\boldsymbol{B} \times \boldsymbol{C}) = \boldsymbol{B}(\boldsymbol{A} \cdot \boldsymbol{C}) - \boldsymbol{C}(\boldsymbol{A} \cdot \boldsymbol{B}) \tag{1.52}$$

のベクトル公式が成り立つ．より直接的な証明は 7 章の冒頭で与える．

一般には，$\boldsymbol{A} \times (\boldsymbol{B} \times \boldsymbol{C})$ は $(\boldsymbol{A} \times \boldsymbol{B}) \times \boldsymbol{C}$ と等しいとは限らず，ベクトル積は結合的ではない．

例題 1.2　次の式を示せ．ただし $||\boldsymbol{A}|| = A$，$||\boldsymbol{B}|| = B$ とする．

(1) $$\boldsymbol{A} \times (\boldsymbol{B} \times \boldsymbol{C}) + \boldsymbol{B} \times (\boldsymbol{C} \times \boldsymbol{A}) + \boldsymbol{C} \times (\boldsymbol{A} \times \boldsymbol{B}) = \boldsymbol{0} \tag{1.53}$$

(Jacobi (ヤコビ) の恒等式)

(2) $$(\boldsymbol{A} \times \boldsymbol{B}) \cdot (\boldsymbol{A} \times \boldsymbol{B}) = (AB)^2 - (\boldsymbol{A} \cdot \boldsymbol{B})^2 \tag{1.54}$$

(解) (1) 左辺のベクトル三重積について式 (1.52) を用いると右辺は，

$$\boldsymbol{B}(\boldsymbol{A} \cdot \boldsymbol{C}) - \boldsymbol{C}(\boldsymbol{A} \cdot \boldsymbol{B}) + \boldsymbol{C}(\boldsymbol{B} \cdot \boldsymbol{A}) - \boldsymbol{A}(\boldsymbol{B} \cdot \boldsymbol{C}) + \boldsymbol{A}(\boldsymbol{C} \cdot \boldsymbol{B}) - \boldsymbol{B}(\boldsymbol{C} \cdot \boldsymbol{A}) = \boldsymbol{0}$$

となり，恒等式が示された．

(2) スカラー三重積とみなして，式 (1.47) を使うと，

$$\begin{aligned}(\boldsymbol{A} \times \boldsymbol{B}) \cdot \big(\boldsymbol{A} \times \boldsymbol{B}\big) &= \boldsymbol{A} \cdot (\boldsymbol{B} \times (\boldsymbol{A} \times \boldsymbol{B})) \\ &= \boldsymbol{A} \cdot \big(\boldsymbol{A}(\boldsymbol{B} \cdot \boldsymbol{B}) - \boldsymbol{B}(\boldsymbol{B} \cdot \boldsymbol{A})\big) \\ &= (\boldsymbol{A} \cdot \boldsymbol{A})(\boldsymbol{B} \cdot \boldsymbol{B}) - (\boldsymbol{A} \cdot \boldsymbol{B})^2 \\ &= A^2 B^2 - (\boldsymbol{A} \cdot \boldsymbol{B})^2 \end{aligned} \tag{1.55}$$

となり，目的の式を示すことができる．ここでベクトル三重積の恒等式 (1.52) を用いた．さらに 2，3 次元の内積の式 (1.15) を使うと

$$||\boldsymbol{A} \times \boldsymbol{B}||^2 = (AB \sin\theta)^2$$

と書くことができ，ベクトル積の定義式が得られる．　◁

1.5　正　　射　　影

2，3 次元のベクトル $\boldsymbol{A}$ と $\boldsymbol{B}$ について，ベクトル $\boldsymbol{A}$ のベクトル $\boldsymbol{B}$ への正射影を考える．図 1.4 のように二つのベクトルのなす角を θ とすると，ベクトル $\boldsymbol{B}$ 方

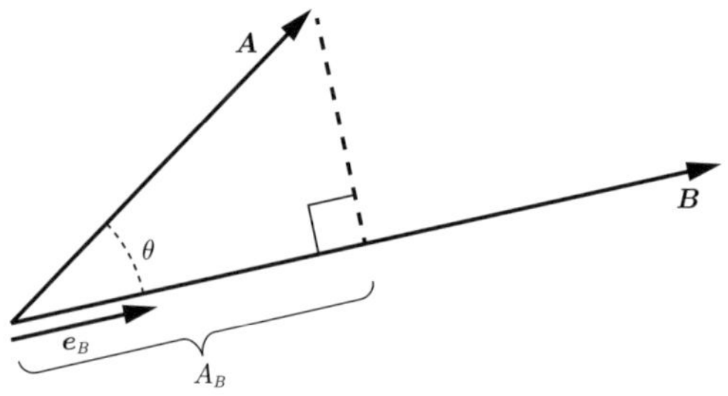

図 **1.4**　ベクトル $\boldsymbol{A}$ の $\boldsymbol{B}$ 方向への正射影

向への $\boldsymbol{A}$ の正射影 A_B は，

$$A_B = ||\boldsymbol{A}|| \cos\theta \tag{1.56}$$

となる．これは前述の 2，3 次元ベクトルの内積の式 (1.15) と比べ，$\boldsymbol{B}$ 方向の単位ベクトルを $\boldsymbol{e}_B = \boldsymbol{B}/||\boldsymbol{B}||$ とすると，式 (1.56) は

$$A_B = ||\boldsymbol{A}|| \frac{||\boldsymbol{B}||}{||\boldsymbol{B}||} \cos\theta = \boldsymbol{A} \cdot \boldsymbol{e}_B \tag{1.57}$$

とみなすことができ，A_B は $\boldsymbol{B}$ 方向の単位ベクトルとの内積であることがわかる．つまりベクトル $\boldsymbol{A}$ のベクトル $\boldsymbol{B}$ の方向への正射影は，$\boldsymbol{B}$ 方向の単位ベクトルとの内積で表される．

ところで 1.2 節で，n 次元ベクトル $\boldsymbol{A}$ の成分表示を議論したが，i 番目の基底ベクトル $\boldsymbol{e}_i$ に対する成分 A_i は，ベクトル $\boldsymbol{A}$ の $\boldsymbol{e}_i$ 方向への正射影に対応し，

$$A_i = \boldsymbol{A} \cdot \boldsymbol{e}_i \tag{1.58}$$

と表される．

2 スカラー場，ベクトル場，テンソル場

ここでは**場**の概念を導入し，スカラーやベクトル，さらにテンソルを位置と時間の関数として取り扱う準備を行う．特に位置を変数として扱うためには，座標を指定する必要がある．この座標系に何らかの変換を施すと，スカラーやベクトル，あるいはテンソルの性質に応じて異なった変換性を示す．そこで本章では，座標系の変換を規定し，座標変換に対する変換性から，スカラーとベクトルそしてテンソルの定義を行う．

2.1 場という考え方

古典力学では，有限個の粒子の位置は時間のみの関数で，時間についての2階の常微分方程式によって決定される．一方，これとは別種の物理量も存在する．電場や磁場は場所によって変化する．これらの物理量は時間のほかに場所 (あるいは位置) の関数でもある．つまり，時間を固定すれば，連続的に広がった空間の各点に電場 (あるいは磁場) を表すベクトルが対応している．このように，場所の連続的な関数とみなすことができるような物理量を**場**とよぶ．

上の電磁気学の例のように本質的に場の量であるもののほかにも，気体や液体の密度のように，微視的に見れば粒子的な描像が成立する場合でも，もう少し大きなスケールで見た場合，場所の関数として取り扱うのが妥当な物理量もある．例えば，ある有限な空間領域にある粒子の数をその体積で割ったものを有限の時間範囲で平均した量を，連続的な時間・空間の関数とみなし，密度場を定義することもできる．

スカラー，ベクトルのほかにテンソルという量もある．例えば，変形されたゴムの内部のある (仮想的な) 面を通してはたらく (単位面積あたりの) 力は，応力とよばれ，面の向きベクトルを指定して力ベクトルが定まる量である．このような応力はテンソルの例である．

密度場のように，時間・空間の関数の値がスカラー量である場合，それを**スカラー場**とよぶ．電場，磁場のように関数値がベクトル量の場合は，**ベクトル場**と

いう．さらに関数値がテンソル量の場合を**テンソル場**とよぶ．

2.2　変　換　性

ある粒子の位置や速度を具体的に測定し，その数値を得ようとするならば，ある適当な座標系を設定する必要があり，そこで得られる数値は，その座標系における粒子の位置座標であり，速度ベクトルの成分である．ベクトルの成分は座標の選び方によって異なる．しかし，物理法則は勝手に選んだ座標系にはよらないはずである．スカラーやベクトルが物理量を記述することはすでに述べたが，例えばベクトルの成分は，座標系の変換によって新しい基底により指定される新しい成分へと変換されるが，ベクトルそのものは変化しない．このようにスカラーやベクトルは座標系のような数学的記述とは独立であることを意味しており，これらの要請はスカラーやベクトルあるいはテンソルの定義を与える．

例えば，質量 m の粒子が力 $\boldsymbol{f}$ を受けて運動するときの粒子の位置 $\boldsymbol{r}$ は，Newton (ニュートン) の運動方程式

$$m\frac{d^2\boldsymbol{r}}{dt^2} = \boldsymbol{f} \tag{2.1}$$

に従う．これは，任意の座標系において

$$m\frac{d^2x_i}{dt^2} = f_i \quad (i = 1, 2, 3) \tag{2.2}$$

が成り立つことを意味する．ここで，x_i および f_i は，それぞれ，$\boldsymbol{r}$ および $\boldsymbol{f}$ の第 i 成分である．

逆に，座標変換により運動方程式 (2.2) が不変に保たれることを要請することにより，ベクトルを定義することもできる．ある座標系 (K 系) で式 (2.2) が成り立つとき，変換した新しい座標系 (K' 系) での成分 (x'_i, f'_i) について

$$m\frac{d^2x'_i}{dt^2} = f'_i \quad (i = 1, 2, 3) \tag{2.3}$$

が成り立つのはどのようなときだろうか．もちろん，m は座標変換によって値を変えない．このように座標変換によって不変な量をスカラーと定義する．デカルト座標系において三つの座標軸の向きは変えず，位置 $\boldsymbol{r}$ が $\boldsymbol{r}'$ へベクトル $\boldsymbol{a}$ だけ移動するような変換を並進という．座標の並進によって式 (2.3) が成り立つのは明らかである．式 (2.3) は回転についても成り立たなくてはならない．したがって座

標の回転により $\boldsymbol{f}$ の成分が $\boldsymbol{r}$ の成分と同じように変換されることが要請される．このように，座標の回転により位置ベクトルの成分と同じように変換される成分をもつ量をベクトルと定義する．

2.2.1　回 転 (rotation)

a.　変　換　行　列

一般に，座標系の回転により位置ベクトル

$$\boldsymbol{r} = (x_1, x_2, x_3) \tag{2.4}$$

の成分 x_i $(i = 1, 2, 3)$ が x'_i に変換されるとき，次の関係式が成り立つ：

$$x'_i = \sum_j a_{ij} x_j \tag{2.5}$$

ここで，回転後の座標に関する基底ベクトルを，回転前の基底で展開すると，

$$\boldsymbol{e}'_i = \sum_j (\boldsymbol{e}'_i \cdot \boldsymbol{e}_j)\boldsymbol{e}_j = \sum_j \cos\theta_{ij} \boldsymbol{e}_j \tag{2.6}$$

ここで θ_{ij} は回転後の i 番目の座標軸と回転前の j 番目の座標軸のなす角である．同様に

$$\boldsymbol{e}_i = \sum_j (\boldsymbol{e}_i \cdot \boldsymbol{e}'_j)\boldsymbol{e}'_j = \sum_j \cos\theta_{ji} \boldsymbol{e}'_j \tag{2.7}$$

が成り立つ．これらを用いれば，変換行列要素は

$$a_{ij} = \boldsymbol{e}'_i \cdot \boldsymbol{e}_j = \cos\theta_{ij} \tag{2.8}$$

となることがわかる．

b.　ベクトルの変換則

前述のように，運動法則が座標系の回転によって不変に保たれるためには，物理量としてのベクトルの成分は座標すなわち位置ベクトル $\boldsymbol{r}$ の成分と同じように変換される必要があった．そこで，その成分が座標の変換則 (2.5) と同じ規則によって変換されるとき，それをベクトルと定義する．すなわち，ベクトル $\boldsymbol{V}$ の成分 V_i が，座標系の回転により，次式を満たす V'_i に変換されるとき，$\boldsymbol{V}$ をベクト

ルとよぶ：

$$V_i' = \sum_j a_{ij} V_j \tag{2.9}$$

ただし a_{ij} については，$\{\boldsymbol{e}_i\}$ あるいは $\{\boldsymbol{e}_i'\}$ に関する直交関係

$$\boldsymbol{e}_i \cdot \boldsymbol{e}_j = \boldsymbol{e}_i' \cdot \boldsymbol{e}_j' = \delta_{ij} \tag{2.10}$$

より直交条件

$$\sum_k a_{ki} a_{kj} = \sum_k a_{ik} a_{jk} = \delta_{ij} \tag{2.11}$$

が導かれる．デカルト座標系においては，変換則 (2.9) は

$$V_i' = \sum_j \frac{\partial x_i'}{\partial x_j} V_j = \sum_j \frac{\partial x_j}{\partial x_i'} V_j \tag{2.12}$$

と表すこともできる．

注意 2.1　一般の座標系では式 (2.12) の第 2 項と第 3 項は等しくないので，第 2 項あるいは第 3 項のように変換されるベクトルを，それぞれ**反変ベクトル**，あるいは**共変ベクトル**とよび区別する必要がある．ここではデカルト座標のみを扱うので，それらを区別しない．ここで本節の冒頭に述べたことの繰り返しになるが，物理量としてのベクトルは座標の取り方によらないことを強調しておく．反変，共変の概念は座標枠との変換性の関係で出てくるものである．　◁

例題 2.1　$\boldsymbol{V} = (x_1 - x_2, x_1 + x_2, 0)$ が x_3 軸のまわりの回転に対してベクトルの変換則 (2.9) を満たすことを示せ．

(解)　z 軸のまわりの角度 ϕ の回転によって，座標 (x_1, x_2, x_3) は

$$\begin{aligned} x_1' &= x_1 \cos\phi + x_2 \sin\phi \\ x_2' &= -x_1 \sin\phi + x_2 \cos\phi \\ x_3' &= x_3 \end{aligned} \tag{2.13}$$

と変換される．この変換により，$V_{x_1} = x_1 - x_2$, $V_{x_2} = x_1 + x_2$, $V_{x_3} = 0$ は，

$$\begin{aligned} V_{x_1}' &= x_1' - x_2' = (x_1 \cos\phi + x_2 \sin\phi) - (-x_1 \sin\phi + x_2 \cos\phi) \\ &= V_{x_1} \cos\phi + V_{x_2} \sin\phi \end{aligned} \tag{2.14}$$

$$V'_{x_2} = x'_1 + x'_2 = (x_1 \cos\phi + x_2 \sin\phi) + (-x_1 \sin\phi + x_2 \cos\phi)$$
$$= -V_{x_2} \sin\phi + V_{x_1} \cos\phi \tag{2.15}$$
$$V'_{x_3} = V_{x_3} \tag{2.16}$$

のように変換される．これは，ベクトルの変換則 (2.9) を満たしている．　◁

(i) 内積の変換性　二つのベクトル $\boldsymbol{A}, \boldsymbol{B}$ の内積 $\boldsymbol{A}\cdot\boldsymbol{B} = \sum_i A_i B_i$ が座標の回転によってどのように変換するか見てみよう．$\boldsymbol{A}, \boldsymbol{B}$ はともにベクトルであり，変換則 (2.9) を満たすので，

$$\sum_i A'_i B'_i = \sum_i \left(\sum_j a_{ij} A_j\right)\left(\sum_k a_{ik} B_k\right)$$
$$= \sum_i \sum_j \sum_k a_{ij} a_{ik} A_j B_k \tag{2.17}$$

と表すことができる．ここで変換行列の直交条件 (2.11) と Kronecker のデルタを用いて

$$\sum_i A'_i B'_i = \sum_j \sum_k \delta_{jk} A_j B_k$$
$$= \sum_j A_j B_j \tag{2.18}$$

となる．すなわち，内積は座標の変換に対して不変であり，スカラーの定義を満たしている．

(ii) ベクトル積の変換性　次に，ベクトル積

$$\boldsymbol{C} = \boldsymbol{A} \times \boldsymbol{B} \tag{2.19}$$

の変換性を見てみよう．座標回転によって $\boldsymbol{C}$ の成分は次のように変換される：

$$C'_i = A'_j B'_k - A'_k B'_j$$
$$= \sum_l a_{jl} A_l \sum_m a_{km} B_m - \sum_l a_{kl} A_l \sum_m a_{jm} B_m$$
$$= \sum_l \sum_m (a_{jl} a_{km} - a_{kl} a_{jm}) A_l B_m \tag{2.20}$$

ここで，i を決めて，循環的に j と k を決め，l と m との六つの組合せをとる．

ここで直交行列 $A(a_{ij})$ の余因子行列を $\tilde{A}(D_{ji})$ とすると，行列 A と余因子行列 $\tilde{A}$ の成分の間には

$$a_{1i}D_{1j} + a_{2i}D_{2j} + a_{3i}D_{3j} = \begin{cases} \det(A) & (i = j) \\ 0 & (i \neq j) \end{cases} \tag{2.21}$$

$$a_{i1}D_{j1} + a_{i2}D_{j2} + a_{i3}D_{j3} = \begin{cases} \det(A) & (i = j) \\ 0 & (i \neq j) \end{cases} \tag{2.22}$$

が成り立つ (余因子展開定理)．ここで $\det(A)$ は行列 A の行列式である．これを使うと，もとの行列の逆行列と余因子行列の間には

$$A^{-1} = \frac{1}{\det(A)}\tilde{A} \tag{2.23}$$

が成り立つ．A が直交行列である場合は，その転置行列は逆行列と等しい ($A^\top = A^{-1}$) ので，

$$A^\top = \frac{1}{\det(A)}\tilde{A} \tag{2.24}$$

となる．したがって，直交行列 A の成分とその余因子との間には

$$a_{ij} = \frac{1}{\det(A)}D_{ij} \tag{2.25}$$

が成り立つ．直交行列の行列式の 2 乗は 1 であることと，行列式の値は行と列を入れ替えても変わらないことを使うと，

$$\big\{\det(A)\big\}^2 = \det(A^\top)\det(A) = \det(A^\top A) = 1 \tag{2.26}$$

となるので，

$$\det(A) = \pm 1 \tag{2.27}$$

となる．ここでは右手系と左手系を入れ替えるような座標変換は考えないとすると，$\det(A) = 1$ である．

以上より

$$\begin{aligned} D_{33} &= a_{33} = a_{11}a_{22} - a_{21}a_{12} \\ D_{32} &= a_{32} = a_{13}a_{21} - a_{23}a_{11} \\ D_{31} &= a_{31} = a_{12}a_{23} - a_{22}a_{13} \end{aligned} \tag{2.28}$$

などの関係式が得られる．これを用いると，式 (2.20) で $i = 3$ について，ベクトル積の成分 C'_3 は，

$$
\begin{aligned}
C'_3 &= a_{33}A_1B_1 - a_{32}A_1B_3 + a_{31}A_2B_3 \\
&\quad +a_{32}A_3B_1 - a_{31}A_3B_2 - a_{33}A_2B_1 \\
&= a_{31}C_1 + a_{32}C_2 + a_{33}C_3 \\
&= \sum_n a_{3n}C_n
\end{aligned}
\tag{2.29}
$$

となる．$i = 1, 2$ の場合も同様に書き表すことができ，その結果，

$$
C'_i = \sum_j a_{ij}C_j \tag{2.30}
$$

となる．つまり $\boldsymbol{C}$ も式 (2.5) と同じ変換が成り立っているので，ベクトルの定義を満たしていることがわかる．

(iii) テンソルとテンソル積の変換性　ここではテンソルについて，スカラーやベクトルと同じように座標変換に対する性質から定義を考える．ここで二つのベクトル $\boldsymbol{A}$ と $\boldsymbol{B}$ について積 $\boldsymbol{A} \otimes \boldsymbol{B}$ を考える．

$$
\boldsymbol{A} \otimes \boldsymbol{B} = \sum_i \sum_j A_iB_je_i \otimes e_j \tag{2.31}
$$

と書くことができる．これはスカラー積やベクトル積とは異なる積の形であり，九つの成分で表される．3 次元空間では 3×3 の正方行列の形に書くと便利である．このような積を**テンソル積**とよぶ．テンソル積では多重線形性が成り立つ．では次にこの積の座標回転による変換性を考える．$\boldsymbol{A}$ と $\boldsymbol{B}$ はともにベクトルであり，ベクトルの変換則 (2.9) を満たすので，そのテンソル積の成分は

$$
\begin{aligned}
A'_iB'_j &= \sum_k a_{ik}A_k \sum_l a_{jl}B_l \\
&= \sum_k \sum_l a_{ik}a_{jl}A_kB_l
\end{aligned}
\tag{2.32}
$$

と書くことができる．これがテンソル積の変換則である．これをあらためて

$$
T'_{ij} = \sum_k \sum_l a_{ik}a_{jl}T_{kl} \tag{2.33}
$$

と書くとき，T_{ij} を**2 階のテンソル**と定義する．逆変換は

$$T_{mn} = \sum_i \sum_j a_{im} a_{jn} T'_{ij} \tag{2.34}$$

と表される．この 2 階のテンソルを用いて，ベクトル $\boldsymbol{A}$ と $\boldsymbol{B}$ との変換を

$$B_i = \sum_j T_{ij} A_j \tag{2.35}$$

と表すことができる．つまり，2 階のテンソルは二つのベクトルを結びつけるはたらきがある．また逆に式 (2.35) が成り立つなら，T_{ij} は 2 階のテンソルである **(いま，ベクトルと同様に反変，共変の区別をしていないので，2 階のテンソルは行列のことと思って差し支えない)**．三つのベクトルのテンソル積の変換則を表すものは 3 階のテンソルとよび，n 個のベクトルについても n 階のテンソルが定義できる．

前述の応力は 2 階のテンソルである．そのほか，歪み，誘電率，磁化率，慣性モーメントなども一般に 2 階のテンソルである．弾性率は一般に 4 階のテンソルである．スカラーおよびベクトルは，テンソルの特別な例で，それぞれ 0 階および 1 階のテンソルということができる．

(iv) 2 階のテンソルの不変量 2 階のテンソルの 9 個の成分を

$$T_{ij} = \begin{bmatrix} T_{11} & T_{12} & T_{13} \\ T_{21} & T_{22} & T_{23} \\ T_{31} & T_{32} & T_{33} \end{bmatrix} \tag{2.36}$$

のように表示する．すると三つの量

$$T_{11} + T_{22} + T_{33} \tag{2.37}$$

$$\begin{vmatrix} T_{11} & T_{12} \\ T_{21} & T_{22} \end{vmatrix} + \begin{vmatrix} T_{11} & T_{13} \\ T_{31} & T_{33} \end{vmatrix} + \begin{vmatrix} T_{22} & T_{23} \\ T_{32} & T_{33} \end{vmatrix} \tag{2.38}$$

$$\begin{vmatrix} T_{11} & T_{12} & T_{13} \\ T_{21} & T_{22} & T_{23} \\ T_{31} & T_{32} & T_{33} \end{vmatrix} \tag{2.39}$$

は座標変換によって変化しない不変量である．ここで $|*|$ は行列式を表す．不変

性の証明はこれらの量が

$$|\lambda I - T| \quad (I \text{ は単位行列}) \tag{2.40}$$

なる不変量を λ で展開したときの λ^2, λ, 1 の項の係数になっていることから明らかである．

2.2.2 反転，鏡映 (inversion, reflection)

すべての座標軸を逆向きに変換することを反転とよび，一つの座標軸のみを逆向きにすることを鏡映という．これらはいずれも座標系を右手系と左手系の間で変換する．例えば反転により位置ベクトル $\boldsymbol{r} = (x_1, x_2, x_3)$ は，$\boldsymbol{r}' = (x_1', x_2', x_3') = (-x_1, -x_2, -x_3)$ へと変換される．このように，反転あるいは鏡映によって位置ベクトルと同じような変換性を示すベクトルを**極性ベクトル**とよぶ．

ところが，二つの極性ベクトル $\boldsymbol{A}$, $\boldsymbol{B}$ のベクトル積 $\boldsymbol{C} = \boldsymbol{A} \times \boldsymbol{B}$ は，反転によって，

$$\begin{aligned} C_i' &= A_j' B_k' - A_k' B_j' \\ &= (-A_j)(-B_k) - (-A_k)(-B_j) \\ &= A_j B_k - A_k B_j = C_i \end{aligned} \tag{2.41}$$

となり，極性ベクトルと異なる変換性を示す．このようなベクトルを**擬ベクトル**あるいは**軸性ベクトル**という．例えば，角運動量 $\boldsymbol{L} = \boldsymbol{r} \times \boldsymbol{p}$ やトルク $\boldsymbol{N} = \boldsymbol{r} \times \boldsymbol{f}$ などは軸性ベクトルである．

反転に対して符号を変えるスカラー量もある．例えば，スカラー三重積 $\boldsymbol{A}\cdot(\boldsymbol{B}\times\boldsymbol{C})$ がそうである ($\boldsymbol{A}$, $\boldsymbol{B}, \boldsymbol{C}$ は極性ベクトル)．このような量を**擬スカラー**という．

3 ベクトル関数

本章では，次章以下でベクトル場，スカラー場の微分，ベクトル場の積分を考える導入として，1 変数関数と 2 変数関数のベクトル関数について，空間中の曲線と曲面の表し方と性質を述べる．

3.1 1 変数のベクトル関数

スカラー場の場合，スカラー量を変数 t の関数で表せばよい．例えばスカラー ψ を変数 t のスカラー関数 $\psi(t)$ を使って表記する．ベクトルについても同様に，ベクトル $\boldsymbol{A}$ を変数 t の関数 $\boldsymbol{A}(t)$ として表す．

a. ベクトル関数の微分法とその幾何学的意味

1 変数関数としてのベクトル関数の導関数を考える．通常の (スカラー) 関数と同じように，

$$\frac{d\boldsymbol{A}}{dt} = \lim_{\Delta t \to 0} \frac{\boldsymbol{A}(t+\Delta t) - \boldsymbol{A}(t)}{\Delta t} \tag{3.1}$$

によって導関数を定義することができる．ベクトルの積の微分に関しても，通常の関数と同様に以下のような関係式が成り立つ：

$$\frac{d}{dt}(\alpha\boldsymbol{A}) = \alpha\frac{d\boldsymbol{A}}{dt} \tag{3.2}$$

$$\frac{d}{dt}(\psi\boldsymbol{A}) = \frac{d\psi}{dt}\boldsymbol{A} + \psi\frac{d\boldsymbol{A}}{dt} \tag{3.3}$$

$$\frac{d}{dt}(\boldsymbol{A}\cdot\boldsymbol{B}) = \frac{d\boldsymbol{A}}{dt}\cdot\boldsymbol{B} + \boldsymbol{A}\cdot\frac{d\boldsymbol{B}}{dt} \tag{3.4}$$

$$\frac{d}{dt}(\boldsymbol{A}\times\boldsymbol{B}) = \frac{d\boldsymbol{A}}{dt}\times\boldsymbol{B} + \boldsymbol{A}\times\frac{d\boldsymbol{B}}{dt} \tag{3.5}$$

ただし，α は定スカラーで，$\psi = \psi(t)$ はスカラー関数である．

ベクトル $\boldsymbol{A}$ の微分は成分表示では，

$$\frac{d\boldsymbol{A}}{dt} = \left(\frac{dA_1(t)}{dt},\ \frac{dA_2(t)}{dt},\ \frac{dA_3(t)}{dt}\right) \tag{3.6}$$

と書くことができる．

例題 3.1　長さが一定で t を変数とするベクトル $\boldsymbol{A}$ の微分は $\boldsymbol{A}$ と直交することを示せ.

ベクトル $\boldsymbol{A}$ の長さ $||\boldsymbol{A}||$ を c とすると,

$$\boldsymbol{A} \cdot \boldsymbol{A} = c^2 \tag{3.7}$$

である. この式を t で微分すると,

$$\boldsymbol{A} \cdot \frac{d\boldsymbol{A}}{dt} = 0 \tag{3.8}$$

となり, ベクトル $\boldsymbol{A}$ とその導関数は常に直交することがわかる. これは次に見るように曲線の微分が接線に相当することや, 物理的には粒子の軌道と運動方向などの関係があることと対応している. ◁

b.　曲線のパラメータ表示

変数 t (区間 $[a \leq t \leq b]$) の関数としての位置ベクトル $\boldsymbol{r} = \boldsymbol{r}(t)$ は, 空間中の曲線 Γ を表す. $t = a$ において $\boldsymbol{r}(a)$ を始点とし, パラメータ t の変化とともに, $t = b$ において $\boldsymbol{r}(b)$ まで変化する. このとき t が a から b へ変化したときの, $\boldsymbol{r}(t)$ の変化は, 曲線 Γ 上で各点の向きとなっており, 例えば $\boldsymbol{r}$ が運動している粒子の位置を表すベクトルで t が時間あれば, その曲線は粒子の軌跡である. この場合, 導関数 $d\boldsymbol{r}/dt$ は粒子の速度であり, 運動の方向を表す.

デカルト座標系の空間の曲線 Γ は, その曲線上の位置ベクトルをパラメータ t のベクトル関数 $\boldsymbol{r}$ とし, 三つの成分を $x_1(t)$, $x_2(t)$, $x_3(t)$ とすると,

$$\boldsymbol{r}(t) = (x_1(t), x_2(t), x_3(t)) \tag{3.9}$$

のようにパラメータ表示することができる.

例えば $\boldsymbol{r}(t) = (t, t^2, 0)$ のベクトル関数が表す空間曲線は, $z = 0$ の平面上で $y = x^2$ を満たす曲線である. また $\boldsymbol{r}(t) = (\cos t, \sin t, t)$ のベクトル関数が表す空間曲線は, z 方向へ螺旋状に変化する曲線となる.

図 3.1 のように, 曲線 Γ 上で t と $t + \Delta t$ における点を P と Q とする. ここで Δt を小さくして P と Q を近づけると, $\Delta\boldsymbol{r} = \boldsymbol{r}(t + \Delta t) - \boldsymbol{r}(t)$ は曲線の接線ベクトル $\boldsymbol{t}$ の方向に近づく. すなわち,

$$\lim_{\Delta t \to 0} \frac{\boldsymbol{r}(t + \Delta t) - \boldsymbol{r}(t)}{\Delta t} = \frac{d\boldsymbol{r}}{dt} \tag{3.10}$$

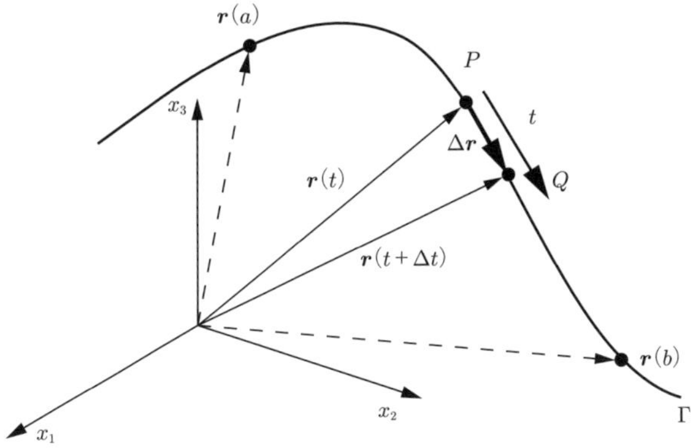

図 3.1 空間中の曲線

であり，曲線の位置ベクトルの導関数は，接線ベクトルの方向と一致するベクトルである．また

$$d\boldsymbol{r} = \frac{d\boldsymbol{r}}{dt}dt \tag{3.11}$$

を曲線 Γ の**線素ベクトル**とよぶ．

c. 曲線の長さ

区間 $[a \leq t \leq b]$ で定義される曲線 Γ の長さ L は線素ベクトル $d\boldsymbol{r}$ を用いて，

$$L = \int_a^b ||d\boldsymbol{r}(t)|| = \int_a^b \left|\left|\frac{d\boldsymbol{r}(t)}{dt}\right|\right|dt \tag{3.12}$$

と表すことができる．ここで線素ベクトルの表式 (3.11) を使った．

ところで曲線 Γ 上の曲線上の位置ベクトル $\boldsymbol{r}$ は成分 x_1，x_2，x_3 を t の関数として，

$$\boldsymbol{r}(t) = x_1(t)\boldsymbol{e}_1 + x_2(t)\boldsymbol{e}_2 + x_3(t)\boldsymbol{e}_3 \tag{3.13}$$

と表されるので，$\boldsymbol{r}$ の微小変化は

$$d\boldsymbol{r} = dx_1\boldsymbol{e}_1 + dx_2\boldsymbol{e}_2 + dx_3\boldsymbol{e}_3 \tag{3.14}$$

となる．このとき曲線 Γ の線素ベクトル $d\boldsymbol{r}$ の大きさ $||d\boldsymbol{r}||$ は

$$||d\boldsymbol{r}|| = \left|\left|\frac{d\boldsymbol{r}}{dt}\right|\right|dt$$

$$= \sqrt{\left(\frac{dx_1}{dt}\right)^2 + \left(\frac{dx_2}{dt}\right)^2 + \left(\frac{dx_3}{dt}\right)^2} dt$$
$$= \sqrt{(dx_1)^2 + (dx_2)^2 + (dx_3)^2} \tag{3.15}$$

と書くことができる．したがって曲線の長さはパラメータ t の積分として，

$$L = \int_a^b \sqrt{\left(\frac{dx_1}{dt}\right)^2 + \left(\frac{dx_2}{dt}\right)^2 + \left(\frac{dx_3}{dt}\right)^2} dt$$
$$= \int_a^b \sqrt{(dx_1)^2 + (dx_2)^2 + (dx_3)^2} \tag{3.16}$$

と表すことができる．

ところで空間中の曲線を表すベクトル関数として，時間の関数ではなく，時間とは独立な曲線の長さのパラメータ s を変数として，曲線上の定点から測った曲線の (符号付き) 長さを用いるとしばしば便利である．そこで曲線 Γ 上のある区間を，Δs の微小区分に分割することを考える．すると Δs をその区間で足し合わせたものが曲線の長さ L で，$\Delta s \to 0$ の極限は s についての積分と一致する．また位置ベクトル $\boldsymbol{r}$ の s に対する微小変化 $\Delta\boldsymbol{r}(s) = \boldsymbol{r}(s+\Delta s) - \boldsymbol{r}(s)$ の大きさは $\Delta s \to 0$ の極限では，微小分割 Δs の大きさに一致する．ここでパラメータ s の微小変化をあらためて $ds(= ||d\boldsymbol{r}||)$ と書き，これを**線素**とよぶ．このとき経路の長さは s に関する積分として

$$L = \int_\Gamma ds \tag{3.17}$$

と表すことができる．

またこのとき，

$$\lim_{\Delta s \to 0} \left|\left| \frac{\Delta \boldsymbol{r}}{\Delta s} \right|\right| = \left|\left| \frac{d\boldsymbol{r}}{ds} \right|\right| = 1 \tag{3.18}$$

であるから，

$$\boldsymbol{t}(s) \equiv \frac{d\boldsymbol{r}}{ds} \tag{3.19}$$

は，曲線 $\boldsymbol{r}(s)$ の (単位) **接線ベクトル**である．

d. Frenet-Serret の公式

前述のように空間曲線 Γ の接線方向の単位ベクトルである単位接線ベクトル $\boldsymbol{t}$ は，曲線のパラメータ s の微分により，

$$\boldsymbol{t}(s) = \frac{d\boldsymbol{r}}{ds} \tag{3.20}$$

と表されることはすでに述べた．ここで長さの変化に対する接線ベクトルの変化率を

$$\boldsymbol{\kappa}(s) = \frac{d\boldsymbol{t}}{ds} \tag{3.21}$$

と定義する．この $\boldsymbol{\kappa}(s)$ を**曲率ベクトル**とよぶ．曲率ベクトルの大きさ $||\boldsymbol{\kappa}(s)||$ を**曲率**とよび，$\kappa(s)$ と表す．曲率 $\kappa(s)$ は平面曲線の曲がり具合を表す量で，曲率がゼロの場合は直線を表す．また曲率の逆数を**曲率半径**とよぶ．さらに，曲率ベクトルを正規化したベクトル，

$$\boldsymbol{n} = \frac{\boldsymbol{\kappa}(s)}{||\boldsymbol{\kappa}(s)||} = \frac{\boldsymbol{\kappa}(s)}{\kappa(s)} \tag{3.22}$$

を (単位) **主法線ベクトル**とよぶ．主法線ベクトルは，曲率ベクトルと平行で，接線ベクトルと直交し ($\boldsymbol{t}\cdot\boldsymbol{n}=0$)，曲線が曲がる方向を表す．さらに $\boldsymbol{t}$ と $\boldsymbol{n}$ の両方に直交する単位ベクトル

$$\boldsymbol{b} = \boldsymbol{t} \times \boldsymbol{n} \tag{3.23}$$

を定義でき，(単位) **従法線ベクトル**とよぶ．この接線ベクトル，主法線ベクトル，従法線ベクトルの関係は図 3.2 のようになる．これら三つのベクトルから興味深い公式を導くことができる．式 (3.22) から，

$$\frac{d\boldsymbol{t}}{ds} = \kappa(s)\boldsymbol{n} \tag{3.24}$$

であることがわかる．主法線ベクトル $\boldsymbol{n}$ は単位ベクトルなので，$\boldsymbol{n}\cdot\boldsymbol{n}=1$ であるから，その両辺を微分すると $\boldsymbol{n}\cdot\frac{d\boldsymbol{n}}{ds}=0$ が得られ，$\frac{d\boldsymbol{n}}{ds}$ は $\boldsymbol{n}$ と直交することがわかる．したがって主法線ベクトル $\boldsymbol{n}$ の s に対する微分 $\frac{d\boldsymbol{n}}{ds}$ は接線ベクトル $\boldsymbol{t}$ と従法線ベクトル $\boldsymbol{b}$ が張る平面上にあることになるので，$\boldsymbol{t}$ と $\boldsymbol{b}$ の線形結合として，

$$\frac{d\boldsymbol{n}}{ds} = \alpha(s)\boldsymbol{t} + \beta(s)\boldsymbol{b} \tag{3.25}$$

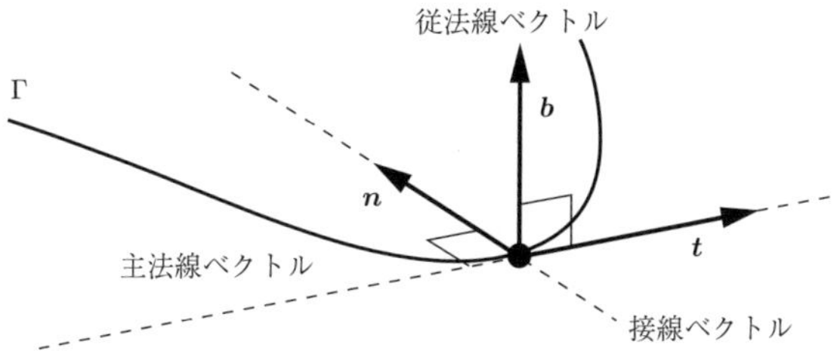

図 **3.2**　曲線と接線，主法線，従法線ベクトル

と書くことができる．この式の両辺に対して $\boldsymbol{t}$ の内積をとると

$$\frac{d\boldsymbol{n}}{ds} \cdot \boldsymbol{t} = \alpha(s) \tag{3.26}$$

となる．さらに $\boldsymbol{t}$ と $\boldsymbol{n}$ は直交するので，$\frac{d\boldsymbol{t}}{ds} \cdot \boldsymbol{n} + \boldsymbol{t} \cdot \frac{d\boldsymbol{n}}{ds} = 0$ が成り立つことから，$\alpha(s) = -\kappa(s)$ であることがわかる．ここであらためて式 (3.25) の $\beta(s)$ を $\tau(s)$ と書いて，

$$\frac{d\boldsymbol{n}}{ds} = -\kappa(s)\boldsymbol{t} + \tau(s)\boldsymbol{b} \tag{3.27}$$

として $\tau(s)$ を定義する．

次に $\boldsymbol{t} \cdot \boldsymbol{b} = 0$ の両辺を微分して，式 (3.24) を使うと，$\boldsymbol{t} \cdot \frac{d\boldsymbol{b}}{ds} = 0$ が得られる．また $\boldsymbol{n} \cdot \boldsymbol{b} = 0$ を微分して，式 (3.27) を用いると，$\tau(s) + \boldsymbol{n} \cdot \frac{d\boldsymbol{b}}{ds} = 0$ が得られる．さらに $\boldsymbol{b} \cdot \boldsymbol{b} = 1$ より $\boldsymbol{b} \cdot \frac{d\boldsymbol{b}}{ds} = 0$ が成り立つので，これらの関係式から従法線ベクトル $\boldsymbol{b}$ の s に対する微分は

$$\frac{d\boldsymbol{b}}{ds} = -\tau(s)\boldsymbol{n} \tag{3.28}$$

と表すことができる．$\tau(s)$ を**捩率**とよぶ．局所的には曲線はある平面内にある平面曲線とみなせ，ベクトル $\boldsymbol{b}$ は接触平面の法線に相当するが，$\frac{d\boldsymbol{b}}{ds}$ が有限の値であるということは，曲線とともに接触平面の向きが変化していく，つまり捩じれるということである．捩率はその捩じれ具合を表す．捩率がゼロの場合，法線の向きは変化せず，曲線は 1 つの平面内に存在する平面曲線であるということになる．

$(\boldsymbol{t}, \boldsymbol{n}, \boldsymbol{b})$ の s に対する変化率である式 (3.24) と式 (3.27)，さらに式 (3.28) をまとめて行列形式で書くと，

$$\begin{pmatrix} \frac{d\boldsymbol{t}}{ds} \\ \frac{d\boldsymbol{n}}{ds} \\ \frac{d\boldsymbol{b}}{ds} \end{pmatrix} = \begin{pmatrix} 0 & \kappa & 0 \\ -\kappa & 0 & \tau \\ 0 & -\tau & 0 \end{pmatrix} \begin{pmatrix} \boldsymbol{t} \\ \boldsymbol{n} \\ \boldsymbol{b} \end{pmatrix} \tag{3.29}$$

となる．これを **Frenet-Serret** (フレネー・セレー) **の公式**とよぶ．空間曲線 Γ の各点で $(\boldsymbol{t}, \boldsymbol{n}, \boldsymbol{b})$ が，曲線とともにどのように変化するかを表す方程式である．これは空間曲線が曲率と捩率で特徴付けられることを示している．

3.2 2 変数のベクトル関数

これまで，例えばある時間におけるベクトルの位置依存性のように 1 変数のベクトル関数を扱ってきたが，ここでは時間と位置のように独立な二つの変数をも

つベクトル関数を考える．

まずはじめに 2 変数ベクトル関数の偏導関数を定義する．u, v を変数とする 2 変数ベクトル関数 $\boldsymbol{A}(u,v)$ について，1 変数ベクトル関数の導関数と同様に，u に関する偏導関数を

$$\frac{\partial \boldsymbol{A}(u,v)}{\partial u} = \lim_{\Delta u \to 0} \frac{\boldsymbol{A}(u+\Delta u, v) - \boldsymbol{A}(u,v)}{\Delta u} \tag{3.30}$$

また v に関する偏導関数を

$$\frac{\partial \boldsymbol{A}(u,v)}{\partial v} = \lim_{\Delta v \to 0} \frac{\boldsymbol{A}(u, v+\Delta v) - \boldsymbol{A}(u,v)}{\Delta v} \tag{3.31}$$

と定義する．ベクトル $\boldsymbol{A}(u,v)$ を $(A_1(u,v), A_2(u,v), A_3(u,v))$ と成分表示すると，偏導関数の成分表示は，

$$\frac{\partial \boldsymbol{A}}{\partial u} = \left(\frac{\partial A_1}{\partial u}, \frac{\partial A_2}{\partial u}, \frac{\partial A_3}{\partial u}\right) \tag{3.32}$$

$$\frac{\partial \boldsymbol{A}}{\partial v} = \left(\frac{\partial A_1}{\partial v}, \frac{\partial A_2}{\partial v}, \frac{\partial A_3}{\partial v}\right) \tag{3.33}$$

となる．

二つの変数 u と v がさらにもう一つ別の独立な変数 t によって，$u = u(t)$, $v = v(t)$ と表されるとき，$\boldsymbol{A}$ の t についての偏導関数は

$$\frac{\partial \boldsymbol{A}}{\partial t} = \frac{\partial \boldsymbol{A}}{\partial u}\frac{du}{dt} + \frac{\partial \boldsymbol{A}}{\partial v}\frac{dv}{dt} \tag{3.34}$$

と表される．

e.　曲面上の曲線の長さ

1 変数ベクトル関数は曲線を記述したが，2 変数ベクトル関数は曲面を表す (図 3.3)．この曲面 Σ 上の任意の点は，曲面上に張り付いた uv 座標系により u と v で指定される．そこで空間曲面上の位置ベクトルを二つの変数 u，v の 2 変数ベクトル関数として，

$$\boldsymbol{r}(u,v) = (x_1(u,v), x_2(u,v), x_3(u,v)) \tag{3.35}$$

のように表し，曲面上の位置を指定する．v を固定して，u を変化させると曲面 Σ 上に曲線が描かれるが，これを **$\boldsymbol{u}$ 曲線**とよぶ．逆に u を固定して v だけ変化させて Σ 上に描かれる曲線を **$\boldsymbol{v}$ 曲線**とよぶ．

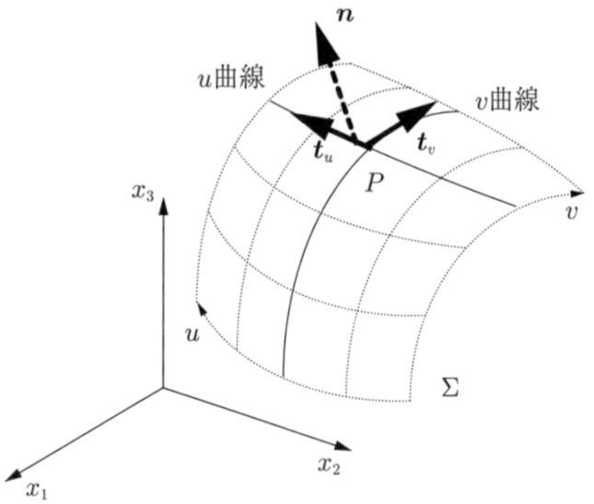

図 3.3 空間中の曲面と曲面上の u, v 曲線と接線・法線ベクトル

曲面 Σ 上の変数 u と v は，別のパラメータ t の関数として $u = u(t)$ と $v = v(t)$ として与えられるとすると，曲面上の位置ベクトル $\boldsymbol{r}(u, v)$ は $\boldsymbol{r}(t)$ として t の関数であり，曲面 Σ 上にある曲線 Γ を描く．この曲線の長さを求めることを考える．

位置ベクトル $\boldsymbol{r}$ の t による微分は

$$\frac{d\boldsymbol{r}(t)}{dt} = \frac{\partial \boldsymbol{r}}{\partial u}\frac{du}{dt} + \frac{\partial \boldsymbol{r}}{\partial v}\frac{dv}{dt} \tag{3.36}$$

となる．これを 2 乗すると，

$$\left(\frac{d\boldsymbol{r}(t)}{dt}\right)^2 = \left(\frac{\partial \boldsymbol{r}}{\partial u}\right)^2\left(\frac{du}{dt}\right)^2 + 2\frac{\partial \boldsymbol{r}}{\partial u}\cdot\frac{\partial \boldsymbol{r}}{\partial v}\frac{du}{dt}\frac{dv}{dt} + \left(\frac{\partial \boldsymbol{r}}{\partial v}\right)^2\left(\frac{dv}{dt}\right)^2 \tag{3.37}$$

となる．ここで

$$g_{ij}(u, v) = \frac{\partial \boldsymbol{r}}{\partial i}\cdot\frac{\partial \boldsymbol{r}}{\partial j} \quad (i, j = u, v) \tag{3.38}$$

を定義すると，

$$\left(\frac{d\boldsymbol{r}(t)}{dt}\right)^2 = \sum_{i=u,v}\sum_{j=u,v} g_{ij}\frac{di}{dt}\frac{dj}{dt} \tag{3.39}$$

と書くことができる．したがって，式 (3.12) より，この曲面上の曲線 Γ の長さは

$$\begin{aligned}\int_\Gamma \left\|\frac{d\boldsymbol{r}(t)}{dt}\right\| dt &= \int_\Gamma \sqrt{\sum_{i=u,v}\sum_{j=u,v} g_{ij}\frac{di}{dt}\frac{dj}{dt}}\,dt \\ &= \int_\Gamma \sqrt{\sum_{i=u,v}\sum_{j=u,v} g_{ij}\,di\,dj}\end{aligned} \tag{3.40}$$

で与えられる．この g_{ij} は曲面の**計量テンソル**の成分を表し，曲線のとり方にはよらないという性質がある．

さらに曲面の微分幾何学について知りたい読者は本教程の『微分幾何学とトポロジー』[10]を読み進めるとよい．

4 場の諸微分

ベクトル解析とは空間の幾何学的構造を考慮した上での多変数の解析学のことであり，ベクトル場，すなわち空間の各点にベクトルが付随したものに対する微積分が展開される．ここでは主に3次元空間におけるスカラー場，ベクトル場の微分を論じ，次章でベクトル場の積分について学んだ後もっとも重要な Gauss-Stokes (ガウス・ストークス) の定理の証明に移る．なお以下数章において座標系としてはデカルト座標系のみ考えることにする．

4.1 スカラー関数の勾配

3次元空間中のスカラー関数 f の**勾配** (gradient) ∇f とは

$$\nabla f = \left(\frac{\partial f}{\partial x}, \frac{\partial f}{\partial y}, \frac{\partial f}{\partial z}\right) \tag{4.1}$$

で定義されるベクトル場のことである．勾配を表す記号としてはこのほかに $\mathrm{grad}\, f$, あるいは $(\partial f/\partial \boldsymbol{x})$ と，偏微分記号の分母に現れる変数をベクトル記号にしたものが使われる．勾配 ∇f は，微分演算子の組 (**ナブラ演算子**，スペースの都合上横に並べて書いてある)

$$\nabla = \left(\frac{\partial}{\partial x}, \frac{\partial}{\partial y}, \frac{\partial}{\partial z}\right)$$

をスカラー関数 f に左から作用させたものと解釈可能である．∇f と $\mathrm{grad}\, f$ のように，ベクトルの諸微分を表すのにナブラ演算子 ∇ を用いる表記法と各微分演算の意味からとった文字を用いる表記法があり，双方ともよく用いられる．しかしデカルト座標系を主として用いる本書においては記法の利便性を活かすため，原則としてナブラ記号だけを用いることにする．

例題 4.1 勾配計算の例として位置ベクトル $\boldsymbol{x}$ の長さ，すなわち原点からの距離 r の勾配を求めてみる．定義より ∇r は

$$\mathrm{grad}\, r = \nabla\sqrt{x^2 + y^2 + z^2} = \left(\frac{x}{r}, \frac{y}{r}, \frac{z}{r}\right) = \frac{\boldsymbol{x}}{r} \tag{4.2}$$

となる．これはベクトル解析でよく用いられるので覚えておいたほうがよい．◁

次に勾配の幾何学的意味を考えよう．そのためにそれ自体重要な概念である方向微分を導入する．いま，点 $\boldsymbol{a}$ を発する，$\boldsymbol{b}$ 方向に伸びた直線 $\boldsymbol{x}(t) = \boldsymbol{a} + t\boldsymbol{b}$ を考えよう (一般に $\boldsymbol{b}$ は単位ベクトルとは限らないものとする．物理での応用においては $\boldsymbol{b}$ を通常無次元の単位ベクトルとし，t を長さの次元にとる)．すると

$$g(t) = f(\boldsymbol{x}(t)) = f(\boldsymbol{a} + t\boldsymbol{b})$$

は，スカラー関数 f をこの直線上に制限して得られる 1 変数 t の関数になる．このとき $g(t)$ の $t = 0$ における微係数 $g'(0)$ のことを，f の点 $\boldsymbol{a}$ における $\boldsymbol{b}$ 方向の**方向微分**とよび，多くの場合記号 $(\partial f/\partial b)$ で表す．すなわち

$$\left(\frac{\partial f}{\partial b}\right)_{\boldsymbol{a}} = \frac{d}{dt} f(\boldsymbol{a} + t\boldsymbol{b})\bigg|_{t=0}$$

というわけである[*1]．方向微分と勾配ベクトル ∇f の関係を調べるには上の微分を合成関数の微分則を用いて計算すればよい．それは f が x, y, z に関して十分滑らか，例えばいかなる変数の組合せに関しても 2 階まで微分可能なら当然 f を 1 次まで Taylor (テイラー) 展開できて[*2]

$$\begin{aligned}\left(\frac{\partial f}{\partial b}\right)_{\boldsymbol{a}} &= \frac{d}{dt} f(a_1 + tb_1, a_2 + tb_2, a_3 + tb_3) \\ &= \left(\frac{\partial f}{\partial x}\right)_{\boldsymbol{a}} b_1 + \left(\frac{\partial f}{\partial y}\right)_{\boldsymbol{a}} b_2 + \left(\frac{\partial f}{\partial z}\right)_{\boldsymbol{a}} b_3 = (\nabla f(\boldsymbol{a})) \cdot \boldsymbol{b} = (\boldsymbol{b} \cdot \nabla) f(\boldsymbol{a}) \qquad (4.3)\end{aligned}$$

となり，したがって十分滑らかなスカラー場の方向微分 $(\partial f/\partial b)$ は勾配 ∇f と b の内積の形に表せることがわかった．またここで副産物として次もわかる．

命題 4.1 $\boldsymbol{x}(t)$ を $t = 0$ で $\boldsymbol{x} = \boldsymbol{a}$ を発する滑らかな曲線とし，$\boldsymbol{b} = \dot{\boldsymbol{x}}(0)$ とするならスカラー関数 $f(\boldsymbol{x})$ の点 $\boldsymbol{a}$ における t 微分 $(df/dt)(\boldsymbol{x}(t))$ は

$$\left.\frac{df}{dt}\right|_{t=0} = \left(\frac{\partial f}{\partial b}\right)_{\boldsymbol{a}} = \boldsymbol{b} \cdot \nabla f(\boldsymbol{a})$$

で与えられる．

なぜなら $|t| \ll 1$ で $\boldsymbol{x}(t) = \boldsymbol{a} + \boldsymbol{b}t + o(t)$ だからである．

---

*1　記号では $(\partial f/\partial b)$ であるが，$(\partial f/\partial b)$ の物理量としての次元は，f の次元を t の次元で割ったものになる．

*2　実際にはもっと緩い条件でよい．f が 1 次まで Taylor 展開可能，つまり全微分可能なための十分条件は大抵の解析学の教科書に載っている．以降，本書において場の量は (区分的には) **十分な回数微分可能**と仮定する．

注意 4.1　数学で使われる方向微分 $(\partial f/\partial b)$ においては，$\boldsymbol{b}$ が単位ベクトルであることは要求されない．したがって $(\partial f/\partial b)$ が文字どおりの意味の「$\boldsymbol{b}$ 方向」における f の変化率であると考えてはいけない．◁

注意 4.2　方向微分を与える表式のうち $(\boldsymbol{b}\cdot\nabla)f$ の形には説明した以外の解釈をもたせられる．すなわち**微分作用素**

$$\boldsymbol{b}\cdot\nabla = b_1\frac{\partial}{\partial x} + b_2\frac{\partial}{\partial y} + b_3\frac{\partial}{\partial z}$$

を f に作用させたときの点 $\boldsymbol{a}$ における値，という解釈も可能になる．このように解釈するなら，一般のベクトル場 $\boldsymbol{b}(\boldsymbol{x})$ に対しても，スカラー場に対する微分作用素 $\boldsymbol{b}(\boldsymbol{x})\cdot\nabla$ が定義可能になることは明らかだろう．◁

さて，勾配の意味が直観的にわかるように xy 平面上の 2 変数関数 $f(x,y)$ を考えよう．すると f の振舞いは，3 次元空間における曲面グラフ $z=f(x,y)$ によって「地形」として捉えることができる (図 4.1 参照)．このとき f の点 $\boldsymbol{a}$ における $\boldsymbol{b}$ 方向の方向微分 $(\partial f/\partial b)$ とは，$\boldsymbol{b}$ が単位ベクトルのときにはこの地形が表す斜面の，$\boldsymbol{b}$ 方向の文字どおりの勾配を与えることになる．なぜなら $f(\boldsymbol{a}+t\boldsymbol{b})$ とは水平 $\boldsymbol{b}$ 方向に t だけ進んだときの「標高」にほかならず，よってその t 微分とは $\boldsymbol{b}$ 方向の標高の変化率すなわち勾配にほかならないからである．このように

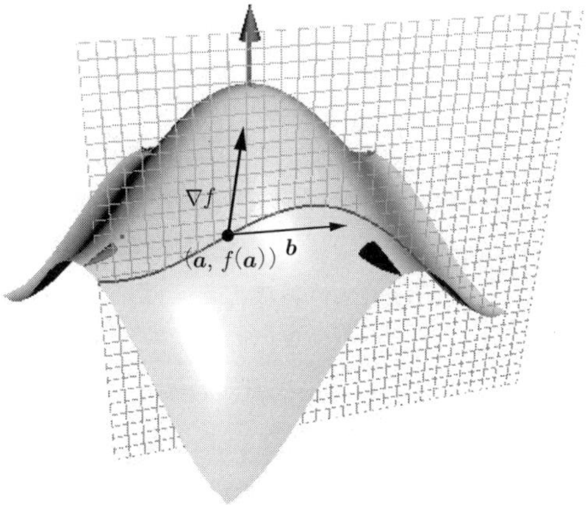

図 4.1　2 変数関数 $f(x,y)$ の挙動を 3 次元中の曲面グラフ $z=f(x,y)$ として表現したもの

$z = f(x,y)$ が地形を表すと考えるとき，点 $(\boldsymbol{a}, f(\boldsymbol{a}))$ における「勾配 (ベクトル)」というべきものを定義するならそれはどのような性質をもつようにすべきだろうか？　一般に斜面上の点から斜面に沿って移動するとき，その移動方向によって傾斜は変わる．例えば斜面の等高線方向に動けば傾斜は 0 になるだろう．一方，等高線に垂直な方向において斜面は最大傾斜を与えることになる．この最大傾斜の方向とその大きさを与えるベクトル量こそ勾配 (ベクトル) とよぶに相応しいだろう．実際に f の 2 次元勾配 $\nabla f = ((\partial f/\partial x), (\partial f/\partial y))$ はいま述べた性質をもっている．なぜなら単位ベクトル $\boldsymbol{n}$ に対する方向微分 $(\partial f/\partial n)$ は $\boldsymbol{n}$ 方向の斜面の傾きを表し，そして $(\partial f/\partial n) = (\nabla f)\cdot\boldsymbol{n}$ が成り立つことを見た．これは方向 $\boldsymbol{n}$ が $\nabla f(\boldsymbol{a})$ と同じ向きのときに最大値 $\|\nabla f(\boldsymbol{a})\|$ をとる．そして変化率の定義から $\nabla f(\boldsymbol{a})$ は f が増大する方向を向いており，確かに $\nabla f(\boldsymbol{a})$ が勾配ベクトルとよぶに相応しい量であることがわかる．

3 次元勾配ベクトル場の例を図 4.2 に示す．勾配は「斜面方向」を向いているので等高面，すなわち f の値が一定になる面 $f = c$ に直交する．図においても等高面である $U = 70$ にベクトル場 $-\nabla U$ が直交しているのが見てとれる．力の場は勾配 ∇U の反対符号なので，その向きはポテンシャルエネルギー U の極小点の方向を向いている．

図 4.2 では力の場をとったが，物理における U と勾配 $-\nabla U$ の関係を与える具体例としては静電場 $\boldsymbol{E}$ とそれに対応する空間電位 ϕ をイメージするとよい．正電荷に対して高電位の点は重力とのアナロジーでいえば標高の高い点を意味し，低電位の点は標高の低い点を意味する．そして電場 $\boldsymbol{E}(\boldsymbol{x}) = -\nabla\phi(\boldsymbol{x})$ は，点 $\boldsymbol{x}$ における電位の低下する方向と電位の空間的な変化率を表している．

注意 4.3　静電場 $\boldsymbol{E}$ は静電ポテンシャル ϕ の勾配として $\boldsymbol{E}(\boldsymbol{x}) = -\nabla\phi(\boldsymbol{x})$ と書かれることは上に述べたとおりであるが，では任意のベクトル場 $\boldsymbol{f}$ に対して適当なスカラー関数を見つけて $\boldsymbol{f} = \nabla g$ のように書くことはできるのであろうか？　答は一般には否，$\boldsymbol{f}$ が適当な条件を満たすときにのみ，それは何らかのスカラー関数の勾配の形に書けるのである．実際 n 次元空間において $\boldsymbol{f} = \nabla g$ なら $f_i = (\partial g/\partial x_i)$ であり，このとき偏微分の順序交換可能性により $(\partial f_i/\partial x_j) = (\partial^2 g/\partial x_j \partial x_i) = (\partial^2 g/\partial x_i \partial x_j) = (\partial f_j/\partial x_i)$ と，f_i, f_j 間に成立すべき必要条件が導かれる．これが (局所的には) 十分条件にもなることは第 7 章 7.3 節で説明する．　◁

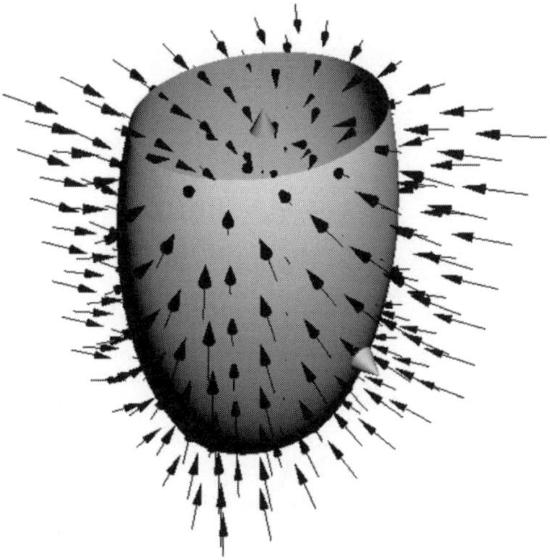

図 **4.2** 調和振動子ポテンシャル $U = 6x^2 + 4y^2 + z^2$ (モデルなので次元は考えない) に対する力の場 $-\nabla U$ と等ポテンシャル面 $U = 70$ の図．勾配 (の逆符号) $-\nabla U$ は等エネルギー面に直交する

4.1.1 全微分と勾配

n 変数関数 f の全微分 df とは独立変数 $\boldsymbol{x}$ の微小変化 $d\boldsymbol{x}$ に対する関数 f の変化 df を dx_i の 1 次式として与えるものであった．これは点 $\boldsymbol{a}$ の近傍で独立変数が $\boldsymbol{x} = \boldsymbol{a} + \delta\boldsymbol{x}$ と微小変化すると，関数値 f の変化 $\delta f = f(\boldsymbol{x}) - f(\boldsymbol{a})$ が $\delta\boldsymbol{x}$ の 1 次の微小量として表されることを意味している．これを式で表せば

$$\delta f = \sum_i A_i \delta x_i + o(\|\delta\boldsymbol{x}\|) \tag{4.4}$$

(ここで $o(h)$ は h に関する高次の微小量) ということになり，ここで $\delta f, \delta x_i$ を無限小にもっていったものが全微分 $df = \sum A_i dx_i$ になるわけである．同じ主張を繰り返すと，f は $\boldsymbol{x} \sim \boldsymbol{a}$ では 1 次関数

$$f_0(\boldsymbol{x}) = f(\boldsymbol{a}) + \boldsymbol{A} \cdot (\boldsymbol{x} - \boldsymbol{a})$$

(ここで $\boldsymbol{A} = (A_1, A_2, \cdots, A_n)$ は点 $\boldsymbol{a}$ に依存する n 次元ベクトル) で十分よく近似できるということになる．これは直前で述べた n 変数関数を $n+1$ 次元中の n

次元グラフで表現するという手法 (図 4.1 参照) でいうと f が点 $(\boldsymbol{a}, f(\boldsymbol{a}))$ において接超平面をもつということと同値であり，その接超平面が線形近似関数 $f_0(\boldsymbol{x})$ の n 次元グラフで与えられるというわけである．また式 (4.4) が成立するとき $\delta\boldsymbol{x}$ として δx_i だけ 0 ではなく，残りはすべて消えるような場合を考えれば

$$\delta f = A_i \delta x_i + o(\delta x_i)$$

ということになり，これは偏微分の定義から

$$A_i = \left(\frac{\partial f}{\partial x_i}\right)_{\boldsymbol{a}}$$

を意味することになる．すなわち全微分の表式は常に

$$df = \sum_i \left(\frac{\partial f}{\partial x_i}\right)_{\boldsymbol{a}} dx_i$$

という形をとる．このとき f の n 次元勾配 $\nabla f = ((\partial f/\partial x_1), (\partial f/\partial x_2), \cdots, (\partial f/\partial x_n))$ と無限小変位ベクトル $d\boldsymbol{x} = (dx_1, dx_2, \cdots, dx_n)$ を用いると全微分 df は

$$df = \nabla f \cdot d\boldsymbol{x}$$

と，これら二つのベクトルの内積の形に書かれることがわかる．

本書においては，直交座標系だけを扱う．この立場においてはベクトルの反変，共変性にあまりこだわる必要はないが，全微分 $df = \sum_i A_i dx^i$ (ここでは上下の添字の区別をした) の「座標」となる f の偏微係数 $A_i = (\partial f/\partial x_i)$ を並べてできるベクトル $\boldsymbol{A} = (A_1, A_2, \cdots, A_n)$ は共変ベクトルであって，反変ベクトルとは同じ変換性をもたないのに対して f の勾配 ∇f は A_i の添字を上げたもの $(\nabla f)^i = \sum_j g^{ij} A_j$ (g_{ij} は計量テンソル，g^{ij} はその逆) として定義されることは最後に注意しておく．デカルト座標系以外において勾配 grad f は座標関数による偏微係数を並べたもの $\partial f/\partial \boldsymbol{x}$ とは異なるのである (直交曲線座標系の場合については式 (6.3) あるいは 8.3.1 項参照).

4.2 ベクトル場の発散

ベクトル場 $\boldsymbol{f}(\boldsymbol{x})$ の**発散** (divergence) とは

$$\nabla \cdot \boldsymbol{f} = \frac{\partial f_x}{\partial x} + \frac{\partial f_y}{\partial y} + \frac{\partial f_z}{\partial z} \tag{4.5}$$

で定義されるスカラー場のことをいう．上式の左辺はベクトル形の微分作用素 ∇ とベクトル $\boldsymbol{f}$ の「内積」をとることを意味するが，これはその定義である右辺をとてもよく表現しているといえるだろう．発散を表す記号としては $\operatorname{div}\boldsymbol{f}$ もよく用いられる．発散の意味を直観的に知るためにいくつかの具体例を計算してみよう．そこで考えているベクトル場を流体の流量ベクトル場 (流れ方向を向き，その大きさが流量，つまり単位面積を単位時間あたりに横切る流体量を表すベクトル場) と思うことにする．

さて $z=0$ を境界にもつ上半空間 $z>0$ を x 方向に流れる定常層流は一般に $\boldsymbol{J}=(U(z),0,0)$ のように書かれるだろう．一般に粘性流体の境界速度は 0 になるから U は $z=0$ で 0 であり，z の単調増大関数になる．この $\boldsymbol{J}$ に対する発散は

$$\nabla\cdot\boldsymbol{J}=\frac{\partial U(z)}{\partial x}+0+0=0$$

と消える．次に渦を巻く流れの例として剛体的な回転を表す流れ $\boldsymbol{J}=(-Ay,Ax,0)$ の発散を計算すると，やはり偏微分をとる変数と偏微分される関数が依存する変数が異なるから，これもまた 0 になってしまう．次に $\boldsymbol{J}=(U(1+\alpha\tanh[Bx]),0,0),U>0,1>\alpha>0,B>0$，という形のものを考えよう．これは過去において，すなわち流れの上流部分では流量が $(1-\alpha)U$ であったものが流れていった末，$x\gg 1$ の場所では $(1+\alpha)U$ の流量になるような流れを表している．現実にはあり得ないことだが，これは $x\sim 0$ 付近において流体が無から湧き出してくることを意味している．このとき $\boldsymbol{J}$ の発散は

$$\nabla\cdot\boldsymbol{J}=\alpha BU\cosh^{-2}[Bx]>0$$

ということになる．逆にもし $B<0$ であったなら，この流れは過去に $(1+\alpha)U$ だった流量が $x\sim 0$ 近辺を通過した後には $(1-\alpha)U$ の流量に落ちる流れを表す．これは $x\sim 0$ あたりの領域で流体が無に消えることを意味し，そのときには $\nabla\cdot\boldsymbol{J}<0$ となっている．すなわちスカラー量 $\nabla\cdot\boldsymbol{J}(\boldsymbol{x})$ はその点における流体の**湧き出し** (source)，**吸い込み** (sink) を表していることになる．

いま行った観察をもっとはっきりさせるため，一般の (十分滑らかな) 流量ベクトル場 $\boldsymbol{J}$ の，任意の点 $\boldsymbol{a}$ における発散を考えよう．それは定義によりただちに

$$\nabla\cdot\boldsymbol{J}(\boldsymbol{a})=\left(\frac{\partial J_x}{\partial x}\right)_{\boldsymbol{a}}+\left(\frac{\partial J_y}{\partial y}\right)_{\boldsymbol{a}}+\left(\frac{\partial J_z}{\partial z}\right)_{\boldsymbol{a}}$$

と計算され，これの直観的意味を明確にするため $\boldsymbol{J}$ をこの点のまわりで Taylor 展開すると

$$\boldsymbol{J}(\boldsymbol{a}+\delta\boldsymbol{x}) = \boldsymbol{J}(\boldsymbol{a}) + \delta\boldsymbol{x}\cdot\nabla\boldsymbol{J}(\boldsymbol{a}) + o(\delta\boldsymbol{x}) \tag{4.6}$$

$$\delta\boldsymbol{x}\cdot\nabla\boldsymbol{J}(\boldsymbol{a}) = J\begin{pmatrix} x-a_x \\ y-a_y \\ z-a_z \end{pmatrix},\ J = \begin{pmatrix} (\partial J_x/\partial x)_{\boldsymbol{a}} & (\partial J_x/\partial y)_{\boldsymbol{a}} & (\partial J_x/\partial z)_{\boldsymbol{a}} \\ (\partial J_y/\partial x)_{\boldsymbol{a}} & (\partial J_y/\partial y)_{\boldsymbol{a}} & (\partial J_y/\partial z)_{\boldsymbol{a}} \\ (\partial J_z/\partial x)_{\boldsymbol{a}} & (\partial J_z/\partial y)_{\boldsymbol{a}} & (\partial J_z/\partial z)_{\boldsymbol{a}} \end{pmatrix} \tag{4.7}$$

($o(\delta\boldsymbol{x})$ は $\delta\boldsymbol{x}$ の 2 次以上の項) となる．したがって局所的に考える限り「流れ」$\boldsymbol{J}$ は 1 次変換 $J(\boldsymbol{x}-\boldsymbol{a})$ で記述され，しかもその点 $\boldsymbol{a}$ における発散は行列 J のトレースで与えられることになる．そこでいくつかの行列 J に対する流れを図に描いてみよう (図 4.3)．J の対角部分の要素がすべて正 (したがって $\nabla\cdot\boldsymbol{J}>0$) である図 4.3(a) は明らかに $\boldsymbol{a}$ から流れが湧き出ている状況に対応している．一方 $\nabla\cdot\boldsymbol{J}$ が消える (つまり J のトレースが 0 になる) 図 4.3(b) の場合の $\boldsymbol{J}$ は，複数方向からやって来た流れが互いにぶつかった後，別方向に流れていくような状況を表していて，湧き出し，吸い込みは存在しない．よって確かに $\nabla\cdot\boldsymbol{J}$ の値が消えないこととその点で流体の湧き出し，吸い込みが存在することは同値になることがわかる (注意 4.4 参照)．もちろん現実流体に対してそれが無から生じたり無に消えることはなく，したがって非圧縮性流体に対しては $\nabla\cdot\boldsymbol{J}=0$ でなければならないことになる．一方，圧縮性流体の時間的に非定常な流れ $\boldsymbol{J}(\boldsymbol{x},t)$ に対しては，$\nabla\cdot\boldsymbol{J}(\boldsymbol{x})\neq 0$ でもよく，それは点 $\boldsymbol{x}$ における密度変化を表すものと考えられる．例えば合流点も分岐点もない高速道路の通行量 (定点における時間あたりの通過台数) を連続化近似して考えたとき，それが原点付近で $J(x)=A+Bx, A>0, B<0$ となったとする．これは道路後方の通行量のほうが前方のそれより多いことを意味している．ところが仮定より本線道路に流出入する車はない，すなわち走行台数の総数は保存しているので，このような J の振舞いが可能になるには (1) 原点前後の車の密度にはそれほど違いがないものの後方の車の走行速度が大きいか，(2) 走行速度にはそれほど違いがないものの，後方の車の密度が高い (つまり車間間隔が短い) かいずれかが成り立っているはずである[*3]．前者の場合車間はどんどん詰まっ

---

*3　ある物理量の流れに関して，その点 $\boldsymbol{x}$ における速度を $\boldsymbol{v}$，密度を ρ とするとき，その物理量の流量は $\rho\boldsymbol{v}$ で与えられる．これは読者が自分で納得してほしい．

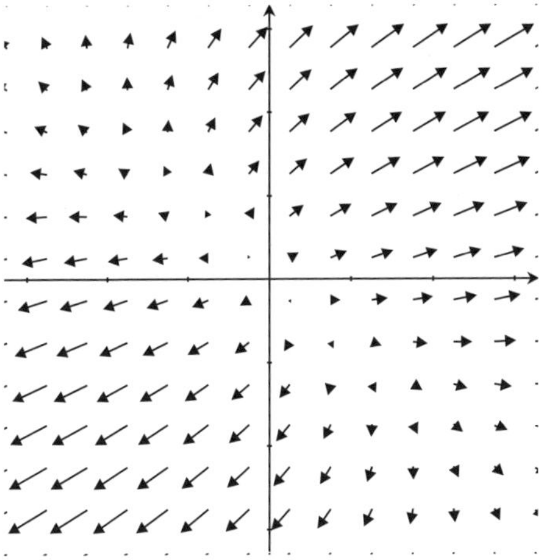

(a)

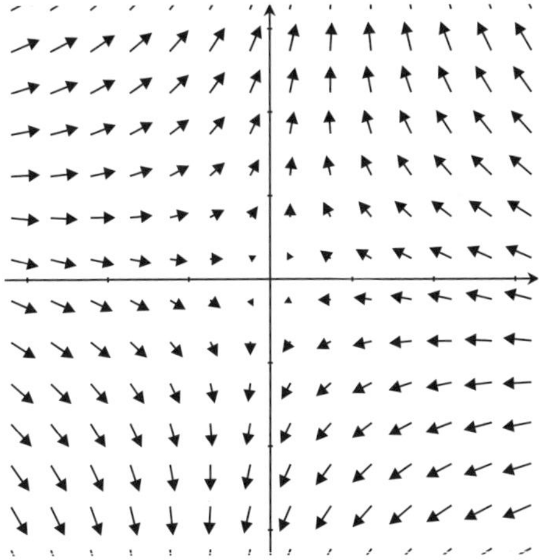

(b)

図 4.3　(a) 発散が正になる点 (図では原点) においては，流れが湧き出ている．見やすくするために 2 次元断面を表示している．(b) 流れを表す $\boldsymbol{J}$ が座標に関する 1 次の部分をもつとしてもその発散が 0 になる場合は，流れが湧き出たり，吸い込まれたりするのとは異なる状況になる．図では 2 方向から来た流れが原点付近でぶつかって別の 2 方向に去っている

ていくので，やがて車の密度は増すことになるし，後者の場合は密度の高い部分が原点に達することとなって，いずれの場合でもいまの $\operatorname{div} J < 0$ という例は原点付近の車の密度が増えていくことを意味していることになる．つまりここで考えているような保存則を満たす流れ $\boldsymbol{J}$ に対してその発散の符号と保存量の密度変化の符号は反対になる．これは 6.3 節で連続の方程式としてもっと定量的な形で説明する．

注意 4.4 ベクトル場 $\boldsymbol{J}$ の発散は，それを流れの場とみなすとき，$\boldsymbol{J}$ の 1 次近似 $J\delta\boldsymbol{x}$ の対称部分 $J^{\mathrm{s}} = (J + J^{\top})/2$ に関係する．次節で見るように，行列 J の反対称部分 $J^{\mathrm{a}} = (J - J^{\top})/2$ は流れ $J\delta\boldsymbol{x}$ の与える剛体的な回転に関係するので，残りである対称部分 J^{s} が微小部分の (形状の変化を伴った) 体積変化を担うことになる．さて，発散には J の対角部分しか関わらないので明らかに $J^{\mathrm{s}}\delta\boldsymbol{x}$ の点 $\boldsymbol{x} = \boldsymbol{a}$ における発散ももとのベクトル場の発散に一致する．このとき $\boldsymbol{a}$ を中心とする，微小直方体で，対称行列 J^{s} を対角化する方向に各辺が向いているものを考えよう．そして J^{s} の固有値を $\lambda_1, \lambda_2, \lambda_3$ とすれば，微小時間 δt の間に微小立方体の各辺は $1 + \lambda_i \delta t$ 倍されることになる．言い換えるとこの微小直方体の体積は微小時間 $\delta t \ll 1$ の間に $1 + (\sum_i \lambda_i)\delta t = 1 + (\nabla \cdot \boldsymbol{J})_{\boldsymbol{a}} \delta t$ 倍されることとなり，それは流れが非圧縮性の場合，単位時間あたり $(\nabla \cdot \boldsymbol{J})_{\boldsymbol{a}}$ だけの流体が湧き出してきたことを意味し，このことからもすでに述べた発散の意味が再び確かめられる．　$\lhd$

4.3 ベクトル場の回転

ベクトル場 $\boldsymbol{f}$ の回転 (rotation) $\nabla \times \boldsymbol{f}$ ($\operatorname{rot} \boldsymbol{f}$ とも書く) とは座標軸方向の単位ベクトル $\boldsymbol{e}_x, \boldsymbol{e}_y, \boldsymbol{e}_z$ を用いて

$$\begin{aligned}\nabla \times \boldsymbol{f} &= \begin{vmatrix} \boldsymbol{e}_x & \boldsymbol{e}_y & \boldsymbol{e}_z \\ \dfrac{\partial}{\partial x} & \dfrac{\partial}{\partial y} & \dfrac{\partial}{\partial z} \\ f_x & f_y & f_z \end{vmatrix} \\ &= \left(\frac{\partial f_z}{\partial y} - \frac{\partial f_y}{\partial z}\right)\boldsymbol{e}_x + \left(\frac{\partial f_x}{\partial z} - \frac{\partial f_z}{\partial x}\right)\boldsymbol{e}_y + \left(\frac{\partial f_y}{\partial x} - \frac{\partial f_x}{\partial y}\right)\boldsymbol{e}_z \end{aligned} \tag{4.8}$$

で定義されるベクトル場のことをいう．上式を眺めれば記号 $\nabla \times \boldsymbol{f}$ がその実態 (上式最右辺) をよく表していることがわかるだろう．ベクトルの回転が本章で議

論する諸微分の中で一番わかりにくいものとなるが，ここでは発散のときにしたような局所的な解析を与えるだけにしておく．そこでベクトル場 $\boldsymbol{f}$ を前節と同様に流れの場とみなして点 $\boldsymbol{a}$ のまわりで Taylor 展開し，$\delta\boldsymbol{x} = \boldsymbol{x} - \boldsymbol{a}$ の 1 次まで考えよう．ここで定義どおりに $\boldsymbol{f}$ の回転を計算するとそれは $\boldsymbol{f}$ の 1 次近似を与える行列 $J_{ij} = (\partial f_i/\partial x_j)$ の反対称部分

$$J^{\mathrm{a}} = \frac{1}{2}\begin{pmatrix} 0 & -b_z & b_y \\ b_z & 0 & -b_x \\ -b_y & b_x & 0 \end{pmatrix} = \frac{1}{2}(J - J^{\top})$$

を上のような形に表すとき $\nabla \times \boldsymbol{f} = \boldsymbol{b} = (b_x, b_y, b_z)$ と書かれることがわかる．すなわち回転 $\nabla \times \boldsymbol{f}$ は $\boldsymbol{f}$ の $\boldsymbol{x} = \boldsymbol{a}$ における 1 次近似 $J\delta\boldsymbol{x}$ の反対称部分だけで決まるのである．そして上で導入されたベクトル $\boldsymbol{b}$ を用いると $J^{\mathrm{a}}\delta\boldsymbol{x} = (\boldsymbol{b}/2) \times \delta\boldsymbol{x}$ と書けることが直接計算よりわかる．さらに $\nabla \times J^{\mathrm{a}}\delta\boldsymbol{x} = \nabla \times ((\boldsymbol{b}/2) \times \delta\boldsymbol{x}) = \boldsymbol{b}$ となることも定義どおり計算すればわかる (後で出てくる，微分演算子 ∇ が含まれる場合のベクトル三重積の公式 (7.6) を用いれば定ベクトル $\boldsymbol{c}$ に対して $\nabla \times (\boldsymbol{c} \times \boldsymbol{x}) = (\nabla \cdot \boldsymbol{x})\boldsymbol{c} - (\boldsymbol{c} \cdot \nabla)\boldsymbol{x} = 3\boldsymbol{c} - \boldsymbol{c} = 2\boldsymbol{c}$ と計算することもできる)．一般にベクトルの外積 $\boldsymbol{\omega} \times \boldsymbol{x}$ は $\boldsymbol{n} = \boldsymbol{\omega}/\|\boldsymbol{\omega}\|$ を回転軸とする「角速度」$\|\boldsymbol{\omega}\|$ の無限小回転を表すのだから $\nabla \times \boldsymbol{f}$ とは流れの場 $\boldsymbol{f}$ が引き起こす局所的な回転を表していることになる．すなわち流速を表す流れの場 $\boldsymbol{f}$ に沿って流れていく微小な木片を考えれば，以下のように解釈できることになる (図 4.4 参照)．はじめ木片が点 $\boldsymbol{a}$ にあったとするとそれは $\boldsymbol{f}$ の 0 次部分 $\boldsymbol{f}(\boldsymbol{a})$ に従う全体的な平行移動のほか，1 次近似の反対称部分 J^{a} (J の対称部分 J^{s} は注意 4.4 にあるように流体の湧き出し，吸い込みに関係し，木片の動きには関係しない) によって $J^{\mathrm{a}}\delta\boldsymbol{x} = (\boldsymbol{b}/2) \times \delta\boldsymbol{x}$ で与えられる，「角速度」$\|\boldsymbol{b}\|/2$ の回転運動を行うことなり，そのとき $\nabla \times \boldsymbol{f}(\boldsymbol{a}) = \boldsymbol{b}$ ということになる．これが $\nabla \times \boldsymbol{f}$ を $\boldsymbol{f}$ の回転とよぶ所以である (みてわかるとおり $\nabla \times \boldsymbol{f}$ は $\boldsymbol{f}$ の引き起こす回転の「角速度ベクトル」の 2 倍になっている)．

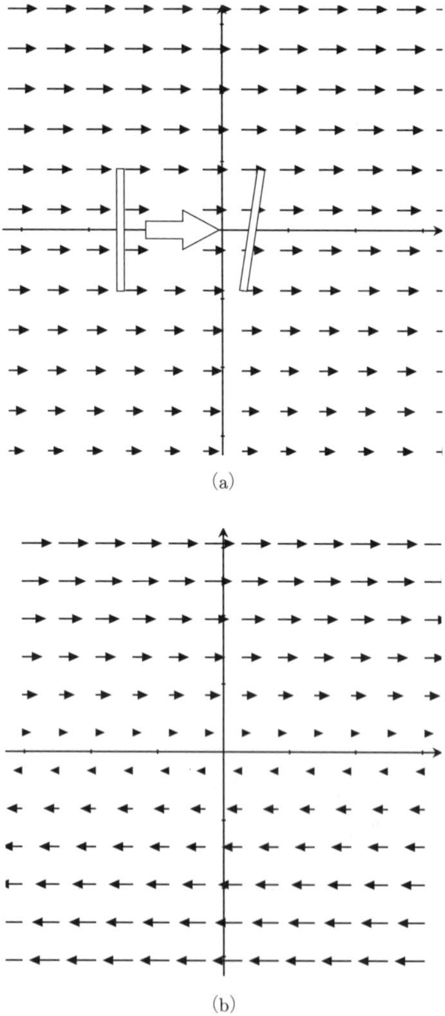

図 4.4　(a) $\nabla \times \boldsymbol{J}$ が消えない流れの例．この流れに木片を入れればそれは回転しながら移動していく．(b) (a) のような，流れの方向と垂直な方向に速さの変化がある流れの，位置に関して 1 次の部分は局所的には回転を表しているとみなせる

5　線積分，面積分

この章では1次元から3次元空間の積分を与え，その基本的な性質について説明する．1次元直線上の関数の積分とは要するに通常の Riemann (リーマン) 積分のことであり，2，3次元空間の部分領域 D におけるスカラー関数の積分も Riemann 積分として定式化される．ここではそれに対する簡単な復習を述べ，その後により低次元の部分の上での積分，特に3次元空間中の曲線 C，曲面 S に沿ってのベクトル場 $\boldsymbol{f}(\boldsymbol{x})$ の積分を与える．そして，これらの直観的な定義を与えた後，より厳密な定式化について説明する．それを見ればわかるように，もし d 次元積分法と，変数変換公式の二つを認めさえすれば応用上十分厳密にベクトル場の線積分，面積分を定式化することが可能になる．

5.1　2次元，3次元積分の復習

n 次元有限閉領域 D における，連続スカラー関数 f の積分について簡単に復習しておこう．

n 次元における n 次元積分は，直観的には Riemann 和を用いて定式化されるとしてよい．すなわち全空間 $\mathbb{R}^n$ を一辺の長さ d の n 次元立方体で賽の目状に分割し，領域 D の内部に含まれる立方体 $\Delta(i,d)$ $(i=1,\cdots,N)$ の代表点 $x_i \in \Delta(i,d)$ を適当にとって Riemann 和を

$$S_d = \sum_{i=1}^{N} f(x_i)d^n \tag{5.1}$$

で定義する．ここで $d \to 0$ とするときの S_d の極限が f の D 上の積分値

$$\int_D f(x)dv = \lim_{d\to 0} S_d$$

を与えると考えればよい (もちろんこれは数学的にたいへん粗雑な積分の定義法だが，直観的にはこれで十分である)．

関数 f が不連続な場合，その不連続点の全体 F が $n-1$ 次元以下になるなら Riemann 和 (5.1) に用いる $\Delta(i,d)$ として $D-F$ に含まれるものだけをとった上

で $d \to 0$ とすれば，そのような f に対しても積分は定義される．また無限領域 D における積分に対しては，それは適当な有限領域の拡大列 $D_1 \subset D_2 \subset \cdots \to D$ に対する極限

$$\int_D f(x)dv = \lim_{n\to\infty} \int_{D_n} f(x)dv$$

として定義すればよい．通常，数学においてこのような無限積分に関しては，積分値が上記拡大列のとり方に関係なく確定することを保証するため，絶対収束性，すなわち被積分関数の絶対値の積分も上の極限をもつことを仮定するが，物理への応用においては必ずしもそれを要求しないこともある．無限領域の積分が状況の単純化，理想化に際して出てくる場合があり，そのとき無限領域への拡大の仕方は物理的要請から決められ，そのような拡大に対して上式が有限確定値をもてば，それが積分値として採用されるのである[*1]．

以上のようにして定義された n 次元積分に対して以下の定理が成立することはすでに知っているものとする．これらの定理が 3 次元空間中の面積分や各種の積分定理をそれなりに厳密に定式化したり証明したりするときに用いられることになるのである．

いま，n 次元領域にデカルト座標系を設定し，それを $\boldsymbol{x} = (x_1, x_2, \cdots, x_n)$ とおこう．そして n 次元積分を記号

$$\int_D f(\boldsymbol{x})d^n\boldsymbol{x}$$

とも表すことにする (体積要素を dv ではなく，変数名をあらわにして $d^n\boldsymbol{x}$ と書くことの意味はすぐ後で明らかになる)．さてこのとき n 次元閉領域 D を x_n 軸に沿って $x_1x_2\cdots x_{n-1}$ 平面に射影してできる $n-1$ 次元領域を D' としよう．そして簡単のため，D の境界 ∂D の点で D' 上の同じ点に写ってくるものは高々二つであるとしよう．これは ∂D が二つの，$n-1$ 変数 $x_1, x_2, \cdots, x_{n-1}$ の関数のグラフ $x_n = z_\pm(x_1, x_2, \cdots, x_{n-1}), z_-(\boldsymbol{x}') \le z_+(\boldsymbol{x}')$ として表され，いま考えている射影によって D' の任意の点 $\boldsymbol{x}' = (x_1, \cdots, x_{n-1})$ に写ってくる D の点の全体は $(x_1, \cdots, x_{n-1}, z_-(\boldsymbol{x}'))$ と $(x_1, \cdots, x_{n-1}, z_+(\boldsymbol{x}'))$ を結ぶ線分になることを意味している (図 5.1(a) 参照)．このとき次が成り立つ．

---

*1　イオン性結晶の静電ポテンシャルの計算などで行われる．実際にはある種のトリックが用いられる (数学で総和法とよばれるものの一種を用いる)．

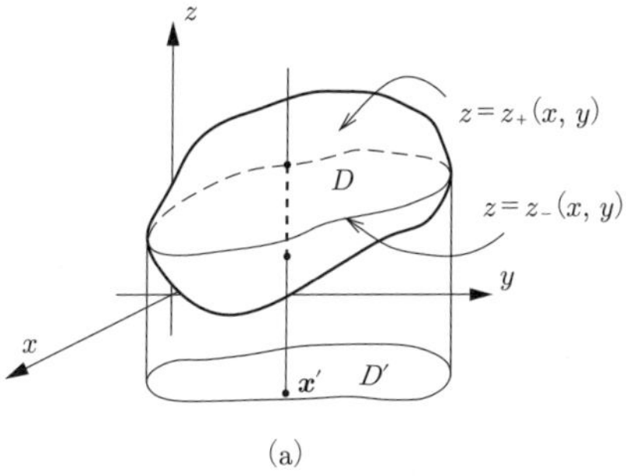

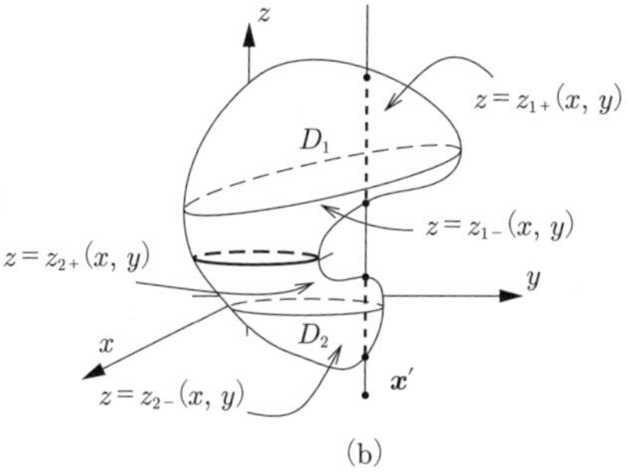

図 5.1　(a) その境界点の z 座標が x, y 座標の高々二つの関数 $z_\pm$ として表されるような領域の例．(b) 任意の 3 次元領域は適当に分割すれば (a) のような領域の和として表されること．図では全体領域 D を太線部分で上下に，D_1, D_2 と二つに分割すれば，各 D_i に対してその境界 ∂D_i は関数 $z = z_{i\pm}(x, y)$ のグラフとして表現できる

定理 5.1 (n 次元積分を多重積分として表すこと (累次積分法))　上述のような有限閉領域 D に対して

$$\int_D f(\boldsymbol{x}) d^n \boldsymbol{x} = \int_{D'} d^{n-1}\boldsymbol{x}' \int_{z_-(\boldsymbol{x}')}^{z_+(\boldsymbol{x}')} f(\boldsymbol{x}', x_n) dx_n$$

となる．

一般の領域 D においては，それをいくつかの部分領域に分割して，つまり $D = D_1 \cup D_2 \cup \cdots \cup D_N$ として，各 D_i に対しては上述の性質が成り立つようにできる (図 5.1(b) 参照)．したがって

$$\int_D f(x) dv = \sum_i \int_{D_i} f(x) dv$$

の右辺の各項に上記定理を適用すればよいだけのことになる．そして上の手法を帰納的に進めていけば結局普通の 1 変数の積分の繰返しとして n 次元積分が計算できることになる[*2]．次に変数変換公式を述べて，この簡単な復習部分を終えることにする．n 次元空間から n 次元空間への滑らかな 1 対 1 写像 $\boldsymbol{y} \to \boldsymbol{x}$ があったとして，その逆変換によって領域 D は D' という領域に変換されるとしよう．このとき，次が成立する．

*2　数学的にはともかく，物理への応用においてはこのような累次積分はあまり有用ではない．それより物理的，幾何学的意味を考えながら積分するほうがよいことが多い．

定理 5.2 上述の記号の下

$$\int_D f(\boldsymbol{x})d^n\boldsymbol{x} = \int_{D'} f(\boldsymbol{x}(\boldsymbol{y}))|J(\boldsymbol{x},\boldsymbol{y})|d^n\boldsymbol{y} \tag{5.2}$$

となる．ここに

$$J(\boldsymbol{x},\boldsymbol{y}) = \det\left(\frac{\partial \boldsymbol{x}}{\partial \boldsymbol{y}}\right) = \frac{\partial(x_1,x_2,\cdots,x_n)}{\partial(y_1,y_2,\cdots,y_n)} = \left|\frac{\partial x_i}{\partial y_j}\right|$$

は変換 $\boldsymbol{y}\to\boldsymbol{x}$ の Jacobi 行列式 (ヤコビアン) である．

注意 5.1 変数変換公式は 1 変数の積分における置換積分公式

$$\int_a^b f(x)dx = \int_c^d f(x(y))\frac{dx}{dy}dy \quad (a=x(c), b=x(d))$$

の高次元版であることはいうまでもない．ただ高次元の場合積分領域には向き付け (本章次節以降参照) を与えないので[*3] dx/dy のかわりにヤコビアンの絶対値が登場しているのである．1 変数の積分において Riemann 和を $\sum f(y_i)(x_{i+1}-x_i)$ ではなく，$\sum f(y_i)|x_{i+1}-x_i|$ で定義すれば変数変換公式 (5.2) は 1 次元でも成立することになり，そのかわりに $a<b$ に対する

$$\int_b^a f(x)dx = -\int_a^b f(x)dx$$

は左辺の記号の定義式となる．　◁

5.2 線　積　分

2，3 次元において与えられた連続ベクトル場 $\boldsymbol{F}$ の，区分的に滑らかな，向きのついた曲線 C に沿った**線積分**

$$\int_C \boldsymbol{F}(\boldsymbol{x})\cdot d\boldsymbol{x} \tag{5.3}$$

を以下に定義しよう．ここで曲線の「向き」というのは曲線の端点のどちらが始点で，どちらが終点かが決められていることを意味する．C が閉曲線の場合にも積

*3　微分形式の理論では n 次元空間の n 次元積分要素に対しても向き付け，つまり正負の符号を負わせる．なお以下に見るように，考えている空間の低次元部分に対する積分においては向き付けを意識しなければならないことがほとんどである．

分開始点を適当に決めておき，曲線を辿っていく向きを決めておくのである．すなわち記号 C は空間中の単なる点集合ではなく，その曲線を辿っていく方向をも表しているものとする．

そこで空間にデカルト座標 $\boldsymbol{x}$ を設定し，以下のような Riemann 和を定義しよう．

まず微小な長さ $d>0$ を任意に与え，また C の始点を $\boldsymbol{x}_a$，終点を $\boldsymbol{x}_b$ とおき (もちろん C が閉曲線の場合には $\boldsymbol{x}_a = \boldsymbol{x}_b$ になる)，この曲線を $N-1$ 個の点 $\boldsymbol{x}_1, \cdots, \boldsymbol{x}_{N-1}$ でもって長さが d 程度の微小曲線分 $[\boldsymbol{x}_i, \boldsymbol{x}_{i+1}]$ $(i=0,\cdots,N-1)$ に分割しよう．ここで $\boldsymbol{x}_0 = \boldsymbol{x}_a, \boldsymbol{x}_N = \boldsymbol{x}_b$ とした．そしてこの分割に対する Riemann 和を

$$S_d = \sum_{i=0}^{N-1} \boldsymbol{F}(\boldsymbol{y}_i) \cdot (\boldsymbol{x}_{i+1} - \boldsymbol{x}_i) \tag{5.4}$$

で与えることにする．ここで $\boldsymbol{y}_i$ は微小曲線分 $[\boldsymbol{x}_i, \boldsymbol{x}_{i+1}]$ 上の適当に決めた代表点であり，$\cdot$ は内積を表す (図 5.2 参照．ここでは $\boldsymbol{y}_i = \boldsymbol{x}_i$ としている)．このとき分割を細かくしていった極限

$$\int_C \boldsymbol{F}(\boldsymbol{x}) \cdot d\boldsymbol{x} = \lim_{d \to 0} S_d$$

で線積分 (5.3) を定義する．この定義からわかるとおり，記号 $d\boldsymbol{x}$ は差 $\delta \boldsymbol{x}_{i+1} = \boldsymbol{x}_{i+1} - \boldsymbol{x}_i$ の，分割を細かくしていった極限に対応し，無限に近い 2 点を結んでできる，方向をもった (無限小) 線素 (あるいは無限小変位) を表している．記号 $d\boldsymbol{x}$ は無限小に隣り合う 2 点の変位を表すのだから記号としては $d\boldsymbol{x} = (dx, dy, dz)$ と書くことができ，それは単なる形式以上の意味をもつことを例題 5.1 で示す．

注意 5.2 念のため注意しておくが，曲線の任意の微小曲線分への分割と，それら曲線分上の代表点 $\boldsymbol{y}_i$ の選択に対して極限 $S = \lim_{d \to 0} S_d$ が一意に定まるとき，被

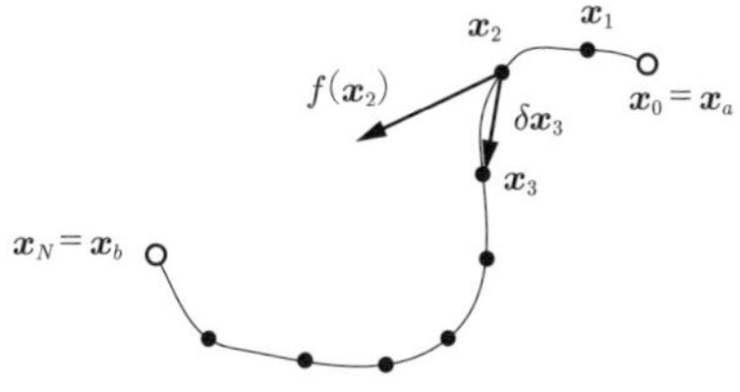

図 **5.2** 線積分を曲線の分割によって定義すること

積分関数 $\boldsymbol{F}$ が Riemann 積分可能であり，その値が S になると定義されるのである．しかし以下では数学的な厳密性にはあまりこだわらないことにする．なお $\boldsymbol{F}$ が滑らかなとき，与えられた分割に対して $\boldsymbol{F}(\boldsymbol{y}_i)$ を与える代表点 $\boldsymbol{y}_i$ のとり方にかかわらず $d \to 0$ で Riemann 和が一定値に近づくことは簡単に示せる．微小曲線分の長さが d のオーダーであることから $\boldsymbol{F}(\boldsymbol{y}_i) \approx \boldsymbol{F}(\boldsymbol{x}_i) + \boldsymbol{O}(d)$ と，$\boldsymbol{F}(\boldsymbol{y}_i)$ と $\boldsymbol{F}(\boldsymbol{x}_i)$ の差は d と同程度のオーダーのベクトルとなり，よってそれと $\boldsymbol{x}_{i+1} - \boldsymbol{x}_i$ の内積は d に関する高次の微小量 $o(d)$ になる．一方，分割数 N は C の長さを L として L/d のオーダーであるから，代表点 $\boldsymbol{y}_i$ の違いによる Riemann 和の違いは $No(d) = o(d)/d$ のオーダーであってこれは明らかに $d \to 0$ で 0 に収束する．　◁

このようにして線積分が定義されたわけだが，これは与えられたベクトル場と積分曲線 C だけで決まる幾何学的な量であって，**計算に用いる座標系のとり方には依存しない**ことは定義から明らかだろう．ベクトルの内積は純粋に幾何学的に定義されるものであり，また Riemann 和 (5.4) の各項を計算するのに必要な分割点や代表点の選び方に依存しない．分割を細かくしていった極限値が存在することが $\boldsymbol{f}$ が線積分可能であることの定義だったからである．

さて，簡単だが重要な線積分の性質を述べておこう．まず，閉曲線 C に沿っての線積分はその始点の選び方に関係なく定まる．これは C の分割の仕方に関係なく，Riemann 和が分割を細かくする極限で同じ値に収束することから明らかである．

次に C の向き付けを逆転してできる曲線を $-C$ としよう．すなわち C の終点を始点とし，始点を終点として，点集合としては C と一致するものを $-C$ とおくのである．すると次が成り立つ．

命題 5.1 線積分に関して次が成立する：

$$\int_C \boldsymbol{F}(\boldsymbol{x}) \cdot d\boldsymbol{x} = -\int_{-C} \boldsymbol{F}(\boldsymbol{x}) \cdot d\boldsymbol{x}$$

なぜなら C の任意の分割 $[\boldsymbol{x}_i, \boldsymbol{x}_{i+1}]$ $(i = 0, \cdots, N-1)$ に対して $[\boldsymbol{x}_{i+1}, \boldsymbol{x}_i]$ $(i = N-1, \cdots, 0)$ は $-C$ の分割となり，これを用いた Riemann 和において微小曲線分 $[\boldsymbol{x}_{i+1}, \boldsymbol{x}_i]$ に対する代表点を $\boldsymbol{y}_i$ にとればこれによる Riemann 和は式 (5.4) の反対符号になるからである．

二つの向き付けられた曲線 C_1, C_2 があったとし，C_1 の終点と C_2 の始点が一致したとしよう．すると C_1 と C_2 を繋げて，その始点は C_1 の始点，終点は C_2 の終点であるような曲線 $C_1 + C_2$ を考えることができる．このとき次がいえる．

命題 5.2 上記の状況において

$$\int_{C_1+C_2} \boldsymbol{F}(\boldsymbol{x}) \cdot d\boldsymbol{x} = \int_{C_1} \boldsymbol{F}(\boldsymbol{x}) \cdot d\boldsymbol{x} + \int_{C_2} \boldsymbol{F}(\boldsymbol{x}) \cdot d\boldsymbol{x} \tag{5.5}$$

が成立する．

これは $C_1 + C_2$ に対する分割として C_1, C_2 に対するそれを合わせたものが使えることから明らかだろう．積分路としていくつかの閉曲線 $C_1, \cdots, C_n$ が与えられているとき $C_1 + \cdots + C_n$ とは単にそれら閉曲線の (積分方向も込めた) 合併集合のこととする．したがってこの場合にも

$$\int_{C_1+\cdots+C_n} \boldsymbol{f} \cdot d\boldsymbol{x} = \sum_i \int_{C_i} \boldsymbol{f} \cdot d\boldsymbol{x} \tag{5.6}$$

となる．このようにして定義された線積分を具体的に計算するには曲線のパラメータ付けを用いるのが一番簡単である．その例は 5.2.2 項の最後に与えることにする．

5.2.1 線積分の直観的意味

線積分を直観的に捉えるには，$\boldsymbol{F}$ が力の場であった場合を考えるとよい．力の場 $\boldsymbol{F}$ に置かれた物体を考えよう．いまその物体が位置 $\boldsymbol{x}$ にあったとしよう．それをこの位置に止め置くには外力 $-\boldsymbol{F}(\boldsymbol{x})$ を加えて力を釣り合わせなければならないが，ここで物体をほんの少し変位させて位置 $\boldsymbol{x} + \delta\boldsymbol{x}$ にもってくるなら外力は

$$\delta W = -\boldsymbol{F}(\boldsymbol{x}) \cdot \delta\boldsymbol{x}$$

の仕事をすることになる．したがってこのような微小変位を積み重ねていって $\boldsymbol{x} = \boldsymbol{x}_0 \to \boldsymbol{x}_1 \to \boldsymbol{x}_2 \to \cdots$ と，$\boldsymbol{x}_N = \boldsymbol{y}$ まで変位させるときに外力が行う仕事は

$$\sum_i \delta W_i = -\sum_{i=0}^{N-1} \boldsymbol{F}(\boldsymbol{x}_i) \cdot \delta\boldsymbol{x}_i = -\sum_{i=0}^{N-1} \boldsymbol{F}(\boldsymbol{x}_i) \cdot (\boldsymbol{x}_{i+1} - \boldsymbol{x}_i)$$

で与えられることになり，これは Riemann 和の式 (5.4) と同じ格好をしている．

すなわち力の場 $\boldsymbol{F}$ に置かれた物体を与えられた曲線 C に沿って位置 $\boldsymbol{x}$ から $\boldsymbol{y}$ まで移動させるのに外力がすべき全仕事 W は線積分を用いて

$$W = -\int_C \boldsymbol{F}(\boldsymbol{x}) \cdot d\boldsymbol{x}$$

で与えられることになる．このように，線積分 $\int \boldsymbol{F} \cdot d\boldsymbol{x}$ とは $\boldsymbol{F}$ の積分路方向の成分に，移動の重みをつけて足し合わせたものと捉えればよい．

5.2.2　パラメータを用いた線積分の定式化，線積分の具体例

ここでは線積分，面積分双方に対してもっと厳密に積分を定式化できるパラメータ付けを用いた手法の，線積分への適用を述べる．

いま曲線 C を変数 t でもってパラメータ付けしよう．すなわち $t = t_a$ で始点 $\boldsymbol{x}_a = \boldsymbol{x}(t_a)$，$t = t_b$ で終点 $\boldsymbol{x}_b = \boldsymbol{x}(t_b)$ となるような t の関数 $\boldsymbol{x}(t)$ で，t を t_a から t_b まで動かしていくとき曲線上を $\boldsymbol{x}_a$ から $\boldsymbol{x}_b$ まで動いていくようなものを考える．C は区分的に滑らかと仮定しているので閉区間 $[t_a, t_b]$ 内の適当な点 $t_a = t_0, t_1, t_2, \cdots, t_N = t_b$ があって $\boldsymbol{x}(t)$ は各区間 $[t_i, t_{i+1}]$ で滑らかとしてよい．そしてこれに対応する曲線分を C_i (すなわち点集合として $C_i = \{\boldsymbol{x} \mid \boldsymbol{x} = \boldsymbol{x}(t), t \in [t_i, t_{i+1}]\}$) とすると命題 5.2 より

$$\int_C \boldsymbol{F} \cdot d\boldsymbol{x} = \sum_i \int_{C_i} \boldsymbol{F}(\boldsymbol{x}) \cdot d\boldsymbol{x}$$

となるから初めから曲線 C が全体的に滑らか，したがってそのパラメータ付け $\boldsymbol{x}(t)$ も滑らかなものとして一般性を失わない．このとき t の微小変化 $t \to t + \delta t$ に伴う曲線上の点の変位は

$$\delta \boldsymbol{x} = \boldsymbol{x}(t + \delta t) - \boldsymbol{x}(t) \approx \left(\frac{d\boldsymbol{x}}{dt}\right)_t \delta t \tag{5.7}$$

で与えられ，したがってパラメータの動く範囲 $[t_a, t_b]$ を細分した $t_a = t_0, t_1, t_2, \cdots, t_N = t_b$ に対応する曲線の分割を用いた Riemann 和は

$$\sum \boldsymbol{F}(\boldsymbol{x}_i) \cdot \delta \boldsymbol{x}_i \approx \sum \boldsymbol{F}(\boldsymbol{x}_i) \cdot \left(\frac{d\boldsymbol{x}}{dt}\right)_{t_i} \delta t_i = \sum \boldsymbol{F}(\boldsymbol{x}_i) \cdot \left(\frac{d\boldsymbol{x}}{dt}\right)_{t_i} (t_{i+1} - t_i) \tag{5.8}$$

と書かれることになる (上式左辺と右辺の差が分割を細かくしていく極限で無視でき，したがって積分の定義に影響しないことは注意 5.2 における議論とまった

く同様にできる．$\delta \boldsymbol{x}_i = \boldsymbol{x}_{i+1} - \boldsymbol{x}_i$ と $\dot{\boldsymbol{x}}(t_i)(t_{i+1} - t_i)$ の差は $d \approx \|\delta \boldsymbol{x}\|_i$ に関する高次の微小量になるからである)．これをよく見れば Riemann 和 (5.8) は，分割を細かくしていった極限で t の関数

$$f(t) = \boldsymbol{F}(\boldsymbol{x}(t)) \cdot \left(\frac{d\boldsymbol{x}}{dt}\right)_t$$

の，数直線 $[t_a, t_b]$ 上の Riemann 積分

$$\int_{t_a}^{t_b} f(t)dt = \int_{t_a}^{t_b} \boldsymbol{F}(\boldsymbol{x}(t)) \cdot \dot{\boldsymbol{x}}(t)dt$$

を与えることがわかる．以上をまとめると次のようになる．

定理 5.3 $\boldsymbol{x}(t)$ を滑らかな曲線 C の向き付けられたパラメータ付けとし，始点が $t = t_a$，終点が $t = t_b$ で与えられるようにすれば，C に沿ったベクトル場 $\boldsymbol{F}$ の線積分は

$$\int_C \boldsymbol{F}(\boldsymbol{x}) \cdot d\boldsymbol{x} = \int_{t_a}^{t_b} \boldsymbol{F}(\boldsymbol{x}(t)) \cdot \left(\frac{d\boldsymbol{x}}{dt}\right)_t dt \tag{5.9}$$

で与えられる．

この定理は，パラメータを用いた線積分の値がパラメータ付けに依存せず，曲線 C とその向きだけで一意に決まることも含意している．なぜなら初めに与えた線積分の定義にパラメータ付けは用いられていないからである．しかし線積分がパラメータのとり方に依存しないことを直接示すこともできるので，以下にそれを紹介しておこう．

いま C が二つのパラメータ付け $[t_1, t_2] \ni t \to \boldsymbol{x}(t) \in C, [s_1, s_2] \ni s \to \boldsymbol{x}(s) \in C$ をもつとしよう．このとき同じ曲線上の点 $\boldsymbol{x} \in C$ に写ってくる t と s の間には 1 対 1 の対応が付くことになり，この対応 $t \leftrightarrow s$ は滑らかになる．すると置換積分公式と合成関数の微分則から

$$\begin{aligned}\int_{t_1}^{t_2} \boldsymbol{f}(\boldsymbol{x}(t)) \cdot \left(\frac{d\boldsymbol{x}}{dt}\right)_t dt &= \int_{s_1}^{s_2} \boldsymbol{f}(\boldsymbol{x}(t(s)) \cdot \left(\frac{d\boldsymbol{x}}{dt}\right)_{t(s)} \left(\frac{dt}{ds}\right)_s ds \\ &= \int_{s_1}^{s_2} \boldsymbol{f}(\boldsymbol{x}(t(s)) \cdot \left(\frac{d\boldsymbol{x}}{ds}\right)_s ds \end{aligned} \tag{5.10}$$

と，確かに積分値がパラメータのとり方に関係なく定まることが示せた．

注意 5.3 上述のことを一般化すると，パラメータ付けが 1 対 1 でないときにもパラ

メータを用いた線積分を定義できる．すなわちパラメータ s が閉区間 $[s_a, s_b]$ の値を下から動いていくとき，$\boldsymbol{x}(s)$ のほうは曲線 C 上を単調に始点から終点に向かうのではなく，途中で行きつ戻りつするときでも式 (5.9) は有効である．それは式 (5.10) からわかるが，線積分の定義に立ち戻ってもわかる．$[s_a, s_b]$ を $[s_a, s_1], [s_1, s_2], \cdots,$ $[s_k, s_b]$ と分割して，各区間では $\boldsymbol{x}(s)$ が $\boldsymbol{x}(s_i)$ から $\boldsymbol{x}(s_{i+1})$ に向かって単調に動くようにし，曲線 C_i をパラメータの区間 $[s_i, s_{i+1}]$ に対応する部分 (C_0 は $[s_a, s_1]$, C_{k+1} は $[s_k, s_b]$ の像によって定められるとする) とすれば

$$\int_{s_a}^{s_b} \boldsymbol{f}(\boldsymbol{x}) \cdot \frac{d\boldsymbol{x}}{ds} ds = \int_{C_0+C_1+\cdots+C_{k+1}} \boldsymbol{f} \cdot d\boldsymbol{x}$$

であり，この右辺が $\boldsymbol{f}$ の C に沿っての積分になることは命題 5.1 および命題 5.2 より明らかだろう．

ここで閉曲線 C に沿って 1 周する積分をパラメータを用いて計算する場合，パラメータをその定義域で動かすとき C をちょうど 1 周するようになっていないといけない．途中で行きつ戻りつしていいのは上述の場合同様だが，全体としてはもとの C の向き付けと同じ方向にちょうど 1 周分の動きになっていないといけないのである．もちろん C を 2 周する積分，つまり $2C$ に対するパラメータ付けは，そのパラメータを動かした場合，C 上をちょうど 2 周するようになっていないといけない．その場合

$$\int_{s_a}^{s_b} \boldsymbol{f}(\boldsymbol{x}) \cdot \frac{d\boldsymbol{x}}{ds} ds = 2\int_C \boldsymbol{f} \cdot d\boldsymbol{x} = \int_{2C} \boldsymbol{f} \cdot d\boldsymbol{x}$$

が満たされるということになる． ◁

本節の最後に簡単な具体例を挙げる．

例題 5.1 平面ベクトル場 $\boldsymbol{f} = (-y, x/2)$ を

(1) $(1,0)$ から $(1,1)$ に至り，次に $(1,1)$ から $(-1,1)$ を経て $(-1,0)$ に至る折れ線 C の上で積分すること．

(2) 同じベクトル場を $(1,0)$ から原点を中心とする単位円周上を左回りに $(-1,0)$ に至る曲線 C' の上で積分すること．

((1) の解) $(1,0)$ から $(1,1)$ に至る線分を C_1，次に $(1,1)$ から $(-1,1)$ に至るものを C_2，最後に $(-1,1)$ から $(-1,0)$ に至る線分を C_3 とすれば命題 5.2 より

$$\int_C \boldsymbol{f}\cdot d\boldsymbol{x} = \int_{C_1} \boldsymbol{f}\cdot d\boldsymbol{x} + \int_{C_2} \boldsymbol{f}\cdot d\boldsymbol{x} + \int_{C_3} \boldsymbol{f}\cdot d\boldsymbol{x}$$

である．さて C_1, C_3 上では線分上の点の y 座標値自身をパラメータに使うことができ (このとき C_1 上で $x \equiv 1$，C_3 上 $x \equiv -1$ は y に関する定数関数になる)，一方 C_2 上では x 座標値をパラメータとして用いることができる (このとき $y \equiv 1$ は x に関する定数関数になる)．すなわち

$$\int_{C_1} \boldsymbol{f}\cdot d\boldsymbol{x} = \int_0^1 (-y, x/2)\cdot(0,1)dy = \frac{1}{2}\int_0^1 x dy = \frac{1}{2}\int_0^1 dy = \frac{1}{2}$$

$$\int_{C_2} \boldsymbol{f}\cdot d\boldsymbol{x} = \int_1^{-1} (-y, x/2)\cdot(1,0)dx = -\int_1^{-1} y dx = -\int_1^{-1} dx = 2$$

$$\int_{C_3} \boldsymbol{f}\cdot d\boldsymbol{x} = \int_1^0 (-y, x/2)\cdot(0,1)dy = -\frac{1}{2}\int_1^0 dy = \frac{1}{2}$$

となり，全積分値は 3 ということになる． ◁

(2) の解答に移る前に，以上の事柄を一般化して記号 $d\boldsymbol{x} = (dx, dy, dz)$ を合理化することが可能になる．いま曲線 C 上の点 a の各座標値 $x(a), y(a), z(a)$ を考えると例外的な点を除けばこれら座標値と a は局所的には 1 対 1 に対応している．したがって C をいくつかの部分に分割して各 C_{xi}，$i = 1, \cdots, n_x$ は x によってパラメータ付け可能，とすることができる (図 5.3 参照)．同じことを変数 y, z に対しても行って，それらに対する曲線の分割を C_{yj}, C_{zk} とおけば以下が成立する．

命題 5.3 線積分に関し，

$$\int_C \boldsymbol{f}\cdot d\boldsymbol{x} = \sum_i \int_{C_{xi}} f_x(x, y(x), z(x))dx + \sum_j \int_{C_{yj}} f_y(x(y), y, z(y))dy + \sum_k \int_{C_{zk}} f_z(x(z), y(z), z)dz. \tag{5.11}$$

(証明) ベクトル場 $\boldsymbol{f}$ はその成分に分解して三つのベクトル場 $\boldsymbol{f}_x = (f_x, 0, 0)$, $\boldsymbol{f}_y = (0, f_y, 0), \boldsymbol{f}_z = (0, 0, f_z)$ の和 $\boldsymbol{f} = \boldsymbol{f}_x + \boldsymbol{f}_y + \boldsymbol{f}_z$ として表すことができる．そ

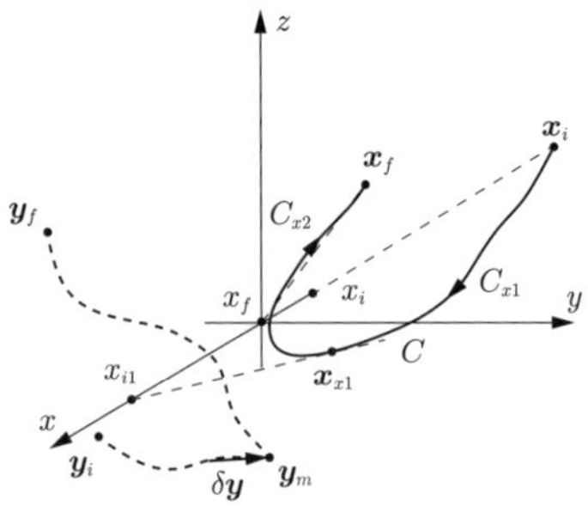

図 5.3　空間曲線を座標関数でパラメータ付けすること．図の曲線 C の $\boldsymbol{x}_i$ から $\boldsymbol{x}_{x1}$ までの部分 C_{x1} 上の点は x_i から x_{i1} までの x 座標値と 1 対 1 に対応し，C_{x2} 上の点は x_{i1} から x_f までの値によって一意に定まる．破線で表された曲線の $[\boldsymbol{y}_i, \boldsymbol{y}_m]$ 部分は xy 平面内にあってこの部分を z 座標値でパラメータ付けすることはできない．またこのとき $\delta\boldsymbol{y}$ も同じ面内にあるので内積 $\boldsymbol{f}\cdot\delta\boldsymbol{y}$ において f_z 成分からの寄与もない

して積分の線形性より

$$\int_C \boldsymbol{f}\cdot d\boldsymbol{x} = \int_C \boldsymbol{f}_x\cdot d\boldsymbol{x} + \int_C \boldsymbol{f}_y\cdot d\boldsymbol{x} + \int_C \boldsymbol{f}_z\cdot d\boldsymbol{x}$$

が成り立つ．さていま C の一部分である C_{xi} の点をパラメータ x で表せば

$$\frac{d\boldsymbol{x}}{dx} = \left(1, \frac{dy}{dx}, \frac{dz}{dx}\right)$$

となり，よって式 (5.9) から

$$\int_{C_{xi}} \boldsymbol{f}_x\cdot d\boldsymbol{x} = \int_{C_{xi}} (f_x(x, y(x), z(x)), 0, 0)\cdot\left(1, \frac{dy}{dx}, \frac{dz}{dx}\right)dx = \int_{C_{xi}} f_x dx \tag{5.12}$$

となる．後は同じことを別の部分や別の座標関数に対して適用すればよい．もし C_{xi} たちが (あるいは C_{yj}, C_{zk} たちがそれぞれ) 全体として C に一致すれば，すべてが証明されたことになるが，C の一部分 C' が yz 平面に平行な面上にある場合，C' を x でパラメータ付けすることはできないので $\cup C_{xi} = C - C' \neq C$ となってしまう．この場合 C' 上においては線積分の定義から $\boldsymbol{f}\cdot\delta\boldsymbol{x} = f_y\delta y + f_z\delta z$ と，$\boldsymbol{f}$ の x 成分 f_x からの寄与はなくなるので

$$\int_C \boldsymbol{f}_x\cdot d\boldsymbol{x} = \int_{C-C'} \boldsymbol{f}_x\cdot d\boldsymbol{x}$$

となり，上式右辺の積分は式 (5.12) に一致するからこれで命題のすべての部分の証明が終わった． ■

(例題 5.1 (2) の解) ここでは命題 5.3 を応用する方法，および単位円上の点に対する偏角をパラメータとして用いる方法という 2 種類の計算法を与えることにする．まずは上記命題の方法で積分しよう．それには $\boldsymbol{f}_x \cdot d\boldsymbol{x} = -ydx$ および $\boldsymbol{f}_y \cdot d\boldsymbol{x} = xdy/2$ を，式 (5.12) によれば前者をパラメータ x，後者をパラメータ y でパラメータ付けして積分すればよい．前者においては $y = \sqrt{1-x^2}$ と書け，後者に関しては，円周上 $(1,0)-(0,1)$ の範囲では $x = \sqrt{1-y^2}$，$(0,1)-(-1,0)$ においては $x = -\sqrt{1-y^2}$ と書けることから

$$\begin{aligned}\int_C \boldsymbol{f}\cdot d\boldsymbol{x} &= -\int_1^{-1}\sqrt{1-x^2}dx + \frac{1}{2}\int_0^1\sqrt{1-y^2}dy - \frac{1}{2}\int_1^0\sqrt{1-y^2}dy \\ &= \int_{-1}^1\sqrt{1-x^2}dx + \int_0^1\sqrt{1-y^2}dy = \frac{3\pi}{4}\end{aligned}$$

と計算される．次に C 上の点を偏角 θ を用いて $x = \cos\theta, y = \sin\theta$ と表して，式 (5.9) に従って線積分を計算しよう．ここで

$$\frac{d\boldsymbol{x}}{d\theta} = (-\sin\theta, \cos\theta)$$

となるので

$$\begin{aligned}\int_C \boldsymbol{f}\cdot\frac{d\boldsymbol{x}}{d\theta} &= \int_0^\pi(-\sin\theta, (1/2)\cos\theta)\cdot(-\sin\theta,\cos\theta)d\theta \\ &= \int_0^\pi \sin^2\theta + \frac{1}{2}\cos^2\theta d\theta = \frac{3\pi}{4}\end{aligned}$$

となり，当然二つの方法で計算した値は一致する． ◁

(1)，(2) の線積分は 2 つとも同じ始点，終点をもつがその値は異なっていることに注意すること．この違いを面積分と関係付けるのが次章で述べる Stokes の定理となる (注意 6.2 も参照)．

5.3 面　積　分

今度はベクトル場 $\boldsymbol{f}$ に対して，空間内の区分的に滑らかな曲面 S 上の積分

$$\int_S \boldsymbol{f}\cdot d\boldsymbol{S} \tag{5.13}$$

を定式化しよう．ここで $\boldsymbol{f}(\boldsymbol{x})$ が流体の流量ベクトルである場合，すなわち点 $\boldsymbol{x}$ における流体の運動方向が $\boldsymbol{n}$，その点における $\boldsymbol{n}$ を法線とする微小断面積 δS を単位時間に通過する流体量が δM であるような流れに対して $\boldsymbol{f} = (\delta M/\delta S)\boldsymbol{n}$ と定義されるベクトル場 $\boldsymbol{f}$ に対し，式 (5.13) が断面 S を横切る全流量になるよう，面積分 (5.13) を定義しよう．ただし，この積分は向き付きの量であるとしよう．つまり $\boldsymbol{f}$ が流量ベクトル場であるとき式 (5.13) は単に曲面 S を横切る全流量の大きさを与えるだけではなく，S をどちら側からどちら側に流れていくかも判断できるように面積分を定義したい．そのためにいわゆる曲面の**向き付け** (要するに面の裏表の区別) を以下で与えよう．

a.　曲面の向き付け

いま一繋がりの区分的に滑らかな曲面*4 S の，境界より内側にある点 $\boldsymbol{x}$ の十分小さな空間近傍 U を考えると S は U を二つに分ける，つまり片一方を「内」とすればもう片方が「外」になる (図 5.4 参照)．このどちらかを内側，反対側を外側として，内から外へ向かう方向を (面の裏表として) 指定したいのだが，それには曲面の法線ベクトル $\boldsymbol{n}$ の方向 (各点において二つの可能性がある) を指定すればよい．すなわち $\boldsymbol{n}$ の矢印が裏から表へ向かう方向を与えるものと約束する．そ

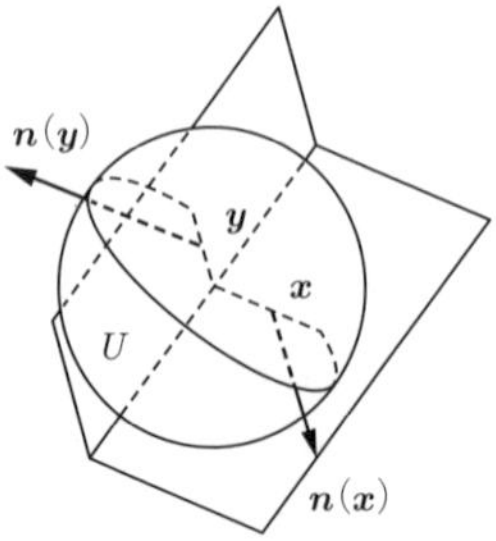

図 5.4　曲面 S の法線場を指定することによってその向きを与えること．曲面の滑らかな部分においては法線ベクトル場で向きを指定し，それらが「折れ目」を介して整合性をもつように定める．図では面の手前側を「表」，奥側を「裏」と考えた向き付けになっている

*4 「区分的に滑らか」の意味は直観的に捉えることにする．なお，その面積が発散してしまうような「しわくちゃ」な曲面 (例えば $x > 0$ で $z = x\sin(1/x), x \leq 0$ で $z = 0$ と定義されるような曲面) はたとえ区分的に滑らかであっても考察の対象にはしない．

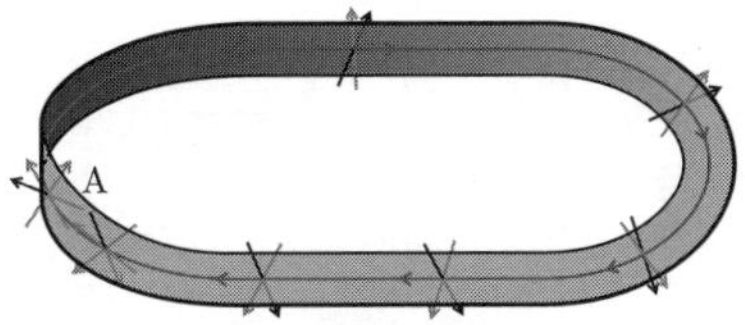

図 5.5 Möbius の帯．帯の上の点 A で，面の向きを xyz 座標系を載せることで与え（面に対する法線方向の軸が本文で述べた向きを与えるものとする），それを帯の中央線に沿って連続的に 1 周させると，見てわかるように逆の向きづけになって戻って来る．この図では見やすいよう厚みのある面の上を動かしているが，実際には厚みのない 2 次元面なので点 A に戻ってきた際，座標系が「裏側」に張り付いているわけではなく向きづけに整合性が取れていない．

して曲面に「折り目」がある場合においても曲面の滑らかな部分においては各々法線ベクトル場を指定して，それらが図 5.4 に示されているように折り目近辺で互いに整合性をもつようにすればよい．図において，描かれている球体が上の U に相当し，この場合は奥から手前 (点 $\boldsymbol{x}$ の部分)，あるいは右から左 (点 $\boldsymbol{y}$ の部分) に向かう方向が指定されている．いずれの場合でも奥側の領域が曲面で区切られた「内側」になっていて整合性がとれている．なお「折り目」の部分に対しては法線を付随させられないが，折れ目部分のなす集合は 1 次元以下になり面積分には寄与しないので放っておいてよい．なお曲面によっては全体的に整合性のとれた向き付けを与えるのが不可能なものもある．その例として有名な Möbius (メビウス) の帯を図 5.5 に掲げておく．面上の 1 点で法線の向きを指定しそれを連続的に拡張していった際，帯を 1 周して戻ってきたとき法線は反対方向を向いてしまっている．このような向き付け不能な曲面に対しては，ベクトル場の面積分は定義できないものとしてこの後は考えないことにしよう．

b. 面 積 分

さて以上によって**向き付け可能な曲面** (その上で全体的に整合性のとれた法線場を与えることができるような，区分的に滑らかな曲面) S の上の面積分の定義を与える準備が整った．なお積分の加法性から，全体的に滑らかな曲面に対する面積分さえ構成すれば，区分的に滑らかな曲面 S 上の面積分は S を構成する滑らかな部分 S_i 上の面積分の和として定義すればよいので，以下では S は全体的に (境界を除いて) 滑らかであるとする．

そこで向き付け可能な，滑らかな曲面 S が与えられたとしてその上の法線場 $\boldsymbol{n}$ で向きを与えよう (二つの可能性があるが，そのうちのいずれかを選ぶというこ

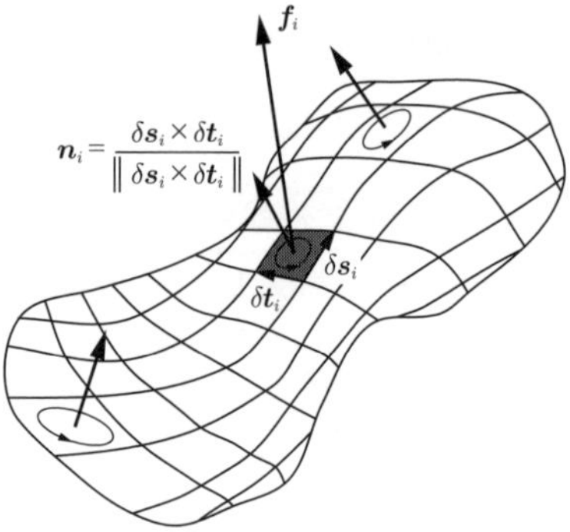

図 5.6　面積分を曲面の分割によって定義すること

と)．そしてこの曲面を図 5.6 のように微小平行四辺形に分割しよう．滑らかな曲面 S はその十分に小さい部分だけ見ればほぼ平らであることから，そのような微小部分を図のようにベクトル $\boldsymbol{\delta s}, \boldsymbol{\delta t}$ で張られる平行四辺形でもって代用するのである．すると $\delta \boldsymbol{s}$ と $\delta \boldsymbol{t}$ の外積

$$\delta \boldsymbol{S} = \delta \boldsymbol{s} \times \delta \boldsymbol{t} \tag{5.14}$$

はこの微小平行四辺形に垂直な，その大きさは平行四辺形の面積 δS に等しいベクトルとなる．つまり $\delta \boldsymbol{S}$ ((無限小) **面積要素ベクトル**) は曲面の向きを与える法線 $\boldsymbol{n}$ と同じ向きか，正反対の向きを向いていることになる．そこで $\delta \boldsymbol{s}, \delta \boldsymbol{t}$ の順に平行四辺形の辺をなすベクトルを並べるときに式 (5.14) が (S の向きを与える) 法線 $\boldsymbol{n}$ と同じ向きになるように約束することにしよう (言い換えれば $\delta \boldsymbol{s}, \delta \boldsymbol{t}, \boldsymbol{n}$ がこの順で右手系の xyz 座標軸方向と同じになるように $\delta \boldsymbol{s}, \delta \boldsymbol{t}$ の順番を決めるのである)．

S を上のような N 個の微小平行四辺形 Δ_i $(i = 1, \cdots, N)$ に分割し，それらが $\boldsymbol{x}_i$ を始点とするベクトル $\delta \boldsymbol{s}_i, \delta \boldsymbol{t}_i$ で張られるものとしよう (図 5.6 参照)．そしてこの平行四辺形上の適当な点 $\boldsymbol{y}_i$ におけるベクトル場の値を $\boldsymbol{f}_i$ とする．これはこの微小平行四辺形におけるベクトル場 $\boldsymbol{f}$ の代表的な値であると考えられる (図では $\boldsymbol{y}_i$ として平行四辺形の中心をとっている)．

いまベクトル場 $\boldsymbol{f}$ をある流体の流量ベクトルであったとし，この流体が微小面 Δ_i を単位時間に通過する流体量が，どのように与えられるか考えよう．ただし流体が S にあらかじめ与えておいた向きと同じ方向に流れているとき，流量は正，反対向きに流れているときには流量が負になるようにしよう．すると流量ベクトル $\boldsymbol{f}$ の意味からいって，$\boldsymbol{f}_i \cdot \boldsymbol{n}_i$ が向きも込めた実効的な単位時間単位面積あたりの流量になる．したがって Δ_i を横切って $\boldsymbol{n}_i$ の方向に流れていく単位時間あたりの流体量は $\delta I = \boldsymbol{f}_i \cdot \boldsymbol{n}_i \delta S_i$ で与えられることになるが，初めの約束から $\delta \boldsymbol{s}_i \times \delta \boldsymbol{t}_i = \delta S_i \boldsymbol{n}_i$ となるので結局 Δ_i を通過する単位時間あたりの流量は $\boldsymbol{f}_i \cdot (\delta \boldsymbol{s}_i \times \delta \boldsymbol{t}_i)$ と表されることになる (非圧縮性流体の場合，体積流量で考えれば $\boldsymbol{f}_i$ は流体速度を表すことになり，よって微小時間 δt の間に Δ_i を通過する流体体積は Δ_i を底面，$\boldsymbol{f}_i \delta t$ を高さ方向にもつ平行六面体の体積に等しいことになる．これは符号付きで考えて $\boldsymbol{f}_i \cdot (\delta \boldsymbol{s}_i \times \delta \boldsymbol{t}_i) \delta t$ に等しい (1.4.1 項 a. 参照) ので，単位時間あたりに Δ_i を横切る体積流量は確かに $\boldsymbol{f}_i \cdot (\delta \boldsymbol{s}_i \times \delta \boldsymbol{t}_i)$ となる)．したがって曲面 S 全体を，与えられた方向に通過する単位時間あたりの全流量は Riemann 和

$$I_d = \sum_i \boldsymbol{f}_i \cdot (\delta \boldsymbol{s}_i \times \delta \boldsymbol{t}_i) \tag{5.15}$$

で近似的に与えられることとなり，よって微小平行四辺形の辺の代表的な長さ d を小さくしていった極限 $I = \lim_{d \to 0} I_d$ が S を横切る単位時間あたりの流量の正確な値を与えることになる．すなわち，この極限 I のことを S 上の $\boldsymbol{f}$ の面積分 (5.13) の値だと定義すればよい．もちろんこれがどのような曲面の分割の仕方，代表点 $\boldsymbol{y}_i$ の選び方，極限 $d \to 0$ のもって行き方にかかわらず一意の値を与えることを証明する必要があるが，直観的には十分納得のいく定義ではあるだろう (以下の項で間接的な「証明」を，パラメータ付けを用いた面積分の定義を与えることによって行う)．

このようにして得られた面積分が線積分同様，ベクトル場 $\boldsymbol{f}$ と積分曲面 S によって定まり，計算に用いる座標系の選択には依存しないのは明らかだろう．ベクトルの内積，外積は幾何学的に定義可能であって，成分表示に用いる基底系の選択に依存しないからである．またスカラー関数 f の，空間領域 D 上での積分が計算に用いる座標系に依存しないことも明らかである．これらの積分が幾何学的に不変な内容をもつことから，場の諸微分が用いる座標系に関係なく定義できることを次章で見るだろう．

注意 5.4 図に見られるように境界部分においては三角形領域も現れるが，これは面積分の定義に際して無視してよい．微小平行四辺形の辺の代表的長さ d をどんどん小さくしていくとき，このような三角形領域を合わせた全面積は曲面の境

界の長さを L として Ld のオーダーであることから，これら三角形領域上の積分は $d \to 0$ で消えてしまうからである (区分的に滑らかなベクトル場 $\boldsymbol{f}$ の任意曲面 S 上の面積分の大きさは高々S の面積と S 上での $\|\boldsymbol{f}\|$ の最大値の積程度の量であるからいま考えている三角形領域全体に対する面積分の大きさは Ld のオーダーでしかない).

またいっそうのこと曲面を微小三角形 Δ_i に分割して各微小三角形の面積ベクトル $\delta\boldsymbol{S}_i$ と，その三角形上におけるベクトル場の代表値 $\boldsymbol{f}_i$ の内積の和 $\sum \delta\boldsymbol{S}_i \cdot \boldsymbol{f}_i$ の，分割を細かくしていった極限として面積分を定義してもよい (このような定義は Stokes の定理 6.2 の証明において用いることにする)．平行四辺形による分割において各平行四辺形を二分すればそれが特別な形の三角形分割の一種になることはただちにわかり，Riemann 和を細かくしていった極限が一意に決まることさえ認めれば，三角形による分割であろうと，平行四辺形による分割であろうと (いま述べたように平行四辺形による分割での境界近辺の取りこぼし分は極限移行で消えるから) 同じ面積分値を与えることになる． ◁

ここでいくつかの簡単な注意を与えることにする．いずれも定義からただちにわかる類のものである．まず曲面の向き付けについてであるが図 5.6 にあるように，それを曲面の各点に渦巻き模様を描くことで表すと便利である．すなわち向き付けを表す法線方向 $\boldsymbol{n}$ が右ねじの進む方向となるような回転を渦模様として曲面上に描くのである．次章で Stokes の定理 (定理 6.2) を証明するが，これは向き付けられた曲面 S 上での $\nabla \times \boldsymbol{f}$ の積分と，S の境界となる閉曲線 $C = \partial S$ (∂X は X の境界集合に，X の向き付けから誘導される向きを与えたものを表す．次章図 6.3 参照) に沿った $\boldsymbol{f}$ の積分が一致する，という定理であって，与えられた S の向き付けから決められる C の積分方向がこの渦模様の与える向きに一致するので視覚的にたいへん便利なのである．

$\boldsymbol{f}$ の S 上の積分は曲面の向き付けを逆転すれば符号が変わることも指摘しておく．したがって記号 S を，その向きも込めたものとして，$-S$ で反対の向き，つまり法線方向が逆になった曲面を表すことにすれば

$$\int_{-S} \boldsymbol{f} \cdot d\boldsymbol{S} = -\int_{S} \boldsymbol{f} \cdot d\boldsymbol{S}$$

ということになる．また，向き付けられた曲面 S を，互いに高々1 次元以下の部分しか共有しない部分 S_i に分け，各 S_i の向き付けとして S 由来のものを用いれば

$$\int_S \boldsymbol{f} \cdot d\boldsymbol{S} = \sum_i \int_{S_i} \boldsymbol{f} \cdot d\boldsymbol{S}$$

となる．いずれもとるに足らないようなものであるが，実際の計算によく用いられるのでここにまとめておいた．

5.3.1　パラメータを用いた面積分の定義と具体例

ここでは曲面がパラメータ付け可能なときのベクトル場の面積分の定義を与えよう．いま法線場 $\boldsymbol{n}$ によって向き付けられた滑らかな曲面 S に対して 2 次元平面の領域 $D \in \mathbb{R}^2$ と D から $\mathbb{R}^3$ への写像 $\boldsymbol{x} : (s,t) \to \boldsymbol{x}(s,t) = (x(s,t), y(s,t), z(s,t))$ があって D の点が S の上に 1 対 1 に対応するとしよう．そしてさらに $\boldsymbol{x}(s,t)$ の各点において

$$\frac{\partial \boldsymbol{x}}{\partial s}, \frac{\partial \boldsymbol{x}}{\partial t}, \boldsymbol{n}$$

がこの順で右手系の xyz 座標軸と同じ向きになるものとする．要するに写像 $\boldsymbol{x}$ は向きを込めて S をパラメータ付けているとする．このとき $\boldsymbol{x}(s,t)$ を用いた空間ベクトル場 $\boldsymbol{f}$ の S 上での積分が

$$\int_S \boldsymbol{f} \cdot d\boldsymbol{S} = \int_D \boldsymbol{f}(\boldsymbol{x}(s,t)) \cdot \left(\left(\frac{\partial \boldsymbol{x}}{\partial s} \right)_{(s,t)} \times \left(\frac{\partial \boldsymbol{x}}{\partial t} \right)_{(s,t)} \right) dsdt \tag{5.16}$$

で与えられることがわかる．st 平面における領域 D をその頂点が $(s_i, t_i), (s_i + \delta s, t_i), (s_i, t_i + \delta t), (s_i + \delta s, t_i + \delta t)$ で与えられる微小長方形 Δ_i に分割すれば，これら微小長方形は写像 $\boldsymbol{x}$ によって点 $\boldsymbol{x}_i = \boldsymbol{x}(s_i, t_i)$ を始点とする微小なベクトル $\delta \boldsymbol{x}_s = \boldsymbol{x}(s_i + \delta s, t_i) - \boldsymbol{x}_i \approx (\partial \boldsymbol{x}/\partial s)_{(s_i,t_i)} \delta s$，$\delta \boldsymbol{x}_t = \boldsymbol{x}(s_i, t_i + \delta t) - \boldsymbol{x}_i \approx (\partial \boldsymbol{x}/\partial t)_{(s_i,t_i)} \delta t$ の張る微小平行四辺形 Δ_i' に写され，これらは S の微小平行四辺形分割を与えることになる．そしてベクトル場の面積分の，この微小平行四辺形を用いた曲面分割に対応する Riemann 和 (5.15) は

$$\sum_i \boldsymbol{f}_i \cdot (\delta \boldsymbol{x}_s \times \delta \boldsymbol{x}_t) \approx \sum_i \boldsymbol{f}_i \cdot \left(\left(\frac{\partial \boldsymbol{x}}{\partial s} \right)_i \times \left(\frac{\partial \boldsymbol{x}}{\partial t} \right)_i \right) \delta s \delta t$$

となる．ここで左右両辺の和に現れる対応する各項の差は，微小平行四辺形の面積より高次の微小量となるから，分割を細かくしていった極限で両辺は同じ値に収束することになる．ところが右辺は D 上における関数 $F(s,t) = \boldsymbol{f}(\boldsymbol{x}(s,t)) \cdot [(\partial \boldsymbol{x}/\partial s) \times (\partial \boldsymbol{x}/\partial t)]_{(s,t)}$ の Riemann 和の形になっている．したがって確かに分割

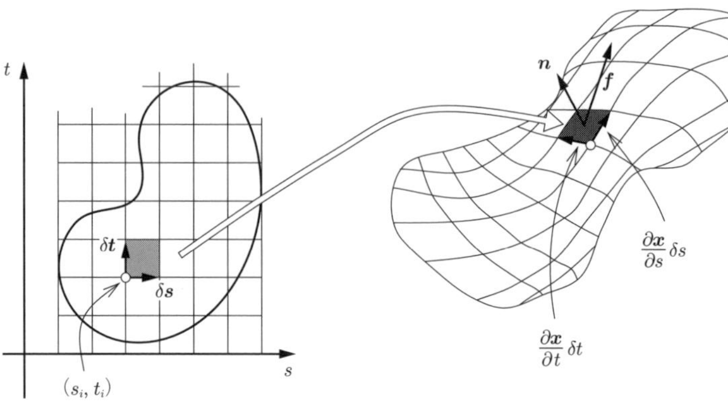

図 5.7 パラメータ付け $\boldsymbol{s} = (s,t) \to \boldsymbol{x}(s,t)$ を用いた面積分の定義．曲面を (s,t) でパラメータ付けすることによって面素 $\boldsymbol{S}$ が得られる．

を細かくしていく極限でこれは式 (5.16) に一致し，よってそれが面積分を与えることがわかった．

さて，いま S に対する別のパラメータ付け $D' \ni (u,v) \to \boldsymbol{x}(u,v) \in S$ があったとしよう．これら二つのパラメータ付けによって我々は上への 1 対 1 対応 $D \ni (s,t) \to (u,v) \in D'$ を得，これを用いて面積分の値がパラメータ付けに依存しないことが証明される．いまパラメータ (u,v) を用いて面積分を計算する式において，u,v が s,t の関数であったとして変数を変換すると

$$
\begin{aligned}
&\int_{D'} \boldsymbol{f}(\boldsymbol{x}(u,v)) \cdot \left(\left(\frac{\partial \boldsymbol{x}}{\partial u} \right) \times \left(\frac{\partial \boldsymbol{x}}{\partial v} \right) \right) dudv \\
&\quad = \int_D \boldsymbol{f}(\boldsymbol{x}(s,t)) \cdot \left(\left(\frac{\partial \boldsymbol{x}}{\partial u} \right) \times \left(\frac{\partial \boldsymbol{x}}{\partial v} \right) \right) \left| \frac{\partial(u,v)}{\partial(s,t)} \right| dsdt \\
&\quad = \int_D \boldsymbol{f}(\boldsymbol{x}(s,t)) \cdot \left\{ \left(\left(\frac{\partial \boldsymbol{x}}{\partial s} \right) \left(\frac{\partial s}{\partial u} \right) + \left(\frac{\partial \boldsymbol{x}}{\partial t} \right) \left(\frac{\partial t}{\partial u} \right) \right) \right. \\
&\quad \left. \times \left(\left(\frac{\partial \boldsymbol{x}}{\partial s} \right) \left(\frac{\partial s}{\partial v} \right) + \left(\frac{\partial \boldsymbol{x}}{\partial t} \right) \left(\frac{\partial t}{\partial v} \right) \right) \right\} \left| \frac{\partial(u,v)}{\partial(s,t)} \right| dsdt \\
&\quad = \int_D \boldsymbol{f}(\boldsymbol{x}(s,t)) \cdot \left(\left(\frac{\partial \boldsymbol{x}}{\partial s} \right) \times \left(\frac{\partial \boldsymbol{x}}{\partial t} \right) \right) \frac{\partial(s,t)}{\partial(u,v)} \left| \frac{\partial(u,v)}{\partial(s,t)} \right| dsdt
\end{aligned}
$$

となる (中括弧でくくられた外積の部分を分配則を用いて展開すればわかる)．ここで $\partial(X,Y)/\partial(Z,W)$ は変数 X,Y を Z,W に変換する際のヤコビアンを表し，また記号を濫用して $(s,t),(u,v)$ が S の同一点 $\boldsymbol{x}$ に対応することを関数記号 $\boldsymbol{x}(s,t) = \boldsymbol{x}(u,v)$

で表した．ここでパラメータ付けが S の向きをも指定していたこと (そのように変数の順番を決めておいた) を思い出せば上に現れるヤコビアン $\partial(u,v)/\partial(s,t)$ は初めから正の値であることがわかり，したがって絶対値記号がはずせるので $(\partial(s,t)/\partial(u,v))|\partial(u,v)/\partial(s,t)| = (\partial(s,t)/\partial(u,v))(\partial(u,v)/\partial(s,t)) \equiv 1$ となって，結局

$$\int_{D'} \boldsymbol{f}(\boldsymbol{x}(u,v)) \cdot \left(\left(\frac{\partial \boldsymbol{x}}{\partial u}\right) \times \left(\frac{\partial \boldsymbol{x}}{\partial v}\right) \right) dudv$$
$$= \int_D \boldsymbol{f}(\boldsymbol{x}(s,t)) \cdot \left(\left(\frac{\partial \boldsymbol{x}}{\partial s}\right) \times \left(\frac{\partial \boldsymbol{x}}{\partial t}\right) \right) dsdt$$

がわかった．以上をまとめると次のようになる．

命題 5.4 曲面 S を向きも込めてパラメータ付けしてそれを $\boldsymbol{x}(s,t)$ とし，st 平面の領域 D が S を表すなら空間ベクトル場 $\boldsymbol{f}(\boldsymbol{x})$ の S 上での面積分は D 上の積分

$$\int_S \boldsymbol{f} \cdot d\boldsymbol{S} = \int_D \boldsymbol{f}(\boldsymbol{x}(s,t)) \cdot \left(\left(\frac{\partial \boldsymbol{x}}{\partial s}\right) \times \left(\frac{\partial \boldsymbol{x}}{\partial t}\right) \right) dsdt \tag{5.17}$$

で与えられる．そしてこの値は用いたパラメータに依存しない，曲面とその向き付けだけで決まる量になる．

注意 5.5 パラメータを用いた面積分の定式化 (5.17) において D から S への写像 $\varphi : (s,t) \to \boldsymbol{x}(s,t)$ を上への 1 対 1 写像であるとしたが，面積分に 1 次元部分の寄与はないから D の点が S の中の 1 次元部分に多対 1 に写像されることがあっても問題はない．例えば原点を中心とする単位球面は，極座標を用いれば $(\theta,\varphi) \to (\sin\theta\cos\varphi, \sin\theta\sin\varphi, \cos\theta)$ $(0 \le \theta \le \pi, 0 \le \varphi \le 2\pi)$ とパラメータ付けされるが，これはパラメータ空間の境界において多対 1 となっている．しかしその像は (南北両極を含む) 経度 0° の経線という 1 次元集合になるので面積分の際には問題にならない．特に図 5.8 のように，自己交叉をもつような曲面 S に対する面積分に対してはパラメータを用いたほうがより「自然」に計算ができる．図において S を S_1 と S_2 に分けて，その上の面積分を直接定義してもいいが，円板から S への，交叉部分だけ 2 対 1 になるパラメータ付けを用いて積分してもよい．

◁

例題 5.2 ここでも線積分の場合と同様，空間に設定されたデカルト座標をそのままパラメータとして使って面積分を計算する方法と，もっとわかりやすい種類

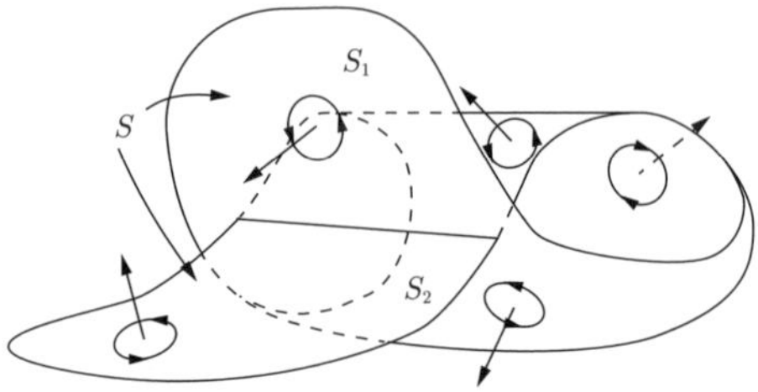

図 5.8　自己交叉をもつ面 S 上の面積分

の曲面のパラメータ付けを用いる方法の二つを紹介する．空間座標をパラメータとして用いると，一般的な定式化 (微分形式の方法) における表記法の意味がわかりやすくなるので，多少面倒でも紹介するのである．

(1) ベクトル場 $\boldsymbol{f} = (x, y, z)$ を平面 $S = \{\boldsymbol{x} \,|\, x + y + z = 1, 0 \leq x \leq 1, 0 \leq y \leq 1, 0 \leq z \leq 1\}$ 上で面積分すること．ただし向き付けとしては「外向き方向」，つまり $\boldsymbol{n} = (1/\sqrt{3})(1, 1, 1)$ をとる．

(2) ベクトル場 $\boldsymbol{f} = (zx, zy, x^2 + y^2 - z^2)$ を原点を中心とする半径 1 の上半球面上で積分すること．ただし向き付けとしては球面の外向き法線方向をとる．

一般的な話として，曲面 S を xy，yz，zx 平面に射影してみよう．このとき S を適当に分割して $S = S_{xy1} \cup S_{xy2} \cup \cdots \cup S_{xyn}$ とし，S_{xyi} 各々は xy 平面に 1 対 1 に射影されるようにできる (このことはすでに累次積分のところで見た．図 5.1 参照)．その結果 S_{xyi} の点はその x, y 座標値で一意に定められることになる．言い換えると S_{xyi} は $\boldsymbol{x}_i(x, y) = (x, y, z_i(x, y))$ という形にパラメータ付けられている．同様にして S を $S = \cup_j S_{zxj}$ あるいは $S = \cup_k S_{yzk}$ と分割し，S_{zxj} の点は $\boldsymbol{x}_j = (x, y_j(x, z), z)$，$S_{yzk}$ の点は $\boldsymbol{x}_k = (x_k(y, z), y, z)$ とパラメータ付けすることが可能になる．なお線積分の場合と同様に，特定の座標平面に射影すると曲面の一部分が 1 次元以下につぶれてしまう場合もある．しかしこれから見るように，その「つぶれて」しまった部分は面積分に寄与しないようにできるので問題はない (線積分のときと同様の事情による)．そこでまず初めは，S を各座標平面に射影する際 1 次元部分集合 (射影で 2 次元領域の境界に写ってくるような部分) 以外の点の近傍ではこの射影は 1 対 1 になるものとしよう．すると各 S_{xyi} 上の (高々 1 次元部分の例外を除いた部分の) 点 a における向き付けを与える法線ベクトルを

$\boldsymbol{n}$ とすれば $n_z \neq 0$ となる (曲面が z 軸に沿った射影で xy 平面に 1 対 1 に写されるのだから). そして $\boldsymbol{f}$ の z 成分 f_z の S_{xyi} 上での面積分は

$$\frac{\partial \boldsymbol{x}_i}{\partial x} = \left(1, 0, \frac{\partial z_i}{\partial x}\right), \ \frac{\partial \boldsymbol{x}_i}{\partial y} = \left(0, 1, \frac{\partial z_i}{\partial y}\right)$$

であることを用いると

$$\begin{aligned}\int_{S_{xyi}} f_z n_z dS &= \pm \int_{D_{xyi}} f_z(\boldsymbol{x}) \left(\left(\frac{\partial \boldsymbol{x}_i}{\partial x}\right) \times \left(\frac{\partial \boldsymbol{x}_i}{\partial y}\right)\right)_z dxdy \\ &= \pm \int_{D_{xyi}} f_z(x, y, z_i(x, y)) dxdy\end{aligned}$$

という形に与えられることがわかる. ここに D_{xyi} は S_{xyi} を射影してできる xy 平面上の領域とし, 複号に関しては n_z の符号と一致するようにとった (ここで述べた符号のとり方は x, y という順番でのパラメータ付けが曲面の向き付けと一致するとき正, 反対のとき負をとるといっているのと同値である). ほかの座標平面に対する射影に対しても同様の論法を用い, $\cup S_{xyi}, \cup S_{yzj}, \cup S_{zxk}$ が各々S のほとんど (面積をもたない部分以外) を覆っていることから線積分のとき同様 $\boldsymbol{f}_z = (0, 0, f_z(\boldsymbol{x}))$ などとして以下が得られる. なお下で符号は曲面ごとに変化し得る.

$$\begin{aligned}&\int_S \boldsymbol{f} \cdot d\boldsymbol{S} \\ &= \sum_i \int_{S_{xyi}} \boldsymbol{f}_z \cdot d\boldsymbol{S} + \sum_j \int_{S_{zxj}} \boldsymbol{f}_y \cdot d\boldsymbol{S} + \sum_k \int_{S_{yzk}} \boldsymbol{f}_x \cdot d\boldsymbol{S} \\ &= \sum_j \pm \int_{D_{yzj}} f_x dydz + \sum_k \pm \int_{D_{zxk}} f_y dzdx + \sum_i \pm \int_{D_{xyi}} f_z dxdy. \qquad (5.18)\end{aligned}$$

次に曲面 S の有限面積をもつ一部分 S' 上の点の法線 $\boldsymbol{n}$ が z 成分をもたず, したがって S' の xy 平面への射影は 1 次元以下につぶれてしまうとしよう. このとき S' 上では $\boldsymbol{f} \cdot d\boldsymbol{n} = f_x n_x + f_y n_y$ となって f_z の寄与は消えてしまう. つまり, f_z が面積分値に寄与するのは S の xy 平面に有効に射影される部分からだけであることがわかった. 同じことが f_x, f_y と yz, zx 平面への射影についてもいえる. 結局どのような曲面 S に対しても, S_{xyi} を S の xy 平面に 1 対 1 に射影される部分の分割, S_{yzj}, S_{zxk} を同様の分割として, $\cup S_{xyi} \neq S$ などとなったとしても式 (5.18) が成立することがわかった.

以上を象徴的に表すと

$$\int_S \boldsymbol{f} \cdot d\boldsymbol{S} = \int_S f_x dydz + f_y dzdx + f_z dxdy$$

となる．ここで右辺の積分は空間曲面上のものと考えていて，各座標平面に射影する前のものなので符号は付いていない．言い換えると面積要素 $d\boldsymbol{S}$ は

$$d\boldsymbol{S} = \begin{pmatrix} dydz \\ dzdx \\ dxdy \end{pmatrix} \tag{5.19}$$

と書いてよいことになる．

注意 5.6　上記面積要素ベクトルの記法は微分形式の理論で正当化される．すなわち式 (5.19) に登場する $dydz, dzdx, dxdy$ は 3 次元の 2 階反対称共変テンソルの基底系とみなせ，純粋数学的な観点からは，面積分は 3 次元ベクトル場ではなく，この 3 次元 2 階反対称共変テンソル場 $f_x dydz + f_y dzdx + f_z dxdy$ (これも自由度 ${}_3C_2 = 3$ になる) として定式化される．一般に反対称共変テンソル場に対しては，考えている空間の計量構造，すなわち長さや角度概念なしに積分が定式化できる．このとき本節で扱っている反変ベクトル場の面積分は純粋数学の見地からはその添字を下げて反対称共変テンソル場に直した上で積分したものと解釈される．もちろん物理学，幾何学的見地からはこれを本節のような，ベクトル場と法線場の内積に無限小スカラー面積要素を掛けて足し合わせたものと考えて何ら問題はない (『微分形式の理論』[5] もしくは多様体，微分幾何学の教科書を参照のこと)．◁

(例題 5.2 の解)　(1) それでは以上を用いて積分

$$\int_S \boldsymbol{f} \cdot d\boldsymbol{S} = \int_S xdydz + ydzdx + zdxdy$$

を実行しよう．三角形領域 S を座標平面に射影したものが直角二等辺三角形になるのは明らかであり，それらを D_{xy} などと書くことにする．さて上で見たように S を yz 平面に射影する場合 $f_x dydz$ だけを問題にすればよく，このとき $x = 1-y-z$ と (x は y, z を用いて) 書かれるので

$$\begin{aligned}
&\int_S xdydz + ydzdx + zdxdy \\
&= \int_{D_{yz}} (1-y-z)dydz + \int_{D_{zx}} (1-z-x)dzdx + \int_{D_{xy}} (1-x-y)dxdy
\end{aligned}$$

$$= \int_0^1 \int_0^{1-z} (1-y-z)dydz + \cdots$$
$$= \int_0^1 \left[(1-z)y - \frac{y^2}{2}\right]_0^{1-z} dz + \cdots$$
$$= \frac{1}{2}\int_0^1 (1-z)^2 dz + \cdots = \frac{1}{6} \times 3 = \frac{1}{2}$$

を得る．ここで法線ベクトルのすべての成分が正なので，座標平面に射影後の積分の符号もすべて正になること，明らかにこれらの積分が同じ値になることを考慮して D_{yz} に関する積分だけ計算した．練習のためにわざわざ面倒な計算を行ったが，この積分自体は面積分の定義に従えばすぐに計算できる．法線が $\boldsymbol{n} = (1/\sqrt{3})(1,1,1)$ で与えられ，したがって $\boldsymbol{f} \cdot \boldsymbol{n} = (x+y+z)/\sqrt{3} = 1/\sqrt{3}$ となるので，後は積分範囲の面積 $S = \sqrt{3}/2$ を掛けるだけのことである．

(2) この場合も二つの方法で計算してみよう．まず，

$$\int_S \boldsymbol{f} \cdot d\boldsymbol{S} = \int_S zxdydz + \int_S zydzdx + \int_S x^2 + y^2 - z^2 dxdy \tag{5.20}$$

を各座標平面に射影して計算しよう．また対称性から明らかに上式右辺第 1 項と第 2 項は同じ値になるので第 1 項だけ計算する．さて第 1 項を計算するため上半球面を yz 平面に射影するのだが，ここで x の符号だけ違う 2 点 $\boldsymbol{x}_\pm = (\pm x, y, z)$ が同一の点 (y,z) に写ってくることになる．したがって S を x の符号に従って二つの面 $S_\pm$ (上半球面の，そのまた半分の面) に分割し，各々に対して積分を計算する必要がある．また S_+ 上，法線ベクトルの x 成分は正なので y, z がこの順で正しい向きを与えるが S_- においては x 成分が負になるので y, z は反対の向きを与えることになる (y, z 軸正方向と S_- の法線 $\boldsymbol{n}$ がこの順番で左手系になっている)．そこで $S_\pm$ 上の点を y, z でパラメータ付けしたときの x 座標値を $x_\pm$ とすれば $x_\pm = \pm\sqrt{1-y^2-z^2}$ であって，D_{yz} を $S_\pm$ の yz 平面上の像，つまり原点を中心とする単位円板の上半分 ($z \geq 0$ の部分) とすると

$$\int_S zxdydz = \int_{D_{yz}} zx_+ dydz - \int_{D_{yz}} zx_- dydz$$
$$= 2\int_{D_{yz}} z\sqrt{1-y^2-z^2}dydz = 2\int_{-1}^1 dy \int_0^{\sqrt{1-y^2}} z\sqrt{1-y^2-z^2}dz$$
$$= -\frac{2}{3}\int_{-1}^1 dy \left[(1-y^2-z^2)^{3/2}\right]_0^{\sqrt{1-y^2}} = \frac{2}{3}\int_{-1}^1 (1-y^2)^{3/2} dy = \frac{\pi}{4}$$

と計算できる．次に式 (5.20) の第 3 項を計算しよう．これは $z = \sqrt{1-x^2-y^2}$ となることから xy 平面上の単位円板を D，および $r = \sqrt{x^2+y^2}$ として

$$\int_S f_z dxdy = \int_D x^2 + y^2 - (1-x^2-y^2)dxdy = \int_0^1 (2r^2-1)rdr \int_0^{2\pi} d\theta = 0$$

となり，したがって

$$\int_S \boldsymbol{f} \cdot d\boldsymbol{S} = 2 \times \frac{\pi}{4} - 0 = \frac{\pi}{2}$$

が得られた (ここで 2 次元極座標 $x = r\cos\theta, y = r\sin\theta$ への変数変換を利用した).

次に 3 次元極座標を用いて単位球面をパラメータ付けしよう．すなわち動径は $r = 1$ と固定して $x = \sin\theta\cos\varphi$, $y = \sin\theta\sin\varphi$, $z = \cos\theta$ とする．このとき面積要素は[*5] $dS = \sin\theta d\theta d\varphi = -dzd\varphi$ (ここでの dz は球面上に z を束縛したときの微分である．**球面積分において，この変数変換は本当によく行われる**) で与えられ，法線ベクトルは $\boldsymbol{n} = (x, y, z)$ で与えられるから

$$\boldsymbol{f} \cdot \boldsymbol{n} = z(x^2+y^2) + (x^2+y^2-z^2)z = 2z(x^2+y^2) - z^3 = 2z - 3z^3$$

となり，したがって

$$\int_S \boldsymbol{f} \cdot d\boldsymbol{S} = -\int_0^{2\pi} d\varphi \int_1^0 2z - 3z^3 dz = \int_0^{2\pi} d\varphi \int_0^1 2z - 3z^3 dz = \frac{\pi}{2}$$

となる．このように，積分領域の形が特殊な場合にはその曲面をうまく表現できるパラメータを用いて計算するのが一番簡単であろう．　◁

*5　幾何学的に考えればわかる．面倒だが定義どおり $d\boldsymbol{S} = \boldsymbol{n}dS = (\partial\boldsymbol{x}/\partial\theta) \times (\partial\boldsymbol{x}/\partial\varphi)d\theta d\varphi$ を計算してもよい．

6 積 分 定 理

ここではベクトル解析においてもっとも重要な諸定理の紹介を行う．それは Gauss-Stokes (ガウス・ストークス) の定理で，1 変数の微積分学における Newton-Leibniz (ニュートン・ライプニッツ) の公式

$$\int_a^b f'(x)dx = f(b) - f(a)$$

を高次元に拡張したものとなっている．関数値を求めるというのは，定義域上に横たわる関数 f の「0 次元部分領域」，すなわち点上における f の振舞いを求めることであると解釈すれば，上式は，f' の線分 $[a,b]$ 上での積分はその線分の「境界」をなす 2 点 a, b における関数値の差 $f(b) - f(a)$ で与えられるということを意味している．このような形の言明が Gauss，Stokes の名前で知られている一連の定理を構成する．すなわち

(1) 2，3 次元空間中の曲線分 C に沿ったスカラー関数 f の勾配 ∇f の積分は C の端点 $\boldsymbol{y}_0, \boldsymbol{y}_1$ における f の値で決まる，すなわち

$$f(\boldsymbol{y}_1) - f(\boldsymbol{y}_0) = \int_C \nabla f \cdot d\boldsymbol{x}$$

という Newton-Leibniz の公式そのものを拡張したもの，

(2) 2，3 次元空間中の 2 次元曲面 S 上でのベクトル場 $\boldsymbol{f}$ の回転 $\nabla \times \boldsymbol{f}$ の積分と，S の境界 $C = \partial S$ に沿った $\boldsymbol{f}$ の積分が等しい (2 次元における **Green** (グリーン) **の定理**，3 次元における **Stokes** (ストークス) **の定理**)，すなわち

$$\int_C \boldsymbol{f} \cdot d\boldsymbol{x} = \int_S (\nabla \times \boldsymbol{f}) \cdot d\boldsymbol{S}$$

という，積分する空間の次元が 2 と 1 ((1) の例では 1 と 0) であるもの，

(3) 3 次元空間中の部分領域 D 上でのベクトル場 $\boldsymbol{f}$ の発散 $\nabla \cdot \boldsymbol{f}$ の積分と D の境界 $S = \partial D$ 上における $\boldsymbol{f}$ の積分が等しい (**Gauss** (ガウス) **の定理**)，すなわち

$$\int_S \boldsymbol{f} \cdot d\boldsymbol{S} = \int_D \nabla \cdot \boldsymbol{f} dv$$

という，3 次元積分と 2 次元積分の間に成立する定理，

が3次元において成立する定理であって，以下でこれらを定式化し，証明していこう．

注意 6.1 n 次元空間の微分構造だけ，すなわち長さや角度概念を考慮せず，単に座標変換において各座標系間の微分可能性だけを考える種類の多変数解析学においてこれら一連の定理は「一般化された Gauss-Stokes の定理」という名で定式化されることになる．そこでは n 次元空間中の r 次元微分形式 ω の，$r+1$ 次元領域 D の境界領域 ∂D 上での積分値と ω の外微分 $d\omega$ の D 上での積分値が等しい，という形で定理が証明されることになる (『微分形式の理論』[5] もしくは，多様体，微分幾何学の教科書を参照のこと)． ◁

さて，上述の一連の定理 (1)–(3) は以下のようにも言い換えられる．

(1)′ スカラー場 f に対して一意に定まるベクトル場 $\boldsymbol{g}$ があって，任意の曲線分 C とその端点 $\boldsymbol{y}_0, \boldsymbol{y}_1$ に対して

$$f(\boldsymbol{y}_1) - f(\boldsymbol{y}_0) = \int_C \boldsymbol{g} \cdot d\boldsymbol{x}$$

が成立し，しかも $\boldsymbol{g}$ は $\boldsymbol{g} = \nabla f$ で与えられる．

(2)′ ベクトル場 $\boldsymbol{f}$ に対して一意に定まるベクトル場 $\boldsymbol{g}$ があって，任意の曲面 S とその境界 $C = \partial S$ に対して

$$\int_C \boldsymbol{f} \cdot d\boldsymbol{x} = \int_S \boldsymbol{g} \cdot d\boldsymbol{S}$$

が成立し，しかも $\boldsymbol{g}$ は $\boldsymbol{g} = \nabla \times \boldsymbol{f}$ で与えられる．

(3)′ ベクトル場 $\boldsymbol{f}$ に対して一意に定まるスカラー場 g があって，任意の領域 D とその境界 $S = \partial D$ に対して

$$\int_S \boldsymbol{f} \cdot d\boldsymbol{S} = \int_D g dv$$

が成立し，しかも g は $g = \nabla \cdot \boldsymbol{f}$ で与えられる．

上記の各式両辺に現れる積分は，いずれも積分領域と与えられたスカラー場，ベクトル場のみに依存し，計算するのに用いる座標関数やパラメータには依存しない，幾何学的に不変なものである．したがって (1)′–(3)′ が本当に成立するならデカルト座標を用いて定義された各種の微分 $\nabla f, \nabla \times \boldsymbol{f}, \nabla \cdot \boldsymbol{f}$ は幾何学的に不変な意味をもつことになる．すなわち対応

$$f \to \operatorname{grad} f = \nabla f$$

$$\boldsymbol{f} \to \mathrm{rot}\,\boldsymbol{f} = \nabla \times \boldsymbol{f}$$

$$\boldsymbol{f} \to \mathrm{div}\,\boldsymbol{f} = \nabla \cdot \boldsymbol{f}$$

は Euclid 空間上のスカラー場 f，ベクトル場 $\boldsymbol{f}$ に対する，座標系に関係なく定まる変換であって，それは性質 $(1)'$–$(3)'$ を満たすということになる．そしてこの事実を用いれば対応 $f \to \mathrm{grad}\, f$ などの，任意の直交曲線座標系における表式を得ることもできる．それについては例えば『ベクトル・テンソルと行列』[1]，『ベクトル解析』[4] あたりを参照するとよい．なお本書では，直交曲線座標系における諸微分の公式は直接計算で示すことにする．

以下では微積分学の基本定理の証明同様，積分というのは微小領域における積分を足し合わせて得られるものであること (積分の加法性) を利用して，$(1)'$–$(3)'$ における C, S, D に微小な三角形，四面体およびそれらの境界を用いた場合の左辺の積分の評価を行い，それを用いて本定理を証明する．ではさっそく微積分学の基本定理の直接の拡張に相当するものから始めよう．初めに与える証明は，それがはっきり理解できる，より抽象的なものであり，その後で予告したとおりの証明を行う．

定理 6.1 2，3 次元空間中の向きの付いた曲線分 C (始点を $\boldsymbol{y}_0$，終点を $\boldsymbol{y}_1$ とする) とスカラー関数 f に対して以下の等式が成立する：

$$\int_C \nabla f \cdot d\boldsymbol{x} = f(\boldsymbol{y}_1) - f(\boldsymbol{y}_0) \tag{6.1}$$

(証明) 空間が 3 次元の場合について行えば十分である．さて C を $\boldsymbol{x}(0) = \boldsymbol{y}_0, \boldsymbol{x}(1) = \boldsymbol{y}_1$ となるようにパラメータ付けしたものを $\boldsymbol{x}(t)$ としよう．すると問題の線積分は以下のように計算される：

$$\begin{aligned}\int_C \nabla f \cdot d\boldsymbol{x} &= \int_0^1 \nabla f \cdot \frac{d\boldsymbol{x}}{dt} dt = \int_0^1 \left(\frac{\partial f}{\partial x}\frac{dx}{dt} + \frac{\partial f}{\partial y}\frac{dy}{dt} + \frac{\partial f}{\partial z}\frac{dz}{dt} \right) dt \\ &= \int_0^1 \frac{df}{dt}(\boldsymbol{x}(t)) dt = f(\boldsymbol{x}(1)) - f(\boldsymbol{x}(0)) = f(\boldsymbol{y}_1) - f(\boldsymbol{y}_0)\end{aligned}$$

■

注意 6.2 この定理は，スカラー関数の勾配として書かれるベクトル場の線積分の値は積分路の端点だけで決まり，途中の経路の詳細に依存しないことも主張している．これに対して $\boldsymbol{f}(\boldsymbol{x}) = (-y, x)$ のような，スカラー関数の勾配として書けないようなベクトル場の積分値は，積分路そのものに依存する．例えばこのベクトル場を $(1,0)$ から $(0,1)$ まで単位円に沿って左向きにまわる経路 C に沿って積分する場合 2 次元極座標を用いると $\boldsymbol{f}(\theta) = (-\sin\theta, \cos\theta)$ となることから

$$\int_C \boldsymbol{f} \cdot d\boldsymbol{x} = \int_C \boldsymbol{f} \cdot \frac{d\boldsymbol{x}}{d\theta} d\theta = \int_0^{\pi/2} d\theta = \frac{\pi}{2}$$

となるが，同じ点を直線で結んだ経路 C' に沿って積分するなら $y = 1 - x$ (よって $dy = -dx$) として

$$\int_{C'} -ydx + xdy = \int_1^0 -(1-x)dx - xdx = \int_0^1 dx = 1$$

となり二つの線積分値は異なる．　◁

今度は同じ定理を，線積分の定義に直接関連付ける方法で導いてみよう．それは冒頭で述べたように勾配 ∇f の幾何学的意味がはっきりと反映されている方法である．いま C 上に点 $\boldsymbol{x}_1, \boldsymbol{x}_2, \cdots, \boldsymbol{x}_{N-1}$ を十分細かくとって $\boldsymbol{x}_i$ と $\boldsymbol{x}_{i+1}$ の間の微小曲線分は線分 $\overline{\boldsymbol{x}_i \boldsymbol{x}_{i+1}}$ で十分よく近似できるものとしよう (図 6.1 参照)．このとき C の端点 $\boldsymbol{y}_0, \boldsymbol{y}_1$ を $\boldsymbol{x}_0, \boldsymbol{x}_N$ とおけば

$$f(\boldsymbol{y}_1) - f(\boldsymbol{y}_0) = f(\boldsymbol{x}_N) - f(\boldsymbol{x}_{N-1}) + f(\boldsymbol{x}_{N-1}) - \cdots + f(\boldsymbol{x}_1) - f(\boldsymbol{x}_0) \quad (6.2)$$

であり，また方向微分の性質から

$$f(\boldsymbol{x}_{i+1}) - f(\boldsymbol{x}_i) = (\boldsymbol{x}_{i+1} - \boldsymbol{x}_i) \cdot \nabla f(\boldsymbol{x}_i) + o(\|\boldsymbol{x}_{i+1} - \boldsymbol{x}_i\|)$$

ということになる．したがって (6.2) の右辺の和は

$$\sum_i (\boldsymbol{x}_{i+1} - \boldsymbol{x}_i) \cdot \nabla f(\boldsymbol{x}_i) + o(\|\boldsymbol{x}_{i+1} - \boldsymbol{x}_i\|)$$

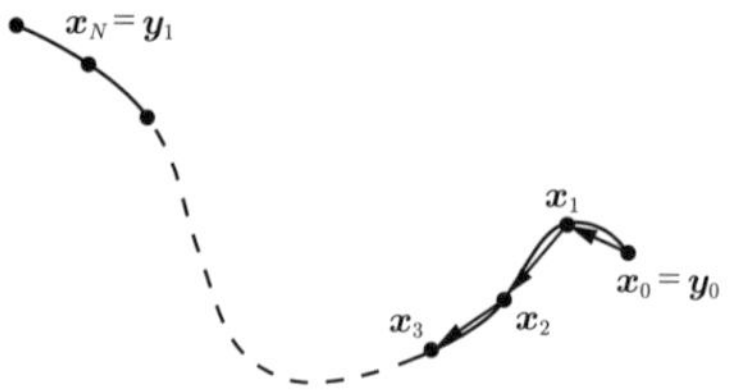

図 6.1　定理 6.1 の証明を線積分の定義から見直す

と書かれることになるが，$(\boldsymbol{x}_{i+1}-\boldsymbol{x}_i)\cdot\nabla f(\boldsymbol{x}_i)$ の和というのは曲線 C の点 $\boldsymbol{x}_0,\cdots,\boldsymbol{x}_N$ による分割に対する Riemann 和にほかならなく，したがって $N\to\infty$ の極限でそれは ∇f の C に沿った積分に収束することになる．そして C の長さを L，微小線分 $\overline{\boldsymbol{x}_i\boldsymbol{x}_{i+1}}$ の代表的長さを d とすれば N は L/d のオーダーになるので $\sum o(\|\boldsymbol{x}_{i+1}-\boldsymbol{x}_i\|)=No(d)=(L/d)o(d)$ は $d\to 0$ で消えてしまう程度の微小量となる．したがって $N\to\infty$ で (6.2) の右辺全体が ∇f の C に沿った積分に収束することとなり，定理 6.1 が再び証明されたことになる．また特に点 $\boldsymbol{x}_0$ より発する，単位ベクトル $\boldsymbol{n}$ の与える方向の，長さ δl の微小直線 L に対してこの論法を適用すれば

$$f(\boldsymbol{x}_0+\delta l\boldsymbol{n})-f(\boldsymbol{x}_0)\approx\delta l\boldsymbol{n}\cdot\nabla f\approx\int_L\nabla f\cdot d\boldsymbol{x}$$

となるので，ベクトルの点 $\boldsymbol{x}_0$ における勾配 $\boldsymbol{g}=\nabla f$ を，その $\boldsymbol{n}$ 方向の成分が

$$(\nabla f)_n=\boldsymbol{g}\cdot\boldsymbol{n}=\lim_{\delta l\to 0}\frac{1}{\delta l}\big(f(\boldsymbol{x}_0+\delta l\boldsymbol{n})-f(\boldsymbol{x}_0)\big) \tag{6.3}$$

となるようなベクトル場として定義することが可能になる．ここで右辺は「0 次元積分」，つまり関数値の差 (の極限) を使って定義されていて，その「積分」は計算に用いるパラメータ，座標系に依存しない．したがって勾配 ∇f を上式によって定義すれば，それは座標系のとり方に依存しない，幾何学的に不変な量になる．もちろんその定義を採用した場合，勾配 ∇f はデカルト座標系以外ではもはや，f の座標関数 s_i による偏導関数 $(\partial f/\partial s_i)$ を並べたもの $((\partial f/\partial s_1),(\partial f/\partial s_2),\cdots,(\partial f/\partial s_n))$ には一致しない．以降ベクトル場の回転，発散も，それぞれに対応する積分定理を逆転させて用いることにより定義可能になることを見るだろう．

6.1 Stokes の 定 理

ここまでに展開されたのと類似の論法を面積分とベクトル場の回転に拡張しようというのが本節の目標である．まず初めに，向き付けられた曲面 S が誘導する S の境界 $C=\partial S$ の向き，あるいは C が誘導する S の向きを以下のように定義しよう．

定義 6.1 区分的に滑らかな向き付けられた曲面 S の境界 $C=\partial S$ は，一般にいくつかの閉曲線 C_i の和集合となる (図 6.3 参照．図では S の境界は二つの閉曲線 C_1,C_2 の和集合になっている)．このとき各閉曲線 C_i の積分方向が S の向き付けから誘導されるとは，S の法線方向 $\boldsymbol{n}$ を「上向き」と思って曲線 C_i を積分

方向に辿っていくとき曲面 S が左手に見えるような方向のことをいう．同じことだが S の境界 C_i の「角」以外の点 x で C_i の積分路方向を向いた接線 (単位) ベクトルを $\boldsymbol{t}$，x から S の内側方向に向けた $\boldsymbol{t}$ に垂直な (単位) ベクトルを $\boldsymbol{u}$，x 近傍での法線方向を $\boldsymbol{n}$ とするとき，それらがこの順番で右手系の座標軸方向と同じ関係になるなら，$\boldsymbol{t}$ の与える線積分の方向は曲面の向き付けから誘導されるという．もっと簡潔にいうと (以下は一番初めに述べた定義の数学的内容になっている)，C_i の (「角」でない) 点 x において $\boldsymbol{n}\times\boldsymbol{t}$ が S の内側を指し示すような x 上の C_i の接線方向 $\boldsymbol{t}$ を，S 上に与えられた向き $\boldsymbol{n}$ から誘導される C_i の方向と定義する．逆に S の境界 $C=\partial S$ を成す閉曲線全体に定められた向きが与えられているとき，それが S のある向き付けから誘導される C の向きが与えられた向き付けに一致するなら，その S の向きは C の (与えられた) 向きから誘導されるとよぶ．

上のように定義するとき，面積分を定義した 5.3 節で触れたように S 上の各点で $\boldsymbol{n}$ が右ねじの進む方向となるように描いた渦模様の方向が境界 ∂S の積分方向と同じになるのは図 6.3 より明らかだろう．以上の準備のもと，微小変位 $\delta\boldsymbol{x}$ (微小有向線分) に伴うスカラー関数 f の変化 (これは 0 次元積分と考えられるのだった) が ∇f と $\delta\boldsymbol{x}$ の内積で与えられる (これは f から微分演算で得られるベクトル場の線積分と考えられる) という事実を微小 2 次元三角形に拡張したものが以下のように定式化される．

命題 6.1 点 $\boldsymbol{x}$ を含む，各辺の長さが十分微小な三角形 Δ の境界 $\partial\Delta$ 上のベクトル場 $\boldsymbol{f}$ の線積分に対して以下が成立する：

$$\int_{\partial\Delta}\boldsymbol{f}\cdot d\boldsymbol{x}=\boldsymbol{n}\cdot(\nabla\times\boldsymbol{f}(\boldsymbol{x}))\delta s+o(\delta s)$$

ただし $\partial\Delta$ の積分方向は Δ の向き付けから誘導されるものとし，また Δ の面積を δs とおいた．したがって特に

$$\lim_{\delta s\to 0}\frac{1}{\delta s}\int_{\partial\Delta}\boldsymbol{f}\cdot d\boldsymbol{x}=\boldsymbol{n}\cdot(\nabla\times\boldsymbol{f}(\boldsymbol{x}))$$

となる．

(証明)　辺の長さが微小であることをはっきりさせるため Δ を張るベクトルを $\epsilon\boldsymbol{a},\epsilon\boldsymbol{b}$ $(\epsilon\ll 1)$ とおいて定義どおりに線積分を計算しよう (図 6.2 参照)．すな

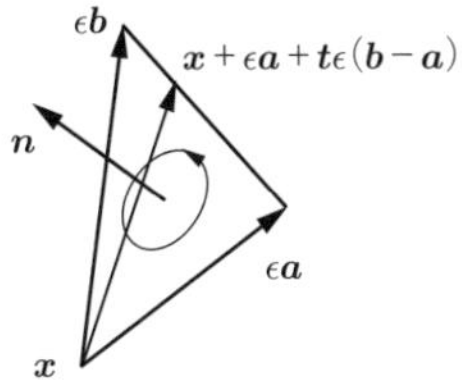

図 6.2 微小三角形における線積分と面積分の関係

わち

$$\int_{\partial\Delta} \boldsymbol{f}\cdot d\boldsymbol{x} = \epsilon\int_0^1 \boldsymbol{f}(\boldsymbol{x}+t\epsilon\boldsymbol{a})\cdot\boldsymbol{a}dt + \epsilon\int_0^1 \boldsymbol{f}(\boldsymbol{x}+\epsilon\boldsymbol{a}+t\epsilon(\boldsymbol{b}-\boldsymbol{a}))\cdot(\boldsymbol{b}-\boldsymbol{a})dt \\ - \epsilon\int_0^1 \boldsymbol{f}(\boldsymbol{x}+t\epsilon\boldsymbol{b})\cdot\boldsymbol{b}dt$$

であり，ここで被積分関数を ϵ に関して $\boldsymbol{f}(\boldsymbol{x}+\epsilon\boldsymbol{c}) = \boldsymbol{f}(\boldsymbol{x}) + \epsilon(\boldsymbol{c}\cdot\nabla)\boldsymbol{f} + o(\epsilon)$ と Taylor 展開すれば

$$\int_{\partial\Delta} \boldsymbol{f}\cdot d\boldsymbol{x} = \epsilon\int_0^1 \big(\boldsymbol{f}(\boldsymbol{x}) + t\epsilon(\boldsymbol{a}\cdot\nabla)\boldsymbol{f}(\boldsymbol{x})\big)\cdot\boldsymbol{a}dt + \epsilon\int_0^1 \big(\boldsymbol{f}(\boldsymbol{x}) + \epsilon(\boldsymbol{a}\cdot\nabla)\boldsymbol{f}(\boldsymbol{x}) \\ + t\epsilon\big((\boldsymbol{b}-\boldsymbol{a})\cdot\nabla\big)\boldsymbol{f}(\boldsymbol{x})\big)\cdot(\boldsymbol{b}-\boldsymbol{a})dt - \epsilon\int_0^1 \big(\boldsymbol{f}(\boldsymbol{x}) + t\epsilon(\boldsymbol{b}\cdot\nabla)f(\boldsymbol{x})\big)\cdot\boldsymbol{b}dt + o(\epsilon^2) \\ = \epsilon^2\int_0^1 \big((2t-1)(\boldsymbol{a}\cdot\nabla)\boldsymbol{f}\cdot\boldsymbol{a} + (1-t)(\boldsymbol{a}\cdot\nabla)\boldsymbol{f}\cdot\boldsymbol{b} - t(\boldsymbol{b}\cdot\nabla)\boldsymbol{f}\cdot\boldsymbol{a}\big)dt + o(\epsilon^2) \\ = \epsilon^2\left[(t^2-t)(\boldsymbol{a}\cdot\nabla)\boldsymbol{f}\cdot\boldsymbol{a} + \left(t-\frac{t^2}{2}\right)(\boldsymbol{a}\cdot\nabla)\boldsymbol{f}\cdot\boldsymbol{b} - \frac{t^2}{2}(\boldsymbol{b}\cdot\nabla)\boldsymbol{f}\cdot\boldsymbol{a}\right]_0^1 + o(\epsilon^2) \\ = \frac{\epsilon^2}{2}\big((\boldsymbol{a}\cdot\nabla)\boldsymbol{f}\cdot\boldsymbol{b} - (\boldsymbol{b}\cdot\nabla)\boldsymbol{f}\cdot\boldsymbol{a}\big) + o(\epsilon^2)$$

となる．なおここで $o(\epsilon^2)$ と表した部分は，ϵ^2 に関して高次の微小量になっている t の関数を $t=0\sim1$ の範囲で積分したものである．これも ϵ に関して同程度の微小量となるのでこのように表した (念のため書き添えると $(\boldsymbol{c}\cdot\nabla)\boldsymbol{f}\cdot\boldsymbol{d} = (c_x\partial_x + c_y\partial_y + c_z\partial_z)(f_xd_x + f_yd_y + f_zd_z) = c_xd_x\partial_xf_x + c_yd_x\partial_yf_x + c_zd_x\partial_zf_x + c_xd_y\partial_xf_y + \cdots + c_zd_z\partial_zf_z = \nabla^\top\boldsymbol{c}\boldsymbol{d}^\top\boldsymbol{f}$ である)．後は右辺を愚直に計算すれば

$$\frac{\epsilon^2}{2}\big((\boldsymbol{a}\cdot\nabla)\boldsymbol{f}\cdot\boldsymbol{b} - (\boldsymbol{b}\cdot\nabla)\boldsymbol{f}\cdot\boldsymbol{a}\big) = \frac{\epsilon^2}{2}(\boldsymbol{a}\times\boldsymbol{b})\cdot(\nabla\times\boldsymbol{f})$$

がわかり，$\epsilon^2(\boldsymbol{a}\times\boldsymbol{b})/2=\delta s\boldsymbol{n}$ ($\boldsymbol{a}\times\boldsymbol{b}$ の大きさは $\boldsymbol{a},\boldsymbol{b}$ の張る平行四辺形の面積であった) であるから命題は証明された．■

注意 6.3 一般にダイアド (dyad，縦ベクトルと横ベクトルの積，その和はダイアディック (dyadic)) $\boldsymbol{a}\boldsymbol{b}^\top$ と $\boldsymbol{b}\boldsymbol{a}^\top$ の差 $\boldsymbol{a}\boldsymbol{b}^\top-\boldsymbol{b}\boldsymbol{a}^\top$ に対して $(\boldsymbol{a}\boldsymbol{b}^\top-\boldsymbol{b}\boldsymbol{a}^\top)\boldsymbol{x}=-(\boldsymbol{a}\times\boldsymbol{b})\times\boldsymbol{x}$ となることがわかる (ベクトル三重積の公式 (1.52) を $(\boldsymbol{a}\times\boldsymbol{b})\times\boldsymbol{x}$ に対して用い，また二つの縦ベクトルに対して $\boldsymbol{a}^\top\boldsymbol{b}=\boldsymbol{a}\cdot\boldsymbol{b}$ となることを用いよ)．したがって $(\boldsymbol{a}\cdot\nabla)(\boldsymbol{f}\cdot\boldsymbol{b})-(\boldsymbol{b}\cdot\nabla)(\boldsymbol{f}\cdot\boldsymbol{a})=\nabla^\top(\boldsymbol{a}\boldsymbol{b}^\top-\boldsymbol{b}\boldsymbol{a}^\top)\boldsymbol{f}=-\nabla\cdot\big((\boldsymbol{a}\times\boldsymbol{b})\times\boldsymbol{f}\big)=\nabla\cdot\big(\boldsymbol{f}\times(\boldsymbol{a}\times\boldsymbol{b})\big)=(\boldsymbol{a}\times\boldsymbol{b})\cdot(\nabla\times\boldsymbol{f})$ となる．最後の式変形においては後出の命題 7.3 の公式 (7.5) を用いたことになるがいまの場合，スカラー三重積の性質 (1.49) と $\boldsymbol{a}\times\boldsymbol{b}$ が定ベクトルであることからこれは明らかだろう．◁

さて，以上の命題から次の定理が得られることになる．

定理 6.2 (Stokes の定理) 3 次元空間中の閉曲線 C と，それを境界とする任意の面 D に対して以下の等式が成立する．なお，両辺の向き付けに関しては，片方がもう片方から誘導されているものとする：

$$\int_C \boldsymbol{f}\cdot d\boldsymbol{x}=\int_D(\nabla\times\boldsymbol{f})\cdot d\boldsymbol{S}$$

(証明) 任意の (区分的に滑らかな) 向き付けられた曲面 D は，微小三角形で構成された面 D_N でいくらでも精密に近似でき，D 上のベクトル場の積分は D_N を用いた Riemann 和の極限として得られるのであった (注意 5.4 の後半参照)．

そしてこの微小三角形の和による近似において D の境界 $C=\partial D$ (一般には複数の閉曲線から成る) に沿っての $\boldsymbol{f}$ の線積分は各微小三角形 Δ_i $(i=1,\cdots,N)$ の境界 $\partial\Delta_i$ に沿う線積分の和になることが以下のようにしてわかる．すなわち図 6.3 を見ればわかるように微小三角形 Δ_i の辺を 1 周する積分のうち，D_N 内部にある辺からの寄与は，その辺を共有する二つの三角形の境界積分からの分が積分方向が反対になるため打ち消し合い (命題 5.1)，よって

$$\int_{\partial D_N}\boldsymbol{f}\cdot d\boldsymbol{x}=\sum_i\int_{\partial\Delta_i}\boldsymbol{f}\cdot d\boldsymbol{f}$$

と，微小三角形の境界 $\partial\Delta_i$ に沿う積分の和は D_N の境界 ∂D_N に沿う積分に等しくなる．そして近似を細かくしていった極限において上式左辺は C に沿った $\boldsymbol{f}$ の

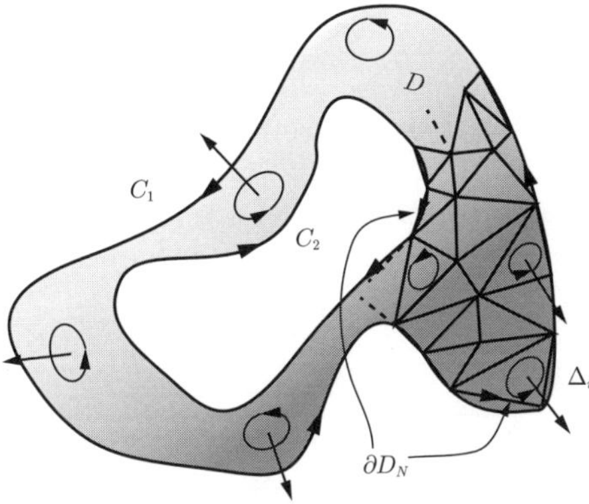

図 6.3　線積分，面積分を微小三角形上のそれに分割すること．微小三角形の境界に沿っての積分の和は，隣り合う三角形の境界からの寄与が打ち消し合うため，もとの面の境界に対応する部分だけが生き残ることに注意

積分を与えるのだから，右辺は確かにこの極限で C に沿った $\boldsymbol{f}$ の線積分に等しくなる．一方，$\nabla \times \boldsymbol{f}$ の面積分は直観的な面積分の定式化で述べたように Δ_i を用いた Riemann 和

$$I_N = \sum_i (\nabla \times \boldsymbol{f})(\boldsymbol{y}_i) \cdot \boldsymbol{n}_i \delta S_i$$

の，曲面分割を細かくしていった極限として得られる．ここで $\boldsymbol{n}_i$ は与えられた向き付けに対応する法線ベクトル，δS_i は Δ_i の面積，$\boldsymbol{y}_i$ は Δ_i 上の適当な代表点である．さて，Δ_i の代表的なサイズを ϵd とすれば D の面積を S として分割に要する三角形数 N は $S/(\epsilon d)^2$ のオーダーとなり，したがって上式の和の各項に対して $o(\epsilon^2)$ のオーダーの違いがあっても I_N 全体での違いは $So(\epsilon^2)/(\epsilon d)^2 = (1/\epsilon^2)o(\epsilon^2)$ のオーダーとなり，$N \to \infty$ $(\epsilon \to 0)$ での I_N の極限値は同じになる．ところが命題 6.1 より

$$\int_{\partial \Delta_i} \boldsymbol{f} \cdot d\boldsymbol{x} = (\nabla \times \boldsymbol{f}(\boldsymbol{x}_i)) \cdot \boldsymbol{n}_i \delta S_i + o(\epsilon^2) d^2$$

となるから結局

$$\int_{\partial D_N} \boldsymbol{f} \cdot d\boldsymbol{x} = \sum_i \int_{\partial \Delta_i} \boldsymbol{f} \cdot d\boldsymbol{x} = \sum_i \Big((\nabla \times \boldsymbol{f}(\boldsymbol{x}_i)) \cdot \boldsymbol{n}_i \delta S_i + o(\epsilon^2) d^2 \Big)$$

であり，ここで近似 D_N を細かくしていった極限をとれば

$$\int_{\partial D_N} \boldsymbol{f} \cdot d\boldsymbol{x} \to \int_C \boldsymbol{f} \cdot d\boldsymbol{x}$$

$$\sum_i (\nabla \times \boldsymbol{f}(\boldsymbol{x}_i)) \cdot \boldsymbol{n}_i \delta S_i + o(\epsilon^2) d^2 \to \int_S (\nabla \times \boldsymbol{f}) \cdot d\boldsymbol{S}$$

となり，上の 2 式の左側の項が等しいのだから確かに Stokes の定理が証明された．

■

a.　Stokes の定理の意味すること

直観的にはわかりづらいが，Stokes の定理によるとベクトル場 $\boldsymbol{f}$ が区分的に滑らかであるとき，積分方向が与えられた勝手な一つの閉曲線 C に対してそれを境界にもつ任意の曲面 S に対し，C から誘導される向きを与えて $\nabla \times \boldsymbol{f}$ をその上で積分したものは S のとり方に関係なく一定の値をとることになる．それらの面積分は C 上の $\boldsymbol{f}$ の線積分に等しくなるからである．例えば時間的に定常な電流密度 $\boldsymbol{j}$ のつくる静磁界 $\boldsymbol{H}$ は Maxwell (マクスウェル) 方程式の第 4 の式 $\nabla \times \boldsymbol{H} = \boldsymbol{j}$ を満たす．このとき任意の閉曲線 C に沿っての $\boldsymbol{H}$ の積分は Stokes の定理から

$$\int_C \boldsymbol{H} \cdot d\boldsymbol{x} = \int_S \nabla \times \boldsymbol{H} \cdot d\boldsymbol{S} = \int_S \boldsymbol{j} \cdot d\boldsymbol{S} = I$$

となる．つまり $\nabla \times \boldsymbol{H} = \boldsymbol{j}$ は，磁界 $\boldsymbol{H}$ の閉曲線 C に沿っての積分が C を境界にもつ曲面 S を貫く全電流 I に等しい，という Ampère (アンペール) の法則と同じことをいっているのである (Ampère の法則から $\nabla \times \boldsymbol{H} = \boldsymbol{j}$ を示すには Stokes の定理の逆命題が必要だが，それが成り立つのはほとんど明らかだろう)．ここで電荷の流れ $\boldsymbol{j}$ のなす流線の束のうち，C によって囲まれる部分を考えよう (図 6.4 参照)．いま考えているような定常電流の場合，電荷が空間のどこかにたまっていくことがない以上，この流線の束は C を境界にもつ任意の 2 曲面 S_1, S_2 で挟まれた領域を途切れることなく通過するだろう．これは $\boldsymbol{j}$ の S_1, S_2 上の面積分，すなわちこれらの曲面を横切る全電流が一致することを意味している．

一方，電流がどこかの領域 Ω に電荷としてたまっていくような非定常電流の場合，電荷の流れの線の一部はそこで消えてしまう．すると S として C から見て Ω の「向こう側」にあるようなものをとると S を横切る流線の束には「隙間」が開き，もはや $\boldsymbol{H}$ の C 積分と $\boldsymbol{j}$ の S 積分は一致しないことになる．

ところが Stokes の定理は純然たる数学定理であっていつでも成り立たないといけないからこの場合には $\nabla \times \boldsymbol{H} \neq \boldsymbol{j}$ ということになり，Maxwell はこの事実に

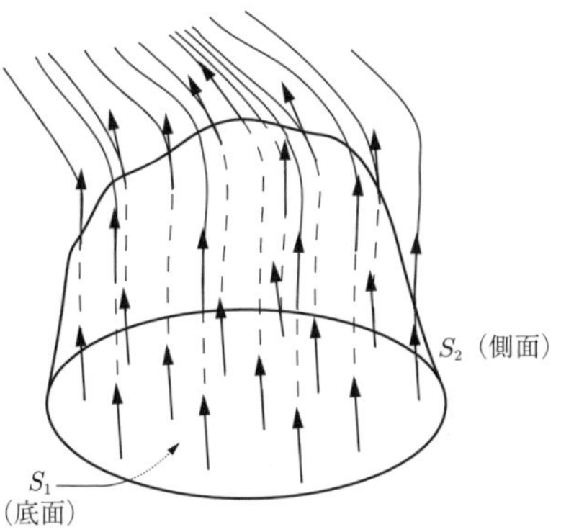

図 6.4 Stokes の定理の主張していること．閉曲線 C を境界にもつ任意の曲面 S に対するベクトルの面積分は等しい値となる．図の底面の円を横切る全電流とその上に描かれた曲面を横切る全電流は等しく，それは共通の境界に沿って磁界を積分したものになる

着目して変位電流項 (この項によって電磁場の方程式が波動解をもつようになる) を導入したのであった (9.4.1，9.4.2 項も参照).

さて Stokes の定理が証明された後には，命題 6.1 を一般化することができる．点 $\boldsymbol{x}$ における $\nabla\times\boldsymbol{f}$ を決定するため，$\boldsymbol{x}$ の近傍における微小閉曲線 C を考えよう．ここで C は「平ら」，すなわちほぼ一つの平面内にあるようなものをとる．すると C を境界にもつ微小曲面 D でこれもまたほぼ平らなものがとれる．このとき D の法線 $\boldsymbol{n}$ はほぼ一定とみなせ，その一定値を $\boldsymbol{n}_0$ とおけば D の面積を δs として

$$\int_{\partial D}\boldsymbol{f}\cdot d\boldsymbol{x}=\int_D(\nabla\times\boldsymbol{f})\cdot d\boldsymbol{S}=(\nabla\times\boldsymbol{f})(\boldsymbol{x})\cdot\boldsymbol{n}_0\delta s+o(\delta s)$$

ということになる．$(\nabla\times\boldsymbol{f}),\boldsymbol{n}$ の空間依存性を無視する近似は D の大きさ程度の誤差しかもたらさないからである (その誤差を積分すれば δs に関して高次の微小量になる)．したがって C と，それからつくられる D をどんどん小さくしていった極限において

$$\boldsymbol{n}_0\cdot\bigl(\nabla\times\boldsymbol{f}(\boldsymbol{x})\bigr)=\lim_{\delta s\to 0}\frac{1}{\delta s}\int_{\partial D}\boldsymbol{f}\cdot d\boldsymbol{x} \tag{6.4}$$

が成立する．ここで C の配向を変えれば $\boldsymbol{n}_0$ を変えることができ，よって $\boldsymbol{f}$ の回転 $\nabla\times\boldsymbol{f}$ が $\boldsymbol{f}$ の線積分を用いて表すことが可能になったのである (例えば $\boldsymbol{n}_0$ としてデカルト座標の各座標軸方向を選べば (それには C として各座標軸に垂直な

平面内の微小円周をとればよい) 三つの線積分に対する上式右辺の極限より $\nabla \times \boldsymbol{f}$ の x, y, z 成分がわかる).

式 (6.4) の右辺は明らかに座標系やパラメータの選択に依存しない．すなわちこの右辺の姿は，本節初めに述べたベクトルの勾配の定義同様，ベクトル場の回転 $\nabla \times \boldsymbol{f}$ が，$\boldsymbol{f}$ およびそれが定義された空間の幾何学的構造だけで決まる内在的な量であることがはっきりとわかる形になっているのである．数学的な論理展開の整合性にこだわらないのであるなら，むしろ上式をベクトル場の回転の定義である，と覚えておくのがよいだろう．

6.2 Green の 定 理

Stokes の定理を 2 次元に適用したのが表題の定理である．すなわち xy 平面を 3 次元空間の平面 $z = 0$ と同一視し，2 次元におけるベクトル場 $\boldsymbol{f}(\boldsymbol{x}) = (f_x(x,y), f_y(x,y))$ を 3 次元ベクトル場 $\tilde{\boldsymbol{f}}(\boldsymbol{x}) = (f_x(x,y), f_y(x,y), 0)$ に拡張した (つまり xy 平面上の平面ベクトル場を金太郎飴のように z 軸方向に伸ばした) 上で xy 平面内の 2 次元領域 D とその境界 C に対して Stokes の定理 6.2 を適用する．その際 C から誘導される D の向きが z 軸正方向になるように曲線 C の向きを決めれば $(\nabla \times \tilde{\boldsymbol{f}}) \cdot \boldsymbol{n} = (\nabla \times \tilde{\boldsymbol{f}}) \cdot \boldsymbol{e}_z = (\partial f_y / \partial x) - (\partial f_x / \partial y)$ となる．したがって

$$\int_C \tilde{\boldsymbol{f}} \cdot d\boldsymbol{x} = \int_D (\nabla \times \tilde{\boldsymbol{f}}) \cdot d\boldsymbol{S} = \int_D \left(\frac{\partial \tilde{f}_y}{\partial x} - \frac{\partial \tilde{f}_x}{\partial y} \right) dS_z$$

つまり

$$\int_C f_x dx + f_y dy = \int_D \left(\frac{\partial f_y}{\partial x} - \frac{\partial f_x}{\partial y} \right) dx dy$$

が成立する．下段の式は純粋に 2 次元平面上のベクトル場の線積分，面積分で表されており，これを Green の定理とよぶ．以上をまとめると次のようになる．

定理 6.3 (Green の定理) 2 次元ベクトル場 $\boldsymbol{f}$ の閉曲線 C に沿った線積分に関して以下が成立する．ただし D は C によって囲まれた領域を表し，C の積分方向としては，D が進行方向左側に見えるようなものをとる (図 6.5 参照)：

$$\int_C f_x dx + f_y dy = \int_D \left(\frac{\partial f_y}{\partial x} - \frac{\partial f_x}{\partial y} \right) dx dy \tag{6.5}$$

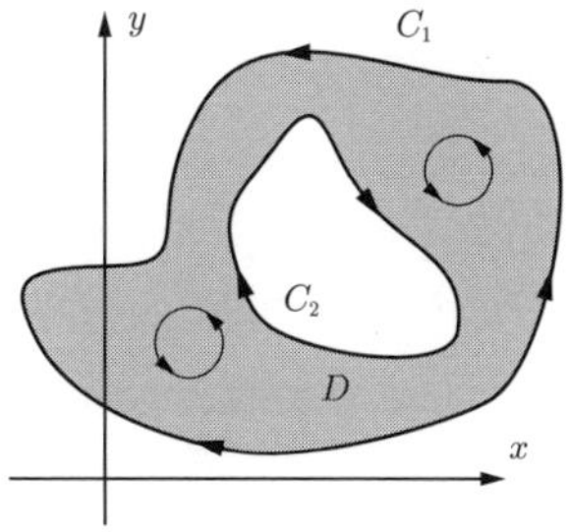

図 6.5　Green の定理における境界積分の積分方向.
図では 2 次元領域 D の境界は二つの閉曲線 C_1, C_2 から成り,
C_1 上では左回り, C_2 上では右回りに積分することになる

D を 3 次元空間に埋め込まれた xy 平面内の図形とみたとき, 面積分の法線が上向きになるように仮定したことから定理の言明のような C の積分方向になるわけである. Green の定理 6.3 は複素関数論, 2 次元の流体力学等で重要な役割を担うことになる.

6.3　Gauss の 定 理

空間領域 D とその境界 ∂D に対する積分公式が Gauss の定理である. すなわち以下が成立する.

定理 6.4 (Gauss の定理) 3 次元領域 D とその境界 ∂D に対して次の等式が成立する. ただし ∂D の向き付けとしては D から見て外向き法線の方向をとる：

$$\int_{\partial D} \boldsymbol{f} \cdot d\boldsymbol{S} = \int_D \nabla \cdot \boldsymbol{f} dv$$

初等的な教科書における Gauss の定理 6.4 の証明法にはいくつかの流儀がある. ここでは Stokes の定理の証明と同様, 数学者以外の著者に多く採用されている, 厳密性は欠くものの直観的にはわかりやすい方法を紹介しよう. ただせっかくなのでほかの知識の取得も兼ねて同じ流儀の多くの本に載っているものよりは論理の穴の少ない証明を掲げることにする. そのために Stokes の定理の証明に用いた命題 6.1 に対応する命題 6.2 を用いることにするが, まずはそれを証明するのに必要な以下の補題を示そう.

補題 6.1 任意の四面体 Δ の各面に対する面積ベクトル，すなわちその面の外向き法線方向を向き，大きさがその面の面積に等しい四つのベクトルの和は 0 となる．

(証明) 図 6.6 のように，四面体 Δ が $\boldsymbol{a}_1, \boldsymbol{a}_2, \boldsymbol{a}_3$ で張られるものとする (ここでは図にある因子 ϵ は無視する)．するとベクトル $\boldsymbol{a}_i, \boldsymbol{a}_j [(i, j) = (1, 2), (2, 3), (3, 1)]$ によって張られる面の面積ベクトルは (四面体の外向き方向をとることとして)

$$\frac{1}{2}\boldsymbol{a}_j \times \boldsymbol{a}_i = -\frac{1}{2}\boldsymbol{a}_i \times \boldsymbol{a}_j$$

で与えられる．この $\boldsymbol{a}_i \times \boldsymbol{a}_j$ を $\boldsymbol{s}_{ij}$ と略記することにしよう (よって $\boldsymbol{s}_{ji} = -\boldsymbol{s}_{ij}$ となる)．すると四つ目の面に対する面積ベクトルは

$$\frac{1}{2}(\boldsymbol{a}_2 - \boldsymbol{a}_1) \times (\boldsymbol{a}_3 - \boldsymbol{a}_1) = \frac{1}{2}(\boldsymbol{a}_2 \times \boldsymbol{a}_3 - \boldsymbol{a}_2 \times \boldsymbol{a}_1 - \boldsymbol{a}_1 \times \boldsymbol{a}_3) = \frac{1}{2}(\boldsymbol{s}_{12} + \boldsymbol{s}_{23} + \boldsymbol{s}_{31})$$

となり，これは確かに $(1/2)(\boldsymbol{s}_{21} + \boldsymbol{s}_{32} + \boldsymbol{s}_{13})$ と相殺する．■

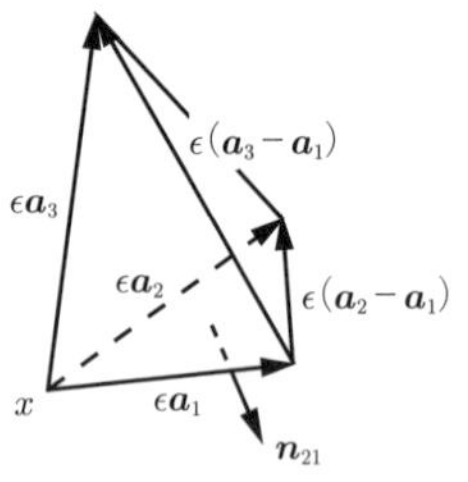

図 6.6　微小四面体におけるベクトル場の面積分とその発散の体積積分の間の関係を得るために微小面に対する面積分を評価すること

注意 6.4 いま示した事実は連続体力学の導入部で定番の議論として登場する，微小面積にはたらく応力がその面積ベクトルに線形に依存すること，つまり応力が 2 階のテンソルとして表現できることの証明にも用いられる．多くの連続体力学の教科書において補題 6.1 は，その 3 面が座標平面に平行な四面体に対してだけ，幾何学的に示されている．ここでは Gauss の定理を，類書よりは論理の穴の少ない形で証明したいがために一般の四面体に対して補題を証明したのであって 9.3 節を見ればわかるように，応力がテンソルで与えられることの証明にはこの注意で述べた特別な四面体の場合だけ考えればよい．◁

命題 6.2 $\boldsymbol{x}$ を始点とするベクトル $\epsilon\boldsymbol{a}_1, \epsilon\boldsymbol{a}_2, \epsilon\boldsymbol{a}_3$ (この順で右手系を成すとする) を 3 辺にもつ四面体 Δ の表面 $\partial\Delta$ 上における $\boldsymbol{f}$ の積分に関して以下が成立する．ただし $\partial\Delta$ の向き付けとしては外向き方向をとるものとし，Δ の体積を v_0 とした：

$$\int_{\partial\Delta} \boldsymbol{f} \cdot d\boldsymbol{S} = \nabla \cdot \boldsymbol{f}(\boldsymbol{x})v_0 + o(\epsilon^3) = \nabla \cdot \boldsymbol{f}(\boldsymbol{x})v_0 + o(v_0)$$

(証明) $\boldsymbol{s}_{ij} = \boldsymbol{a}_i \times \boldsymbol{a}_j$ と，補題 6.1 と同じ記号を使うことにする．さて図 6.6 と補題 6.1 から

$$\int_{\partial\Delta} \boldsymbol{f} \cdot d\boldsymbol{S} = \epsilon^2 \sum_{ij} \int_{\Delta_0} \boldsymbol{f}(\boldsymbol{x} + \epsilon s\boldsymbol{a}_i + \epsilon t\boldsymbol{a}_j) \cdot \boldsymbol{s}_{ji} dsdt$$

$$+\epsilon^2 \int_{\Delta_0} \boldsymbol{f}\big(\boldsymbol{x}+\epsilon\boldsymbol{a}_1+\epsilon\big(s(\boldsymbol{a}_2-\boldsymbol{a}_1)+t(\boldsymbol{a}_3-\boldsymbol{a}_1)\big)\big)\cdot\big(\boldsymbol{s}_{12}+\boldsymbol{s}_{23}+\boldsymbol{s}_{31}\big)dsdt \tag{6.6}$$

となる．ここで Δ_0 は (s,t) 平面における原点と $(1,0),(0,1)$ を結んでできる直角二等辺三角形であり，和は $(i,j) = (1,2),(2,3),(3,1)$ をわたる．また最後の項 (図 6.6 における右側面に対する面積分) において $\boldsymbol{a}_1$ を始点とするかわりに $\boldsymbol{a}_2, \boldsymbol{a}_3$ を始点としてもよく，したがって

$$\epsilon^2 \int_{\Delta_0} \boldsymbol{f}\big(\boldsymbol{x}+\epsilon\boldsymbol{a}_1+\epsilon\big(s(\boldsymbol{a}_2-\boldsymbol{a}_1)+t(\boldsymbol{a}_3-\boldsymbol{a}_1)\big)\big)\cdot\big(\boldsymbol{s}_{12}+\boldsymbol{s}_{23}+\boldsymbol{s}_{31}\big)dsdt$$
$$= \frac{\epsilon^2}{3} \int_{\Delta_0} \Big\{\boldsymbol{f}\big(\boldsymbol{x}+\epsilon\boldsymbol{a}_1+\epsilon\big(s(\boldsymbol{a}_2-\boldsymbol{a}_1)+t(\boldsymbol{a}_3-\boldsymbol{a}_1)\big)\big) + \boldsymbol{f}\big(\boldsymbol{x}+\epsilon\boldsymbol{a}_2+\epsilon\big(s(\boldsymbol{a}_3-\boldsymbol{a}_2)$$
$$+ t(\boldsymbol{a}_1-\boldsymbol{a}_2)\big)\big) + \boldsymbol{f}\big(\boldsymbol{x}+\epsilon\boldsymbol{a}_3+\epsilon\big(s(\boldsymbol{a}_1-\boldsymbol{a}_3)+t(\boldsymbol{a}_2-\boldsymbol{a}_3)\big)\big)\Big\}\cdot(\boldsymbol{s}_{12}+\boldsymbol{s}_{23}+\boldsymbol{s}_{31})dsdt \tag{6.7}$$

とも書かれることに注意しよう．ここで $\boldsymbol{f}$ を ϵ の 1 次まで展開しよう．すなわち

$$\boldsymbol{f}\big(\boldsymbol{x} + \epsilon\boldsymbol{a}_1 + \epsilon\big(s(\boldsymbol{a}_2 - \boldsymbol{a}_1) + t(\boldsymbol{a}_3 - \boldsymbol{a}_1)\big)\big)$$
$$= \boldsymbol{f}(\boldsymbol{x}) + \epsilon\big((\boldsymbol{a}_1 \cdot \nabla)\boldsymbol{f}(\boldsymbol{x}) + s((\boldsymbol{a}_2 - \boldsymbol{a}_1) \cdot \nabla)\boldsymbol{f}(\boldsymbol{x}) + t((\boldsymbol{a}_3 - \boldsymbol{a}_1) \cdot \nabla)\boldsymbol{f}(\boldsymbol{x})\big) + o(\epsilon)$$

などとするのである．そして

$$\int_{\Delta_0} dsdt = \frac{1}{2}, \int_{\Delta_0} sdsdt = \int_{\Delta_0} tdsdt = \frac{1}{6}$$

であること，s, t の関数である $o(\epsilon)$ を積分したものも ϵ に関するオーダーは変わらないことを用いて積分 (6.6) を実行しよう．すると式 (6.6) の最後の項を式 (6.7)

の右辺のように書くとき s, t が掛かっている項の積分は互いに相殺することがわかり，したがって式 (6.6) は

$$\int_{\partial\Delta} \boldsymbol{f}\cdot d\boldsymbol{S} = \frac{\epsilon^3}{6}\Big\{\big((\boldsymbol{a}_1\cdot\nabla)\boldsymbol{f}(\boldsymbol{x}) + (\boldsymbol{a}_2\cdot\nabla)\boldsymbol{f}(\boldsymbol{x})\big)\cdot\boldsymbol{s}_{21}$$

$$+ \big((\boldsymbol{a}_2\cdot\nabla)\boldsymbol{f}(\boldsymbol{x}) + (\boldsymbol{a}_3\cdot\nabla)\boldsymbol{f}(\boldsymbol{x})\big)\cdot\boldsymbol{s}_{32} + \big((\boldsymbol{a}_3\cdot\nabla)\boldsymbol{f}(\boldsymbol{x}) + (\boldsymbol{a}_1\cdot\nabla)\boldsymbol{f}(\boldsymbol{x})\big)\cdot\boldsymbol{s}_{13}\Big\}$$

$$+ \frac{\epsilon^3}{6}\big((\boldsymbol{a}_1\cdot\nabla)\boldsymbol{f}(\boldsymbol{x}) + (\boldsymbol{a}_2\cdot\nabla)\boldsymbol{f}(\boldsymbol{x}) + (\boldsymbol{a}_3\cdot\nabla)\boldsymbol{f}(\boldsymbol{x})\big)\cdot(\boldsymbol{s}_{12}+\boldsymbol{s}_{23}+\boldsymbol{s}_{31})$$

とまとめられ，この中で相殺する項を消せば最終的に

$$\begin{aligned}\int_{\partial\Delta} \boldsymbol{f}\cdot d\boldsymbol{S} &= \frac{\epsilon^3}{6}\big((\boldsymbol{a}_1\cdot\nabla)\boldsymbol{f}(\boldsymbol{x})\cdot(\boldsymbol{a}_2\times\boldsymbol{a}_3) + (\boldsymbol{a}_2\cdot\nabla)\boldsymbol{f}(\boldsymbol{x})\cdot(\boldsymbol{a}_3\times\boldsymbol{a}_1)\\ &\quad + (\boldsymbol{a}_3\cdot\nabla)\boldsymbol{f}(\boldsymbol{x})\cdot(\boldsymbol{a}_1\times\boldsymbol{a}_2)\big) + o(\epsilon^3)\\ &= \frac{\epsilon^3}{6}\nabla^\top\big(\boldsymbol{a}_1(\boldsymbol{a}_2\times\boldsymbol{a}_3)^\top + \boldsymbol{a}_2(\boldsymbol{a}_3\times\boldsymbol{a}_1)^\top + \boldsymbol{a}_3(\boldsymbol{a}_1\times\boldsymbol{a}_2)^\top\big)\boldsymbol{f} + o(v_0)\end{aligned} \tag{6.8}$$

と書かれることがわかる．よって後は上式の右辺の主要項が $v_0\nabla\cdot\boldsymbol{f}$ になることを示せばよい．

一般に 3 次元空間の右手系の基底を張るベクトル $\boldsymbol{a}_1, \boldsymbol{a}_2, \boldsymbol{a}_3$ が与えられたとき，$V_0 = \boldsymbol{a}_1\cdot(\boldsymbol{a}_2\times\boldsymbol{a}_3)$ をそれらのスカラー三重積として

$$\boldsymbol{a}_1^* = \frac{1}{V_0}\boldsymbol{a}_2\times\boldsymbol{a}_3,\ \boldsymbol{a}_2^* = \frac{1}{V_0}\boldsymbol{a}_3\times\boldsymbol{a}_1,\ \boldsymbol{a}_3^* = \frac{1}{V_0}\boldsymbol{a}_1\times\boldsymbol{a}_2 \tag{6.9}$$

で定義されるベクトル $\boldsymbol{a}_1^*, \boldsymbol{a}_2^*, \boldsymbol{a}_3^*$ を，もとの基底の**双対基底** (dual basis) とよぶ．ベクトルの外積の性質 ($\boldsymbol{a}\times\boldsymbol{b}$ と $\boldsymbol{a}$ は直交すること) を用いると双対基底には

$$\boldsymbol{a}_i\cdot\boldsymbol{a}_j^* = \delta_{ij}$$

という性質があることがわかる．ここに δ_{ij} は Kronecker のデルタである．一般に n 次元空間の基底 $\boldsymbol{a}_1, \cdots, \boldsymbol{a}_n$ に対して $\boldsymbol{a}_i\cdot\boldsymbol{a}_j^* = \delta_{ij}$ を満たすようなベクトルの組 $\boldsymbol{a}_1^*, \cdots, \boldsymbol{a}_n^*$，すなわち $\boldsymbol{a}_1, \cdots, \boldsymbol{a}_n$ の双対基底が見つかると，これらを用いてつくったダイアディック $A = \boldsymbol{a}_1\boldsymbol{a}_1^{*\top} + \boldsymbol{a}_2\boldsymbol{a}_2^{*\top} + \cdots + \boldsymbol{a}_n\boldsymbol{a}_n^{*\top}$ は単位行列になることがわかる．実際 $\boldsymbol{x} = \sum_i x_i\boldsymbol{a}_i$ として $A\boldsymbol{x} = \sum_i x_i\big(\boldsymbol{a}_1\boldsymbol{a}_1^{*\top}\boldsymbol{a}_i + \boldsymbol{a}_2\boldsymbol{a}_2^{*\top}\boldsymbol{a}_i + \cdots\big) = x_1\boldsymbol{a}_1 + x_2\boldsymbol{a}_2 + \cdots = \boldsymbol{x}$ となるからである．よって式 (6.8) の最右辺は

$$\frac{\epsilon^3 V_0}{6}\nabla^\top(\boldsymbol{a}_1\boldsymbol{a}_1^{*\top} + \boldsymbol{a}_2\boldsymbol{a}_2^{*\top} + \boldsymbol{a}_3\boldsymbol{a}_3^{*\top})\boldsymbol{f} + o(v_0)$$

$$= \frac{\epsilon^3 V_0}{6} \nabla^\top \boldsymbol{f} + o(v_0) = v_0 \nabla \cdot \boldsymbol{f} + o(v_0)$$

と，確かに点 $\boldsymbol{x}$ における $\boldsymbol{f}$ の発散 $\nabla \cdot \boldsymbol{f}$ に四面体体積を掛けたものに ($o(v_0)$ の違いの範囲で) 等しくなることがわかった (スカラー三重積 $V_0 = \boldsymbol{a}_1 \cdot (\boldsymbol{a}_2 \times \boldsymbol{a}_3)$ は $\boldsymbol{a}_i$ が張る平行六面体の体積にほかならず，したがってそれは $\boldsymbol{a}_i$ の張る四面体体積の 6 倍になる).　■

注意 6.5 結晶学や固体物理では結晶格子の周期性を表すベクトル (格子ベクトル) $\boldsymbol{a}_i$ $(i = 1, 2, 3)$ に対する双対ベクトルとして上で定義した $\boldsymbol{a}_i^*$ ではなく，それに 2π を掛けたものを用いることが多く，またそれらを逆格子ベクトルとよぶ．いずれにせよ $\boldsymbol{a}_i$ に対応する $\boldsymbol{a}_i^*$ は残りの二つから定義されることに注意すること (一般次元の場合，斜交系 $\boldsymbol{a}_1, \cdots, \boldsymbol{a}_n$ の第 i 番目の双対ベクトル $\boldsymbol{a}_i^*$ は大きさを除けば $\boldsymbol{a}_1, \cdots, \boldsymbol{a}_{i-1}, \boldsymbol{a}_{i+1}, \cdots, \boldsymbol{a}_n$ で決まる．なお直交系となる $\boldsymbol{a}_1, \cdots, \boldsymbol{a}_n$ に対しては，$\boldsymbol{a}_i // \boldsymbol{a}_i^*$ となることは明らかだろう)．本書ではデカルト座標系あるいは直交曲線座標系だけで話を済ませているが，一般座標系においてはここで述べた双対ベクトルは共変ベクトルであって，反変ベクトルではないのである．　◁

(定理 6.4 の証明) それでは命題 6.2 を用いて Gauss の定理の証明を行う．まず与えられた領域 D を N 個の微小四面体に分割された多面体領域 D_N で近似し，D_N における Riemann 和の $N \to \infty$ における極限として $\nabla \cdot \boldsymbol{f}$ の体積積分を定義しよう (面積分の場合 (注意 5.4) 同様，体積積分は微小直方体分割ではなく，微小四面体分割を用いて定義してもよい．もし Riemann 流の積分を厳密化したいのならむしろ四面体分割を用いるべきである)．また D_N を構成する四面体を $\Delta_1, \cdots, \Delta_N$ とし，D_N の表面 ∂D_N の上での $\boldsymbol{f}$ の面積分を $\partial \Delta_i$ 上の面積分の和

$$\int_{\partial D_N} \boldsymbol{f} \cdot d\boldsymbol{S} = \sum_i \int_{\partial \Delta_i} \boldsymbol{f} \cdot d\boldsymbol{S}$$

として表す．Δ_i の面のうち D_N 内部に含まれる部分の寄与は隣り合う四面体における面積分が打ち消し合うため消えてしまい，残るのは D_N の境界を構成する部分だけになり，上式が成立するのである (図 6.7 参照)．ここで $N \to \infty$ の極限をとれば上式左辺は D の表面 ∂D に対する $\boldsymbol{f}$ の面積分に収束することになる．ところが命題 6.2 によれば上式右辺の和の各項は

$$\int_{\partial \Delta_i} \boldsymbol{f} \cdot d\boldsymbol{S} = v_i \nabla \cdot \boldsymbol{f}(\boldsymbol{x}_i) + o(v_o)$$

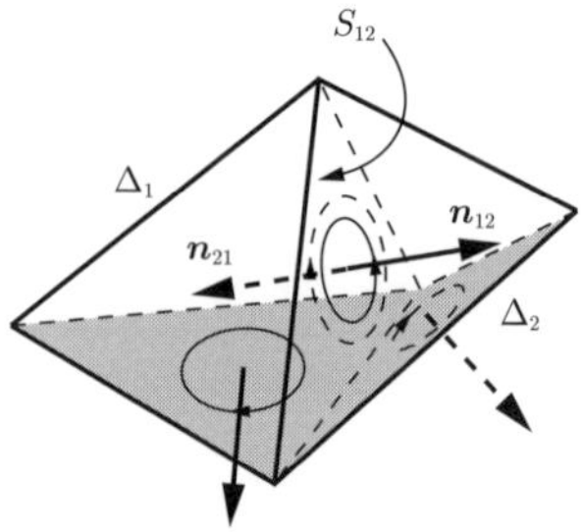

図 6.7　領域 D を四面体に分割近似するとき，隣り合う四面体の表面積分のうち，共有された面の分の寄与は打ち消し合う．図において左側の四面体の表面積分における向き付けを実線，右側の向き付けを点線で表し，また D の表面に相当する部分を灰色で示している．この結果すべての四面体に対する表面積分の和をとると生き残るのは図の灰色部分における積分だけになる

ここに v_i は Δ_i の体積，$\boldsymbol{x}_i$ は Δ_i の代表点 (Δ_i の頂点のかわりの点をとれば Δ_i のサイズ d に関して 1 次のオーダーの違いが生じるが，それに $v_i = O(d^3)$ を掛けたものは $o(v_i) = O(v_i^{4/3})$ のオーダーの違いに過ぎない) であり，したがって

$$\int_{\partial D_N} \boldsymbol{f} \cdot d\boldsymbol{S} = \sum_i \nabla \cdot \boldsymbol{f}(\boldsymbol{x}_i) v_i + o(v_i)$$

となり，$N \to \infty$ とすれば右辺は $\nabla \cdot \boldsymbol{f}$ の体積積分に収束し，望みの等式が得られる (v_i はいずれも同じオーダーの微小量であり，それを代表して v_0 と書けば $N = O(1/v_0)$ なので $N \to \infty$ で $No(v_0) \to 0$ となることに注意).　■

注意 6.6 多くの類書では微小四面体のかわりに，微小直方体 (立方体) を用いた「証明」が掲げられている．しかしそれでは D の表面 ∂D をうまく近似することはできない．一般に D の表面には「斜め」に向いた部分があるが，微小直方体の表面はすべて座標軸方向に沿っているからである．ところが我々が計算したい面積分はベクトル場 $\boldsymbol{f}$ の積分であって，スカラー関数の面積分ではないのでこの違いは重要ではなくなる (スカラー場の面積分の場合には一般的な曲面をデカルト座標の各軸に直交する長方形で近似するのは致命的になる)．このことを考慮すれば類書における「証明」の厳密さの程度は本書と同程度となるが，ここでは定理 6.4 の証明ついでに四面体の面積ベクトルの性質や双対基底を紹介する目的でやや面倒な計算を行ったのである．　◁

b. Gauss の定理の意味すること—連続の方程式—

ベクトル場の発散 $\nabla \cdot \boldsymbol{f}$ の定義を与えた 4.2 節においてその直観的な意味を簡単に論じた．Gauss の定理を用いればそれをもっとはっきりした形に述べることができる．いま圧縮性の流れを表す流体の質量流量場，あるいは物質量に対する流れの場 $\boldsymbol{J}$ が与えられたとしよう．そしてこの系では化学反応は起きず，この物質量は保存するものとする．ここで流量ベクトル場と任意の固定された領域 D に対して定理 6.4 を適用すると

$$\int_{\partial D} \boldsymbol{J} \cdot d\boldsymbol{S} = \int_D \nabla \cdot \boldsymbol{J} dv$$

ということになる．このとき左辺が単位時間あたりに領域 D から流れ出す流体量となるのは明らかである．したがって物質保存則より右辺の体積積分は D 内の流体総量の時間変化率と相殺しなければならない．すなわち $\boldsymbol{J}$ に対応する物質密度を $\rho(\boldsymbol{x}, t)$ として

$$\int_D \nabla \cdot \boldsymbol{J} dv + \frac{d}{dt}\int_D \rho(\boldsymbol{x}, t) dv = \int_D \nabla \cdot \boldsymbol{J} dv + \int_D \frac{\partial \rho}{\partial t}(\boldsymbol{x}, t) dv = 0$$

となる[*1]．これが任意の D で成り立つのだから当然

$$\frac{\partial \rho}{\partial t} + \nabla \cdot \boldsymbol{J} \equiv 0 \tag{6.10}$$

が成立することになる．この式は物質保存則を微分形で表す関係式となっており，**連続の方程式**とよばれている．一般に連続の方程式は何も流体の流量に関してだけ成り立つのではなく，何らかの物理量 Q の密度 $\rho(\boldsymbol{x}, t)$ と，Q の流れを意味するベクトル場 $\boldsymbol{J}$ に対して，Q が全空間で時間的に保存される場合に成立する．例えば熱力学第 1 法則より，物理系の局所的全エネルギー密度 ρ と，熱流，物質流に伴う内部エネルギー流など，あらゆるエネルギーの流れを足し合わせて得られる全エネルギー流 $\boldsymbol{J}$ の間には式 (6.10) が成り立たなければならない．

上記とは反対に，物理量 Q に対する密度 ρ と流れ $\boldsymbol{J}$ に対して，$\nabla \cdot \boldsymbol{J} + (\partial \rho / \partial t)$ が消えなければその点において Q が発生，消滅していることになる．例えば局所的に温度 T，圧力 p，その他が定義できる，いわゆる局所平衡系において，熱流 $\boldsymbol{J}_Q$ と局所エントロピー密度 s に対して成り立つ式 $\nabla \cdot (\boldsymbol{J}_Q / T) + (\partial s / \partial t) = \sigma \geq 0$

*1 積分記号の外の時間微分 d/dt が積分記号の内側に入れて $\partial/\partial t$ とできるのは D が固定されているからである．D が時間的に動くなら 9.3.5 項のような扱いが必要になる．

における σ はその点における単位時間あたりのエントロピー密度生成率と考えられる．あるいはベクトル解析の電磁気学への簡単な応用に触れる 9.4.3 項でのように，全エネルギーのうち電磁エネルギー密度 w と電磁エネルギー流 $\boldsymbol{S}$ だけに注目すれば，一般に $(\partial w/\partial t) + \nabla \cdot \boldsymbol{S} = \sigma \neq 0$ であって，この量は荷電粒子のエネルギーが単位時間，単位体積あたりに電磁エネルギーに転換する，転換率を表すことになる．

最後に，Stokes の定理の節で注意したのと同様に，一旦 Gauss の定理が証明されたなら命題 6.2 をむしろベクトル場の発散の定義のように考えることができる．すなわち $\boldsymbol{x}$ を囲む微小領域 D を任意にとり，その体積を v とすれば

$$\nabla \cdot \boldsymbol{f}(\boldsymbol{x})v + o(v) = \int_D \nabla \cdot \boldsymbol{f} dv = \int_{\partial D} \boldsymbol{f} \cdot d\boldsymbol{S}$$

であるから上式両辺を v で割って D を小さくして $v \to 0$ の極限をとれば

$$\nabla \cdot \boldsymbol{f}(\boldsymbol{x}) = \lim_{v \to 0} \frac{1}{v} \int_{\partial D} \boldsymbol{f} \cdot d\boldsymbol{S}$$

となる．ベクトルの勾配，回転を微小部分の積分で表したのと同様，上式右辺は空間の幾何構造だけに依存し，座標系の選定には関係なく定まることがわかった．

7 ベクトル解析の諸公式とその応用

ここでは覚えておくとよいいくつかの有用な公式を示し，それらを物理に応用して得られる結果をいくつか述べる．これらベクトル解析に関する有用な公式，その応用は『ベクトル解析』[4]に多く載っている．

7.1 ベクトル解析における有用な公式とその導出

外積記号や内積記号を使いこなすのも面白いが，3 次元の場合には添字を用いた計算のほうが機械的にこなせることも多いので，まずはそれを紹介しよう．

7.1.1 Kronecker のデルタと Levi-Civita 記号

ベクトルの成分を $\boldsymbol{a} = (a_1, a_2, a_3)$ と，数字の添字を使って表すこととするとき，二つのベクトルの外積 $\boldsymbol{a} \times \boldsymbol{b}$ は 3 次の完全反対称テンソル (Levi-Civita (レビ・チビタ) 記号ともよばれる) ϵ_{ijk} を用いて

$$(\boldsymbol{a} \times \boldsymbol{b})_i = \sum_{jk} \epsilon_{ijk} a_j b_k$$

と書くことができる．ここで

$$\epsilon_{ijk} = \begin{cases} 1 & (ijk) = (123), (231), (312) \\ -1 & (ijk) = (213), (132), (321) \\ 0 & (i = j \text{ または } j = k \text{ または } k = i) \end{cases}$$

である．つまり ϵ_{ijk} は ijk が 123 の巡回置換 (この順列を円環状にまわして得られる順列のこと) になっているとき 1，213 の巡回置換になっているとき -1，それ以外 (i, j, k のどれか二つが一致) のとき 0 となるとする．これを用いると A_{ij} を ij 成分とする行列の行列式が $\sum_{ijk} \epsilon_{ijk} A_{1i} A_{2j} A_{3k} = \sum_{ijk} \epsilon_{ijk} A_{i1} A_{j2} A_{k3}$ と書かれることもわかる．また $\epsilon_{ijk} = \epsilon_{jki} = \epsilon_{kij}$ (添字を巡回置換している)，$\epsilon_{ijk} = -\epsilon_{jik}$ (ij を入れ替えた) が成立することもすぐにわかるだろう．3 次元のベクトルに関

するさまざまな操作はこれと Kronecker のデルタを用いて記述することが可能になる．それには次の公式が基本的である．

命題 7.1 Levi-Civita 記号 ϵ_{ijk} と Kronecker のデルタ δ_{ij} に対して次が成立する：

$$\sum_k \epsilon_{kij}\epsilon_{klm} = \sum_k \epsilon_{ijk}\epsilon_{klm} = \delta_{il}\delta_{jm} - \delta_{im}\delta_{jl} \tag{7.1}$$

$$\sum_{jk} \epsilon_{ijk}\epsilon_{ljk} = \sum_{jk} \epsilon_{ijk}\epsilon_{jkl} = 2\delta_{il} \tag{7.2}$$

(証明) 上式最左辺は公式を覚えておくのに都合のよい添字の順序，中央の式 (左辺の Levi-Civita 記号の kij を巡回置換させたもの) が実際によく出てくる形となっている．見てわかるように式 (7.1) において二つの Levi-Civita 記号の，固定された添字に関して同じ順のものを組み合わせて得られるデルタの積が正，添字を互換させて得られるものが負になって右辺に現れている．これらの公式の証明は左辺を愚直に計算するだけで得られる．式 (7.2) は自明に近いので式 (7.1) だけ示そう．

さて式 (7.1) の左辺の $\epsilon_{kij}\epsilon_{klm}$ が 0 でないのは kij, klm がともに組合せとして 123 に一致する (よって特に ij と lm は組合せとして等しくなる) ときだけである．したがって組合せとして $ij \neq lm$ の場合，式 (7.1) は消える．そこで次に組合せとして $ij = lm$ としよう．ここで例えば $k = 1$ のときにこのイプシロンの積が 0 でないのなら ij, lm は 23 と順序を除いて等しくなければならなく，そのとき $k = 2, 3$ に対して $\epsilon_{kij}\epsilon_{klm} = 0$ である．つまり左辺の和において 0 でない項は高々一つになる．そして順列として $ij = lm$ なら明らかにこのイプシロンの積は 1 になり，$ij = ml$ なら -1 になる． ■

例題 7.1 命題 7.1 の応用としてベクトル三重積に関する公式 (1.52)，$\boldsymbol{a}\times(\boldsymbol{b}\times\boldsymbol{c}) = (\boldsymbol{a}\cdot\boldsymbol{c})\boldsymbol{b} - (\boldsymbol{a}\cdot\boldsymbol{b})\boldsymbol{c}$ を導いてみよう．まず

$$\big(\boldsymbol{a}\times(\boldsymbol{b}\times\boldsymbol{c})\big)_i = \sum_{jk}\epsilon_{ijk}a_j(\boldsymbol{b}\times\boldsymbol{c})_k,\quad (\boldsymbol{b}\times\boldsymbol{c})_k = \sum_{lm}\epsilon_{klm}b_l c_m$$

であるから

$$\big(\boldsymbol{a}\times(\boldsymbol{b}\times\boldsymbol{c})\big)_i = \sum_{jklm}\epsilon_{ijk}\epsilon_{klm}a_j b_l c_m = \sum_{jlm}\Big(\sum_k \epsilon_{ijk}\epsilon_{klm}a_j b_l c_m\Big)$$

$$= \sum_{jlm} (\delta_{il}\delta_{jm} - \delta_{im}\delta_{jl}) a_j b_l c_m = \sum_j a_j c_j b_i - \sum_j a_j b_j c_i = \big((\boldsymbol{a}\cdot\boldsymbol{c})\boldsymbol{b} - (\boldsymbol{a}\cdot\boldsymbol{b})\boldsymbol{c}\big)_i$$

$\lhd$

ではこの公式などを利用してベクトルの微分に関する有用な一連の公式を導いていこう．まずは 2 階微分に関する，もっとも基本的な定理から始め，ついで 1 変数のときの積の微分則 (Leibniz の法則) に対応する一連の公式を紹介することにする．

定理 7.1 ナブラ演算子に関して

$$\nabla \times (\nabla f) \equiv 0, \quad \nabla \cdot (\nabla \times \boldsymbol{f}) \equiv 0$$

が成立する．すなわち任意のスカラー関数 f の勾配の回転は恒等的に消え，任意のベクトル場 $\boldsymbol{f}$ の回転の発散も恒等的に消える．

(証明) 定義どおりに計算するだけの話である．すなわち $\nabla\times(\nabla f) = (\nabla\times\nabla)f$ であり，外積の性質より，微分演算子 $\nabla\times\nabla$ は微分記号の段階で正負の項が $(\nabla\times\nabla)_x = (\partial/\partial y)(\partial/\partial z) - (\partial/\partial z)(\partial/\partial y) \equiv 0$ などと打ち消し合う．次に $\nabla\cdot(\nabla\times\boldsymbol{f}) = 0$ に関してもスカラー三重積の性質 $\boldsymbol{a}\cdot(\boldsymbol{b}\times\boldsymbol{c}) = (\boldsymbol{a}\times\boldsymbol{b})\cdot\boldsymbol{c}$ よりすぐにでる．すなわち $\boldsymbol{a} = \boldsymbol{b} = \nabla$ としてこれを適用すれば $\nabla\cdot(\nabla\times\boldsymbol{f}) = (\nabla\times\nabla)\cdot\boldsymbol{f} = \boldsymbol{0}\cdot\boldsymbol{f} = 0$ となる． ■

この定理は数学的には，外微分の基本的性質 $d^2 = 0$ として n 次元へ一般化される．またこの定理の「逆」に関しては本章の 7.3 節で触れることにしよう．

次に Leibniz の法則 (積の微分則) の一番簡単な一般化を述べる．

命題 7.2 スカラー場 f とベクトル場 $\boldsymbol{a}$ に対して以下が成立する：

$$\nabla \times (f\boldsymbol{a}) = \nabla f \times \boldsymbol{a} + f\nabla \times \boldsymbol{a} \tag{7.3}$$

$$\nabla \cdot (f\boldsymbol{a}) = \nabla f \cdot \boldsymbol{a} + f\nabla \cdot \boldsymbol{a} \tag{7.4}$$

(証明) 定義どおりに計算するだけの話である．まずは式 (7.3) から．偏微分記号 $\partial/\partial x_i$ を ∂_i と略記する (以下同様) ことにすると定義より

$$(\nabla \times (f\boldsymbol{a}))_i = \sum_{jk} \epsilon_{ijk}\partial_j(fa_k) = \sum_{jk} \epsilon_{ijk}\big((\partial_j f)a_k + f\partial_j a_k\big)$$

$$= \sum_{ijk} \epsilon_{ijk}(\partial_j f)a_k + \sum_{ijk} f\epsilon_{ijk}\partial_j a_k = (\nabla f \times \boldsymbol{a})_i + f(\nabla \times \boldsymbol{a})_i$$

次に式 (7.4) は

$$\nabla\cdot(f\boldsymbol{a}) = \sum_i \partial_i(fa_i) = \sum_i (\partial_i f)a_i + f\partial_i a_i = \sum_i (\partial_i f)a_i + \sum_i f\partial_i a_i = \nabla f\cdot\boldsymbol{a} + f\nabla\cdot\boldsymbol{a}$$

■

今度はもう少し複雑なものとして微分作用素 ∇ を含むスカラー三重積，ベクトル三重積に関する公式を求めよう．

命題 7.3 以下の公式が成立する：

$$\nabla\cdot(\boldsymbol{a}\times\boldsymbol{b}) = \boldsymbol{b}\cdot(\nabla\times\boldsymbol{a}) - \boldsymbol{a}\cdot(\nabla\times\boldsymbol{b}) \tag{7.5}$$

$$\nabla\times(\boldsymbol{a}\times\boldsymbol{b}) = (\nabla\cdot\boldsymbol{b})\boldsymbol{a} + (\boldsymbol{b}\cdot\nabla)\boldsymbol{a} - \bigl((\nabla\cdot\boldsymbol{a})\boldsymbol{b} + (\boldsymbol{a}\cdot\nabla)\boldsymbol{b}\bigr) \tag{7.6}$$

$$\boldsymbol{a}\times(\nabla\times\boldsymbol{b}) = \nabla_b(\boldsymbol{a}\cdot\boldsymbol{b}) - (\boldsymbol{a}\cdot\nabla)\boldsymbol{b} \tag{7.7}$$

$$\boldsymbol{a}\times(\nabla\times\boldsymbol{b}) + \boldsymbol{b}\times(\nabla\times\boldsymbol{a}) = \nabla(\boldsymbol{a}\cdot\boldsymbol{b}) - (\boldsymbol{a}\cdot\nabla)\boldsymbol{b} - (\boldsymbol{b}\cdot\nabla)\boldsymbol{a} \tag{7.8}$$

ただし記号 ∇_b はこの偏微分記号が $\boldsymbol{b}$ の成分のみに作用することを意味するものとする (例えば $\partial_{ib}(a_j b_j) = a_j\partial_i b_j$).

いずれも通常のベクトルに対するスカラー三重積，ベクトル三重積の公式と同じようなものである (以下の直観的説明は『ベクトル・テンソルと行列』[1]によった)．式 (7.5) はスカラー三重積においてベクトルを巡回置換させてよいことに対応するものである．ただ，∇ は微分演算なので $\boldsymbol{a}$, $\boldsymbol{b}$ 双方に作用するはずで，∇, $\boldsymbol{a}$, $\boldsymbol{b}$ を単純に右方向に循環置換させて得られる式 (7.5) の右辺第 1 項だけでなく $\boldsymbol{a}$ に作用する項もあるはずである．そこで左方向に循環置換させると $\boldsymbol{a}\cdot(\boldsymbol{b}\times\nabla)$ になるが，これはナンセンスなので $\boldsymbol{b}\times\nabla \to -\nabla\times\boldsymbol{b}$ と考えれば公式が得られる．式 (7.6) に関しては ∇ が微分作用素であり，したがって Leibniz の法則に従うべきであることに留意しつつベクトル三重積の公式を単純に適用すればただちにこの形が得られる．式 (7.7) の場合には左辺の ∇ は $\boldsymbol{b}$ にしか作用していないので，単純に三重積公式を適用して得られる項 $\boldsymbol{a}\cdot\boldsymbol{b}\nabla$ における ∇ を「係数」の $\boldsymbol{a}\cdot\boldsymbol{b}$ に作用させる際 $\boldsymbol{a}$ の部分は微分されないことを記号 ∇_b で表現している．この公式

で $\boldsymbol{a}$ と $\boldsymbol{b}$ を入れ替えて足せば $\nabla_{a,b}$ などという記号は必要なくなり式 (7.8) が得られるというわけである．では以上を厳密に証明しよう．

(証明) 式 (7.5) の証明：定義どおりに計算し，Levi-Civita 記号の性質を使ってまとめ直せばよい．すなわち下式右辺第 1 項は巡回置換 $(ijk) \to (kij)$，第 2 項においては互換 $(ijk) \to (jik)$ を行って

$$\nabla\cdot(\boldsymbol{a}\times\boldsymbol{b}) = \sum_{ijk} \epsilon_{ijk}\partial_i(a_j b_k) = \sum_{ijk} \epsilon_{kij} b_k \partial_i a_j - \epsilon_{jik} a_j \partial_i b_k = \boldsymbol{b}\cdot(\nabla\times\boldsymbol{a}) - \boldsymbol{a}\cdot(\nabla\times\boldsymbol{b})$$

式 (7.6) の証明：これまた定義に従って計算していくだけのことである．

$$\begin{aligned}
&\big(\nabla \times (\boldsymbol{a} \times \boldsymbol{b})\big)_i \\
&= \sum_{jk} \epsilon_{ijk}\partial_j(\boldsymbol{a}\times\boldsymbol{b})_k = \sum_{jklm} \epsilon_{ijk}\epsilon_{klm}\partial_j(a_l b_m) \\
&= \sum_{jlm} (\delta_{il}\delta_{jm} - \delta_{im}\delta_{jl})\big(b_m\partial_j a_l + a_l\partial_j b_m\big) \\
&= \sum_j b_j\partial_j a_i - \sum_j (\partial_j a_j) b_i + \sum_j a_i(\partial_j b_j) - \sum_j (a_j\partial_j) b_i \\
&= \big((\boldsymbol{b}\cdot\nabla)\boldsymbol{a} - (\nabla\cdot\boldsymbol{a})\boldsymbol{b} + (\nabla\cdot\boldsymbol{b})\boldsymbol{a} - (\boldsymbol{a}\cdot\nabla)\boldsymbol{b}\big)_i
\end{aligned}$$

式 (7.7) の証明：式 (7.8) はこれからただちに導かれるからこれが示されれば証明が完了する．

$$\begin{aligned}
\big(\boldsymbol{a}\times(\nabla\times\boldsymbol{b})\big)_i &= \sum_{jk} \epsilon_{ijk} a_j (\nabla\times\boldsymbol{b})_k = \sum_{jklm} \epsilon_{ijk}\epsilon_{klm} a_j \partial_l b_m \\
&= \sum_{jlm} (\delta_{il}\delta_{jm} - \delta_{im}\delta_{jl}) a_j \partial_l b_m = \sum_j a_j\partial_i b_j - \sum_j a_j \partial_j b_i \\
&= \big(\nabla_b(\boldsymbol{a}\cdot\boldsymbol{b}) - (\boldsymbol{a}\cdot\nabla)\boldsymbol{b}\big)_i
\end{aligned}$$

■

注意 7.1 上記公式における $(\boldsymbol{a}\cdot\nabla)\boldsymbol{b}$ という，ベクトル場に対する「方向微分」の表式はデカルト座標系を用いているときにのみ通用するものである．曲線座標系に写った場合，普通ベクトル場の基底として座標軸方向のベクトルたち $(\partial\boldsymbol{x}/\partial s_i)$ を用いるが，その場合演算子 $(\boldsymbol{a}\cdot\nabla)$ の ∇ を合成関数の微分則を用いて書き換えるだけではベクトル場の方向微分 (共変微分) の式は得られない (8 章および 9.3.2 項参照)． ◁

7.1.2　Laplace 演算子

スカラー関数 f に対する 2 階の微分演算子として

$$\Delta f = \operatorname{div}\operatorname{grad} f$$

と定義される Δ を (スカラー) **Laplace 演算子** (Laplacian，ラプラシアン) とよぶ．デカルト座標系の場合上は簡単に計算できて

$$\Delta = \nabla \cdot \nabla = \frac{\partial^2}{\partial x^2} + \frac{\partial^2}{\partial y^2} + \frac{\partial^2}{\partial z^2}$$

ということになる．ベクトル場 $\boldsymbol{f}$ にも Laplace 演算子 (vector Laplacian，**ベクトルラプラス演算子**) を考えることができてそれは

$$\Delta = \operatorname{grad}\operatorname{div} - \operatorname{rot}\operatorname{rot} = \nabla(\nabla \cdot - \nabla \times (\nabla \times \tag{7.9}$$

で与えられる．$\Delta \boldsymbol{f}$ をデカルト座標系において定義どおりに計算してみよう．そのために $\nabla \times (\nabla \times \boldsymbol{f})$ に対して命題 7.3 の式 (7.7) を $\boldsymbol{a} = \nabla$ として適用すると (式 (7.7) の $\boldsymbol{a}$ が微分演算子でも命題が適用可能なのは微分演算子は互いに可換であることからほとんど明らかだろう) $\nabla \times (\nabla \times \boldsymbol{f}) = \nabla(\nabla \cdot \boldsymbol{f}) - (\nabla \cdot \nabla)\boldsymbol{f}$ となり，よって

$$\Delta \boldsymbol{f} = \nabla(\nabla \cdot \boldsymbol{f}) - \nabla \times (\nabla \times \boldsymbol{f}) = \nabla^2 \boldsymbol{f} = \left(\frac{\partial^2}{\partial x^2} + \frac{\partial^2}{\partial y^2} + \frac{\partial^2}{\partial z^2}\right)\boldsymbol{f}$$

すなわちベクトルラプラシアンの「形」はスカラーのそれと一致する．しかしそれはあくまでデカルト座標系での話であって，一般の曲線座標系では前章でも触れた，座標系の選定に関係なく決まる微分演算子である grad，rot，div[*1]を用いて定義される式 (7.9) こそがベクトルラプラシアンである．

物理学，数学においてラプラシアンを作用させると消えてしまう関数は特別な地位を占める．すなわち **Laplace** (ラプラス) **方程式** $\Delta f = 0$ の解になるものを**調和関数**とよぶ．電場や磁場の遮蔽，定常熱伝導問題その他多くの物理の応用において調和関数が登場する．ベクトル場に関しても調和ベクトル場なるものが $\operatorname{rot} \boldsymbol{f} = \boldsymbol{0}$ かつ $\operatorname{div} \boldsymbol{f} = \boldsymbol{0}$ を満たすものと定義され，これは式 (7.9) を見るとわかるとおり $\Delta \boldsymbol{f} = \boldsymbol{0}$ も満たす．ただし $\Delta \boldsymbol{f} = \boldsymbol{0}$ を満たすベクトル場が調和ベクトル場になるとは限らない．

---

*1　曲線座標 s_1, s_2, s_3 による偏微分 $\partial/\partial s_i$ を用いると div grad の表式や grad div − rot rot の表式は一般にはもはや $\sum \partial^2/\partial s_i^2$ に一致しないし，それぞれの表式も違ってくる．

7.2　積分定理と微分公式の応用

本節ではいままでに得られた公式たちの簡単な応用を与える．

7.2.1　スカラー場，テンソル場に対する Gauss-Stokes の定理

注意 6.4 で述べたように，連続体において $\boldsymbol{x}$ を含む微小面 Δ にはたらく応力すなわち，Δ を挟んで隣り合う微小微分が掛け合う力はその面の面積ベクトルを $\boldsymbol{s}$ としてこれに線形にはたらくことがわかっている．すなわち各点に付随した適当な 2 階テンソル場 T があって，Δ にはたらく応力は $\boldsymbol{F} = T\boldsymbol{s}$ で与えられるのである (9.3.3 項参照)．このとき 3 次元領域 D 内の全質量にはたらく合力は

$$\boldsymbol{F} = \int_{\partial D} T(\boldsymbol{x})d\boldsymbol{S}, \quad \text{つまり} \quad F_i = \sum_{j=1}^{3}\int_{\partial D} T(\boldsymbol{x})_{ij}dS_j = \sum_{j=1}^{3}\int_{\partial D} T(\boldsymbol{x})_{ij}n_j(\boldsymbol{x})dS$$

と書かれることになる．ここに n_j は法線ベクトルの第 j 成分，dS はスカラー面積要素である．これを定番の方法で体積積分に直してみよう．そのために任意の定ベクトル $\boldsymbol{c}$ を仮にとり，それと $\boldsymbol{F}$ の内積を考える．すると

$$\boldsymbol{c}\cdot\boldsymbol{F} = \int_{\partial D} \boldsymbol{c}^\top T(\boldsymbol{x})\boldsymbol{n}(\boldsymbol{x})dS = \int_{\partial D} (T^\top\boldsymbol{c})^\top\boldsymbol{n}dS = \int_{\partial D} (T^\top\boldsymbol{c})\cdot d\boldsymbol{S}$$

と，これはベクトル場 $T^\top\boldsymbol{c}$ に対する通常の面積分になり，したがって Gauss の定理が適用でき

$$\boldsymbol{c}\cdot\boldsymbol{F} = \int_{D} \nabla\cdot(T^\top\boldsymbol{c})dv, \quad \text{すなわち} \quad \sum_i c_iF_i = \sum_i\int_D\sum_j\frac{\partial T_{ij}}{\partial x_j}c_idv$$

が得られた．ここで $\boldsymbol{c}$ として基本単位ベクトル $\boldsymbol{e}_i(i = 1, 2, 3)$ をとれば以下が証明されたことになる．

命題 7.4 テンソル場 T_{ij} の発散 $\nabla\cdot T = \mathrm{div}\, T$ を

$$(\nabla\cdot T)_i = \sum_j\frac{\partial T_{ij}}{\partial x_j}$$

で定義すれば任意の 3 次元領域 D に対して以下が成り立つ：

$$\int_{\partial D} Td\boldsymbol{S} = \int_D \nabla\cdot Tdv \tag{7.10}$$

ここで ∂D の向きは外向き法線方向をとる．

注意 7.2 テンソルの発散 $\nabla\cdot T$ において (無限小) 面積ベクトル $d\boldsymbol{S}$ やナブラ演算子 ∇ を縦ベクトルとみなす場合，行列とベクトルの関係としては $\nabla\cdot T = T\nabla$ と書くべきであるが，こうしてしまうと微分作用素が T に作用しているようには見えなくなってしまう．そこで記号 $\overleftarrow{\nabla}$ を矢印の方向の関数 (あるいは場) に作用するナブラ演算子である，と定義すれば

$$\nabla\cdot T \equiv T\overleftarrow{\nabla}$$

ということになる． ◁

注意 7.3 本書では触れないが，デカルト座標系以外でテンソルの発散を定義するには共変微分を用いるか，式 (7.10) が成立するよう，微小立方体に対する T の表面積分を必要な次数 (立方体の体積のオーダー) まで評価してやればよい． ◁

注意 7.4 上のような，面積要素ベクトル $d\boldsymbol{S}$ に線形演算子が作用する形の面積分は積分を定義する際に用いた平行四辺形 Δ_i による微小分割に対する Riemann 和の段階で $\sum_i T\boldsymbol{s}_i$ ($\boldsymbol{s}_i$ は Δ_i の面積ベクトル) とし，この和の曲面の分割 Δ_i を細かくしていった極限として定義すればよい．あるいはパラメータ付け $(s,t): D \to S$ を用いればもっと明確に

$$\int_S T(\boldsymbol{x})d\boldsymbol{S} = \int_D T(\boldsymbol{x}(s,t))\left(\left(\frac{\partial\boldsymbol{x}}{\partial s}\right)_{s,t} \times \left(\frac{\partial\boldsymbol{x}}{\partial t}\right)_{s,t}\right) dsdt$$

と定義可能である．以下の積分もすべて Riemann 和の段階で (直観的なレベルでは) 合理化可能であり，またパラメータ付けを用いても定義可能である．例えば曲線のパラメータ付け $t: [a,b] \to C$ を用いれば

$$\int_C \boldsymbol{f}(\boldsymbol{x}) \times d\boldsymbol{x} = \int_a^b \boldsymbol{f}(\boldsymbol{x}(t)) \times \left(\frac{d\boldsymbol{x}}{dt}\right)(t)dt$$

となる． ◁

さて，上と同様にしてスカラー関数 f から

$$\boldsymbol{F} = \int_{\partial D} f(\boldsymbol{x})d\boldsymbol{S} = \int_{\partial D} f(\boldsymbol{x})\boldsymbol{n}(\boldsymbol{x})dS$$

として得られるベクトル量 $\boldsymbol{F}$ に関する定理も得られる．すなわちこれと任意の定ベクトル $\boldsymbol{c}$ の内積をとって

$$\boldsymbol{c}\cdot\boldsymbol{F} = \int_{\partial D} \boldsymbol{c}\cdot f(\boldsymbol{x})\boldsymbol{n}(\boldsymbol{x})dS = \int_{\partial D} f(\boldsymbol{x})\boldsymbol{c}\cdot d\boldsymbol{S} = \int_D \nabla\cdot(f\boldsymbol{c})dv$$

ここで命題 7.2 の式 (7.4) を定ベクトル $\boldsymbol{A} = \boldsymbol{c}$ に適用すれば

$$\boldsymbol{c} \cdot \boldsymbol{F} = \int_D \nabla f \cdot \boldsymbol{c} dv$$

となり，したがって上と同様にして次が得られる．

命題 7.5 スカラー関数 f に対して

$$\int_{\partial D} f(\boldsymbol{x}) d\boldsymbol{S} = \int_{\partial D} f(\boldsymbol{x}) \boldsymbol{n}(\boldsymbol{x}) dS = \int_D \nabla f(\boldsymbol{x}) dv \tag{7.11}$$

が成立する．

これと同じ論法は Stokes の定理にも適用できる．スカラー関数を閉曲線 C に沿って積分してみよう．そしてその結果と定ベクトルの内積をとり，Stokes の定理を用いて C を境界にもつ曲面 S 上の積分に直す：

$$\boldsymbol{c} \cdot \int_C f(\boldsymbol{x}) d\boldsymbol{x} = \int_C f \boldsymbol{c} \cdot d\boldsymbol{x} = \int_S (\nabla f \times \boldsymbol{c}) \cdot d\boldsymbol{S}$$

ここでスカラー三重積の性質を用いれば，この式から以下の命題が示せる．

命題 7.6 スカラー関数 f の閉曲線 C に沿った積分に関して以下が成立する．ここで S は C を境界にもち，その向きは C の向きに調和するようにとっているものとする：

$$\int_C f(\boldsymbol{x}) d\boldsymbol{x} = -\int_S \nabla f \times d\boldsymbol{S} = -\int_S \nabla f(\boldsymbol{x}) \times \boldsymbol{n}(\boldsymbol{x}) dS$$

ベクトル場 $\boldsymbol{f}$ の線積分として

$$\int_C \boldsymbol{f} \times d\boldsymbol{x}$$

というのも考えられる．これに関しては

$$\boldsymbol{c} \cdot \int_C \boldsymbol{f} \times d\boldsymbol{x} = \int_C (\boldsymbol{c} \times \boldsymbol{f}) \cdot d\boldsymbol{x}$$

に Stokes の定理を適用し，その際公式 (7.6) を用いれば

$$\boldsymbol{c} \cdot \int_C \boldsymbol{f} \times d\boldsymbol{x} = \int_S \nabla \times (\boldsymbol{c} \times \boldsymbol{f}) \cdot d\boldsymbol{S} = \int_S \big((\nabla \cdot \boldsymbol{f}) \boldsymbol{c} - \boldsymbol{c} \cdot \nabla \boldsymbol{f} \big) \cdot d\boldsymbol{S}$$

となる．ここで

$$\int_S \nabla \boldsymbol{f} \cdot d\boldsymbol{S}$$

を，その第 i 成分が

$$\int_S \frac{\partial \boldsymbol{f}}{\partial x_i} \cdot d\boldsymbol{S}$$

で与えられるベクトルと定義すれば，次のように書ける．

命題 7.7

$$\int_C \boldsymbol{f} \times d\boldsymbol{x} = \int_S (\nabla \cdot \boldsymbol{f}) d\boldsymbol{S} - \int_S \nabla \boldsymbol{f} \cdot d\boldsymbol{S}$$

が成立する．

面積分と体積積分の間に成り立つ同様の公式としては以下が成立する．

命題 7.8

$$\int_{\partial D} \boldsymbol{f} \times d\boldsymbol{S} = -\int_D \nabla \times \boldsymbol{f} dv \tag{7.12}$$

実際式 (7.5) より

$$\int_{\partial D} \boldsymbol{c} \cdot (\boldsymbol{f} \times d\boldsymbol{S}) = \int_{\partial D} (\boldsymbol{c} \times \boldsymbol{f}) \cdot d\boldsymbol{S} = \int_D \nabla \cdot (\boldsymbol{c} \times \boldsymbol{f}) dv = -\int_D \boldsymbol{c} \cdot (\nabla \times \boldsymbol{f}) dv$$

だからである．さらにテンソル場 T の線積分に関しては

$$\boldsymbol{c} \cdot \int_C T(\boldsymbol{x}) d\boldsymbol{x} = \int_C (T^\top \boldsymbol{c}) \cdot d\boldsymbol{x} = \int_S \big(\nabla \times (T^\top \boldsymbol{c})\big) \cdot d\boldsymbol{S}$$

となり，ここで

$$\big(\nabla \times (T^\top \boldsymbol{c})\big)_i = \sum_{jk} \epsilon_{ijk} \partial_j \Big(\sum_l T_{lk} c_l \Big)$$

であるから T の回転 $\nabla \times T$ を

$$(\nabla \times T)_{li} = \sum_{jk} \epsilon_{ijk} \frac{\partial T_{lk}}{\partial x_j}$$

で定義すれば，テンソル場の線積分に関して次が得られたことになる．

命題 7.9

$$\int_C T(\boldsymbol{x}) d\boldsymbol{x} = \int_S \nabla \times T(\boldsymbol{x}) d\boldsymbol{S}$$

例題 7.2 密度 ρ の液面上に浮いている物体にはたらく浮力などを計算すること．

(解) 液体密度を ρ_0，重力加速度を g とし，$z=0$ を界面として (垂直上向きに z 軸をとったとして) 浮体の液体中に浸かった領域を D とおく．また空気は無視し，水圧に関してはその大気圧からのずれ (ゲージ圧とよばれる) だけを計算することにしよう．すると垂直位置 $z<0$ における水圧 (ゲージ圧) は $P=-\rho_0 gz$ で与えられ，したがってその位置にある法線 $\boldsymbol{n}$ をもつ物体の微小面積 δs にかかる力は $\boldsymbol{F}=-\delta sP\boldsymbol{n}=\rho_0 gz\delta s\boldsymbol{n}$ で与えられる．よって液体中にある物体表面 (液面による物体の断面を含む．なおその断面および物体表面の空気中にある部分には仮定によって何ら圧力ははたらかない) にわたってのこの力の合計は公式 (7.11) を用いて

$$\int_{\partial D}\rho_0 gz d\boldsymbol{S}=\rho_0 g\int_D \nabla z dv=\rho_0 g\boldsymbol{e}_z\int_D dv=\rho_0 gV\boldsymbol{e}_z$$

(ここに V は液中の物体体積) となる．よってこの物体は液体中にある物体の体積，すなわち排除体積分の液体重量に等しい上向きの力を受けることになる．これは浮力の原理にほかならない．次にこの浮体にかかる力のモーメントの合計を計算してみよう．重力由来のものは物体の位置 $\boldsymbol{x}$ における密度を $\rho(\boldsymbol{x})$ とすると，この微小体積 dv にはたらく重力は $-\rho g dv\boldsymbol{e}_z$ であるから力のモーメントの合計は

$$-g\int \boldsymbol{x}\times\rho(\boldsymbol{x})\boldsymbol{e}_z dv=g\boldsymbol{e}_z\times\int\rho(\boldsymbol{x})\boldsymbol{x}dv=Mg\boldsymbol{e}_z\times\boldsymbol{X}_G$$

(ここに M は浮体の質量，$\boldsymbol{X}_G$ は浮体の重心) と計算される．一方圧力由来の力のモーメントは先程求めた面積力より $\boldsymbol{x}\times\rho_0 gz\delta s\boldsymbol{n}$ の合計になるのでそれは公式 (7.12) と $\nabla\times\boldsymbol{x}=\boldsymbol{0}$ を用いて

$$\int_{\partial D}\rho_0 gz\boldsymbol{x}\times d\boldsymbol{S}=-\rho_0 g\int_D\nabla\times(z\boldsymbol{x})dv=-\rho_0 g\int_D\boldsymbol{e}_z\times\boldsymbol{x}dv=-M_0 g\boldsymbol{e}_z\times\boldsymbol{X}_F$$

となる．ここに $M_0=\rho_0 V$ は排除体積分の液体質量であり，釣合い状態では浮体質量 M に等しい．そして

$$\boldsymbol{X}_F=\frac{1}{M_0}\int_D\boldsymbol{x}dv$$

は浮体の液体に浸かった部分を液体が占めた場合の重心であって，浮心とよばれている．よって浮力と重力が釣り合っているときの，それら由来の力のモーメントの合計は

$$Mg(\boldsymbol{X}_F-\boldsymbol{X}_G)\times\boldsymbol{e}_z$$

で与えられることがわかった．浮体がその配置も込めて全体として釣り合っている

ならこれも消えるはずで，それには $\boldsymbol{X}_F - \boldsymbol{X}_G$ が鉛直方向を向けばよいことがわかった(通常は二つのベクトルそれぞれが鉛直方向を向くように座標原点をとる).

◁

7.2.2 Green の積分公式と Poisson 方程式の解

Green の公式とよばれる以下の公式は，1 変数における部分積分の拡張とみなせ，多くの応用がある．ここでは電磁気学などで登場する **Poisson** (ポアッソン) **方程式** $-\Delta\phi = \rho$ の解を与える公式の導出に Green の公式を利用しよう．

定理 7.2 (Green の公式) 空間閉領域 D 上の関数 ϕ と ψ に対して

$$\int_{\partial D} \phi \nabla\psi \cdot d\boldsymbol{S} = \int_D \nabla\phi \cdot \nabla\psi + \phi\Delta\psi dv \tag{7.13}$$

が成立する．また上で ϕ と ψ を入れ替えた式を上式から辺々引いた

$$\int_{\partial D} \big(\phi\nabla\psi - \psi\nabla\phi\big) \cdot d\boldsymbol{S} = \int_D \big(\phi\Delta\psi - \psi\Delta\phi\big) dv \tag{7.14}$$

も成り立つ．

(証明) 定理の後半はその言明で述べたとおりにして前半の式 (7.13) から導かれるので，式 (7.13) だけ示せばよい．さてそれを示すには，その左辺を Gauss の定理によってその発散の体積積分に変えればよく，$\nabla \cdot (\phi\nabla\psi)$ の計算に対して公式 (7.4) を用いればただちに欲しい結果を得る． ■

Green の公式を，Poisson 方程式の解を求めるのに応用するためまずは $r = \|\boldsymbol{x}\| = \sqrt{x^2+y^2+z^2}$ に対するいくつかの計算を行う．すでに式 (4.2) で見たように $\nabla r = \boldsymbol{x}/r$ であるから $\boldsymbol{x} \neq \boldsymbol{0}$ に対して

$$\nabla\frac{1}{r} = -\frac{\boldsymbol{x}}{r^3}$$

であり，したがって

$$\Delta\frac{1}{r} = -\nabla \cdot \frac{\boldsymbol{x}}{r^3} = -\frac{3}{r^3} + 3\frac{\boldsymbol{x}}{r^4} \cdot \frac{\boldsymbol{x}}{r} = 0$$

となる．すなわち原点以外の点で定義された関数 $1/r$ はその定義域で調和関数 (7.1.2 項参照) になっている．この，原点における特異性をきちんと評価することによって Poisson 方程式の解の公式が導かれるのである．

まずは簡単な考察から始める．原点に点電荷 Q が存在するときの静電ポテンシャルは $\phi = Q/(4\pi\epsilon_0 r)$ で与えられるのであった．そして対応する電界は $\boldsymbol{E} = -\nabla\phi = Q/(4\pi\epsilon_0 r^2)\boldsymbol{n}, \boldsymbol{n} = \boldsymbol{x}/r$ となる．これを原点を中心とする球面上で積分すると Q/ϵ_0 になることは容易にわかる．すなわち次元を無視すればスカラー場 $\psi = 1/(4\pi r)$ の勾配 (の符号を逆にした) $-\nabla\psi$ を，原点を中心とする球面上で積分したものは 1 になる．一方，すでに見たように $\Delta\psi = 0$ であり，これの球内部にわたっての積分は当然 0 になるので Gauss の定理に反するように見える．しかし Gauss の定理は，その中でベクトル場が滑らか*2であるような領域に対してのみ成り立つので，これは矛盾ではない．そして関数概念を拡張した超関数論において，いま考察している ψ は全空間では調和関数とはみなされず，「関数」$-\Delta\psi$ は原点において無限大の「値」をもち，その体積積分は 1 になるものとされる．すなわち超関数として，$-\Delta\psi$ はいわゆる Dirac (ディラック) のデルタ関数 $\delta(\boldsymbol{x})$ になり，$-\Delta\psi$ が古典的に考えてただ 1 点を除き調和である，というこの例外の 1 点が本質的に意味をもつのである．

ここでは以上に関係した事柄を超関数の概念を用いず，(定義域において) 滑らかな関数に対するベクトル解析だけを用いて扱ってみよう．9.4 節で見るように，真空中に電荷分布が ρ で与えられているときの静電界 $\boldsymbol{E}$ に対しては Gauss の法則から $\nabla\cdot\boldsymbol{E} = \rho/\epsilon_0$ が成立することになる．一方 $\boldsymbol{E}$ は静電ポテンシャル ϕ より $\boldsymbol{E} = -\nabla\phi$ で与えられるので，ϕ は Poisson 方程式 $-\Delta\phi = \rho/\epsilon_0$ を満たすことになる．

さて点電荷に対する Coulomb (クーロン) の法則と，場の線形性を考えれば ϕ は次元を無視して

$$\phi(\boldsymbol{x}) = \int \frac{\rho(\boldsymbol{y})}{4\pi\|\boldsymbol{x}-\boldsymbol{y}\|} dv_y$$

で与えられることが期待される (dv_y の y は $\boldsymbol{y}$ が積分変数であることを強調するためのもの)．点 $\boldsymbol{y}$ の微小体積 dv_y に電荷密度 $\rho(\boldsymbol{y})$ で与えられる電荷 $dq = \rho dv$ があるときの静電ポテンシャルは次元を除いて $dq/(4\pi\|\boldsymbol{x}-\boldsymbol{y}\|)$ で与えられるか

*2　異なる誘電物質の界面での電場の問題のように，Gauss の定理の適用の際，ベクトル場が完全に滑らかである必要はない．結果論的な言い方になるが，Gauss の定理に抵触しないような不連続性，例えばベクトル場の界面に接する方向の不連続性は許される．

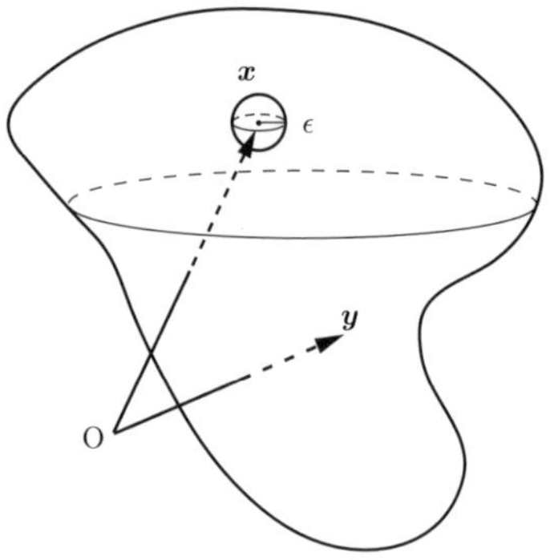

図 7.1 領域 D 内の点 $\boldsymbol{x}$ を中心とする小さな球体 B_ϵ を取り除いた領域 D' に Green の公式 (7.14) を適用する

らである．しかし一つ気を付けねばならないことがある．

常微分方程式の解は初期条件まで指定して，初めて一意に決まるのだった．偏微分方程式についても同様の問題が起きるのである．**線形偏微分方程式**である Poisson 方程式 $-\Delta\phi=\rho$ の場合，その解 ϕ に任意の調和関数 F，すなわち Poisson 方程式の同次形である Laplace 方程式 $\Delta F=0$ の解を加えたもの $\phi+F$ が同じ方程式の解になるのは明らかなので，方程式の解を一意に定めるのには微分方程式だけでは不十分である．Poisson 方程式は，方程式が成り立つ領域 D の境界 ∂D での解の振舞いまで指定して初めて一意解をもつようになるのである．すなわち ∂D における ϕ の値 f，もしくはその法線方向の方向微分 (法線微分) $\partial\phi/\partial n=\boldsymbol{n}\cdot\nabla\phi$ の値 g を与えることによって一意解が求められることが知られている．このような条件を偏微分方程式の**境界条件**とよぶ[*3]．

さて，まずは境界条件 $\phi=f$，$\partial\phi/\partial n=g$ 両方を満たす解 ϕ が求められたとして，それが満たすべき等式を示そう．

定理 7.3 ϕ が有限領域 D 内において Poisson 方程式 $-\Delta\phi=\rho$ の，境界条件 $\phi=f$，$\partial\phi/\partial n=g$ を満たす解であるとき，D 内の点 $\boldsymbol{x}$ に対して

*3 定数関数は明らかに調和関数なので法線微分に対する境界条件の場合，解は定数関数を除いて一意に決まることとなる．

$$\begin{aligned}\phi(\boldsymbol{x}) &= \int_D \frac{1}{4\pi\|\boldsymbol{x}-\boldsymbol{y}\|}\rho(\boldsymbol{y})dv_y + \int_{\partial D}\left(\frac{1}{4\pi\|\boldsymbol{x}-\boldsymbol{y}\|}\nabla_y\phi - \phi\nabla_y\frac{1}{4\pi\|\boldsymbol{x}-\boldsymbol{y}\|}\right)\cdot d\boldsymbol{S}_y \\ &= \int_D \frac{1}{4\pi\|\boldsymbol{x}-\boldsymbol{y}\|}\rho(\boldsymbol{y})dv_y + \int_{\partial D}\left(\frac{1}{4\pi\|\boldsymbol{x}-\boldsymbol{y}\|}g(\boldsymbol{y}) + \frac{\boldsymbol{n}\cdot(\boldsymbol{y}-\boldsymbol{x})}{4\pi\|\boldsymbol{x}-\boldsymbol{y}\|^3}f(\boldsymbol{y})\right)dS_y\end{aligned} \tag{7.15}$$

が成り立つ．ここに $\boldsymbol{n}$ は ∂D の単位法線ベクトルである．

(証明) $\psi = 1/(4\pi\|\boldsymbol{x}-\boldsymbol{y}\|)$ が D 内の点 $\boldsymbol{x}$ で定義されていないことを考慮し，$\boldsymbol{x}$ を中心とする微小半径 ϵ の球体 B_ϵ を D から除いてできる領域 D' において ψ と ϕ に対して Green の公式 (7.14) を適用しよう (図 7.1 参照．以下では微分や積分に用いる変数はいちいち記さない)．すると

$$\begin{aligned}\int_{\partial D'}(\phi\nabla\psi - \psi\nabla\phi)\cdot d\boldsymbol{S} &= \int_{\partial D}(\phi\nabla\psi - \psi\nabla\phi)\cdot d\boldsymbol{S} - \int_{\partial B_\epsilon}(\phi\nabla\psi - \psi\nabla\phi)\cdot d\boldsymbol{S} \\ &= \int_{D'}\rho\psi dv\end{aligned} \tag{7.16}$$

が得られる．ただし D' 内で $\Delta\psi = 0$ となること，D' の境界としての B_ϵ の表面は ∂B_ϵ の向き付けと反対になることを用いた．ここで $\epsilon \to 0$ とするなら右辺の体積積分が D 内全体での $\rho\psi$ の体積積分に収束するのは明らかである．そして左辺の面積分のうち ∂D におけるものは式 (7.15) の，境界条件を用いて書かれた部分にほかならない．そこで残りの ∂B_ϵ におけるものを評価しよう．そのため $\|\boldsymbol{y}-\boldsymbol{x}\| = \epsilon \ll 1$ のとき $\boldsymbol{n}'(\boldsymbol{y})$ を $\boldsymbol{y}-\boldsymbol{x}$ 方向の単位ベクトルとして ∂B_ϵ 上

$$\psi = \frac{1}{4\pi\epsilon},\ \nabla\psi = \frac{\boldsymbol{x}-\boldsymbol{y}}{4\pi\|\boldsymbol{x}-\boldsymbol{y}\|^3} = -\frac{\boldsymbol{n}'}{4\pi\epsilon^2},\ \phi(\boldsymbol{y}) = \phi(\boldsymbol{x}) + O(\epsilon)$$

となることを用いれば

$$\begin{aligned}-\int_{\partial B_\epsilon}(\phi\nabla\psi - \psi\nabla\phi)\cdot d\boldsymbol{S} &= \frac{1}{4\pi}\int_{\partial B_\epsilon}\left(\frac{\phi(\boldsymbol{x})+O(\epsilon)}{\epsilon^2}\boldsymbol{n}' + \frac{1}{\epsilon}\nabla\phi\right)\cdot\boldsymbol{n}dS \\ &= \frac{1}{4\pi}\int\left(\phi(\boldsymbol{x}) + O(\epsilon) + \epsilon\frac{\partial\phi}{\partial n}\right)do = \phi(\boldsymbol{x}) + O(\epsilon)\end{aligned}$$

が得られる．ここに $do = dS/\epsilon^2$ は立体角要素である．よってこれは $\epsilon \to 0$ で $\phi(\boldsymbol{x})$ に収束し，したがって式 (7.16) の左辺の ∂D に関する境界積分を右辺に移項し $\epsilon \to 0$ とすれば確かに式 (7.15) が得られる． ■

上の証明で ϕ は Poisson 方程式の解であるとしたが，式 (7.15) の右辺を左辺の ϕ に対する定義式であるとみれば，これは Poisson 方程式の D の境界 ∂D におけ

る境界条件も込めた上での解の公式とみなしてよいことになる．そこで確かに，点電荷のつくる静電ポテンシャルを重ね合わせれば電荷分布のつくる静電ポテンシャルが得られる，という直観的な想像が正しかったことになる．ただし厳密には，右辺を左辺の定義式とみる段階では，ϕ が本当に 2 回微分可能であることを証明していないので，数学的にはこれを証明して初めて式 (7.15) が解の公式であるといっていいことになる．この辺の事情は数学者たちによって十二分に議論されていて，応用上登場する状況では問題ないことがわかっているので，ここではこれ以上追求しない．

さて定理 7.3 の言明を見ると，D における ϕ の境界値 $\phi|_{\partial D}$ とその法線微分の値 $(\partial\phi/\partial n)|_{\partial D}$ 両方が境界条件として必要に見える．しかし実際にはそうではなく，どちらか一方だけ与えるだけで解は一意に決まってしまう (一意性について脚注*3 参照)．逆にいうと ∂D 上で任意の関数の組 f, g を与えた場合，$\phi|_{\partial D} = f, (\partial\phi/\partial n)|_{\partial D} = g$ となるような Poisson 方程式の解は存在するとは限らないことになる．ここで境界条件 $\phi|_{\partial D} = f$ より $-\Delta\phi = \rho$ の解を決める問題を **Dirichlet** (ディリクレ) **問題**，$(\partial\phi/\partial n)|_{\partial D} = g$ より ϕ を定める問題を **Neumann** (ノイマン) **問題**とよぶ．それでは各種境界値問題について解の一意性を示そう．

定理 7.4 有限領域 D における Dirichlet 問題，Neumann 問題の解は一意に定まる．

(証明) 境界条件を満たす方程式の解が二つあったとしてそれらを ϕ_1, ϕ_2 とする．これらが Dirichlet 問題の場合一致すること，Neumann 問題の場合は定数関数の違いしかないことを示そう．ここで $\phi = \psi = \phi_1 - \phi_2$ に式 (7.13) を適用すると

$$\int_{\partial D}(\phi_1-\phi_2)\nabla(\phi_1-\phi_2)\cdot d\boldsymbol{S} = \int_D \|\nabla(\phi_1-\phi_2)\|^2 dv + \int_D (\phi_1-\phi_2)(\Delta\phi_1-\Delta\phi_2)dv$$

となるが，仮定より境界 ∂D 上で $\phi_1 \equiv \phi_2$ (Dirichlet 問題の場合) もしくは $\boldsymbol{n}\cdot\nabla\phi_1 \equiv \boldsymbol{n}\cdot\nabla\phi_2$ (Neumann 問題の場合) だから，いずれの場合でも左辺の面積積分は消える．そして右辺の体積積分において D 上 $\Delta\phi_1 \equiv \Delta\phi_2$ であるから結局上の等式は非負のスカラー関数 $\|\nabla(\phi_1-\phi_2)\|^2$ の体積積分が消えることを意味することになる．よって D 上 $\nabla(\phi_1-\phi_2)$ は消える，すなわち ϕ_2 は ϕ_1 と定数関数の違いしかないこととなる．Dirichlet 問題の場合，それは ϕ_1 と ϕ_2 が等しいことを意味し，これで証明が終わる．　■

全空間における Poisson 方程式に関しては，ϕ が無限遠で消えること (これがこの場合の境界条件になっている) を要求すれば解が一意に決められる．

定理 7.5 領域 D において ρ が与えられているとき Poisson 方程式 $-\Delta\phi = \rho$ の解 ϕ で，無限遠で消えるものは

$$\phi(\boldsymbol{x}) = \frac{1}{4\pi}\int \frac{\rho(\boldsymbol{y})}{\|\boldsymbol{x}-\boldsymbol{y}\|}dv_y \tag{7.17}$$

で与えられる．ただし ρ はその絶対値 $|\rho|$ が全空間で可積分であるとする．

(証明) 厳密証明は数学的に細かくなるので，それにはこだわらないことにする．仮定より大きな $\|\boldsymbol{y}\|$ に対して $|\rho(\boldsymbol{y})|dv_y$ の値は小さいので $\|\boldsymbol{x}\|$ が十分大きいとき，$\boldsymbol{y} \sim \boldsymbol{x}$ に対して $|\rho(\boldsymbol{y})|dv_y/\|\boldsymbol{x}-\boldsymbol{y}\|$ は小さくなる．一方 $|\rho(\boldsymbol{y})|$ が大きな値をとる $\boldsymbol{y}$ に対しては $\|\boldsymbol{x}-\boldsymbol{y}\|$ が大きくなるので式 (7.17) で与えられる $\phi(\boldsymbol{x})$ の大きさは $\|\boldsymbol{x}\|$ が大きくなるほど小さくなるのは明らかである． ■

上で ρ が電荷であった場合，全電荷 Q が 0 でないなら距離が大きいとき ϕ が $1/(4\pi\|\boldsymbol{x}\|)$ に漸近するのは直観的に明らかだろう ($Q=0$ (多重極ポテンシャルのように振る舞う場合) のときに ϕ は，遠方で $1/\|\boldsymbol{x}\|$ より速く 0 に収束するのも明らかである)．すると無限遠で消える解の一意性が以下のようにして示せる．すなわちそのような 2 解 ϕ_1, ϕ_2 があった場合，原点を中心とする半径 R の球 D_R を考え，有限領域の場合と同様 Green の公式を適用する．すると球面 ∂D_R 上での $(\phi_1-\phi_2)\nabla(\phi_1-\phi_2)$ の積分を考えるとそれは大きく見積もっても $|\phi_i|\|\nabla\phi_i\|$，すなわち $1/R^3$ のオーダーの量の積分となり，よって積分値は $1/R$ のオーダーとなるので $R\to\infty$ で消えてしまう．その一方で体積積分中の $(\phi_1-\phi_2)(\Delta\phi_1-\Delta\phi_2)$ が消えるのは前述の場合と同じで，結局 $\|\nabla(\phi_1-\phi_2)\|^2$ の積分が消えるのも同じになる．したがって無限遠で消える条件によって，解は一意に決まる．

a. Dirichletの原理

有限領域 D の上での Poisson 方程式 $\Delta\phi = -\rho$ の解が境界値 $\phi|_{\partial D} = f$ によって一意に決まること，つまり Dirichlet 問題に一意解が存在することを証明しよう．その際 **Dirichlet の原理**とよばれる主張を用いることにする．Dirichlet の原理を数学的に厳密に証明するのは容易ではないが，ここでは以下に掲げるナイーブな「証明」で満足することにしよう．

定理 7.6 ∂D 上で定義された関数 f が与えられているとき，D の内部で Poisson 方程式 $\Delta\phi = -\rho$ を満たし，かつ ∂D で f に一致する関数 ϕ が一意に定まる．

これを保証するのが以下の Dirichlet の原理である．

Dirichlet の原理： ∂D 上で f に一致する D 上で滑らかな関数 ψ の中で積分

$$I(\psi) = \int_D \|\nabla\psi\|^2 dv \tag{7.18}$$

の値を最小にする ψ が存在し，それは調和，つまり Laplace 方程式の解になる．

これから定理 7.6 がどのように導かれるか，まずそれを見よう．我々は定理 7.5 より，ρ を D の外では消えるものとして全空間に延長して考えれば，Poisson 方程式の一つの解が式 (7.17) で与えられることをすでに知っている．しかしその解 ϕ は D 内の問題とした場合，境界 ∂D で与えられた値 f をもつとは限らない．そこで ϕ を ∂D に制限した関数を $\phi\big|_{\partial D}$ として，∂D で定義された関数 $\xi = f - \phi\big|_{\partial D}$ を境界値にもつ調和関数 ϕ_1 を Dirichlet の原理を使って求めれば $\phi + \phi_1$ が求めるべき解になる．仮定より $\Delta(\phi + \phi_1) = \Delta\phi + \Delta\phi_1 = -\rho + 0$ であり，またその境界値は $(\phi + \phi_1)\big|_{\partial D} = \phi\big|_{\partial D} + f - \phi\big|_{\partial D} = f$ となるからである．

Dirichlet の原理の証明： 同じ境界値 f を満たす，D において少なくとも 1 回微分可能な関数たちのうちで式 (7.18) の積分 (Dirichlet 積分) $I(\psi)$ を最小にするもの ϕ が見つかったとして，それが調和関数になることを示そう．D で定義された，境界上で 0 となる 1 回は微分可能な η と実数 t に対して $\phi + t\eta$ はやはり境界値 f をもつ関数になり，よって仮定より $I(\phi + t\eta) \geq I(\phi)$ となる．このとき Dirichlet 積分の定義より

$$I(\phi + t\eta) = I(\phi) + 2t\int_D \nabla\phi \cdot \nabla\eta dv + t^2 I(\eta)$$

であり，この右辺が t の関数として常に $I(\phi)$ 以上の値をとるためには

$$\int_D \nabla\phi \cdot \nabla\eta dv = 0 \tag{7.19}$$

が必要になる．したがって ∂D で消える η に対して式 (7.13) を適用して (ϕ が 2 階まで微分可能だとして)

$$0 = \int_{\partial D} \eta\nabla\phi \cdot d\boldsymbol{S} = \int_D \nabla\eta \cdot \nabla\phi dv + \int_D \eta\Delta\phi dv = \int_D \eta\Delta\phi dv \tag{7.20}$$

が所定の条件を満たす任意の η に対して成立することになる．そこで D 内部の任意の点 $\boldsymbol{x}$ を中心とする微小な半径 ϵ をもつ球体 B_ϵ の内部でだけ正の値をとり，そのほかでは 0 となる 1 回は微分可能な η を式 (7.20) に用いれば

$$\int_D \eta\Delta\phi dv \approx \Delta\phi(\boldsymbol{x})\int_{B_\epsilon}\eta dv$$

となるからこれが恒等的に消えるためには $\Delta\phi(\boldsymbol{x}) = 0$ となるほかなく，よって確かに ϕ が D 内部で調和関数になることがわかった．

さて，∂D における境界値が f に一致する任意の ψ に対して $I(\psi) > 0$ となることは明らかであり，したがって I は下に有界であるからナイーブに考えると所定の境界値をもつ関数の中で I の最小値を与える関数 ϕ が存在するであろう．そしてそれが調和になることはたったいま示されたのだから，Dirichlet の原理は証明された．

注意 7.5 歴史的にはこのことの厳密証明 (1 回は微分できる，I の最小値を与える ϕ の存在と，それが必然的に 2 回まで微分でき，したがって式 (7.20) が適用できることの証明) に時間がかかったのである．さらに得られた $\phi(\boldsymbol{x})$ が本当に ∂D 全体で境界値 f をもつかは，決して自明ではない．実は境界条件を満たす関数たちに対する Dirichlet 積分 $I(\psi)$ の下限を I_0 として，$I(\phi_n) \to I_0$ となるとき，ϕ_n が調和関数 ϕ に収束することが示せても，ϕ が所定の境界条件を満たすことまでは示せず，実際に ∂D と f によっては ϕ が境界条件を満たさないこともわかっている (例えば『境界要素法』[7]にちゃんとした解が得られる十分条件の一つが載っている)． ◁

b. Green 関 数

Dirichlet の原理を認めれば Poisson 方程式 $\Delta\phi = -\rho$ の解が ∂D における境界条件 $\phi|_{\partial D} = f$ だけで決まることはすでに示した．実はもっと踏み込んで，Dirichlet の原理のもとに ϕ の明示公式を与えることができる．そのために Green の公式 (7.14) に戻ろう．この公式での ψ として，Dirichlet の原理によってその存在を保証された，その ∂D における境界値として $-(1/4\pi\|\boldsymbol{x}-\boldsymbol{y}\|)_{\partial D}$ をもつ，$\boldsymbol{x}$ をパラメータとする調和関数 $\phi_1(\boldsymbol{y})$ を用い，$\phi(\boldsymbol{y})$ として Poisson 方程式の解を入れれば

$$0 = \int_D \phi_1\rho dv - \int_{\partial D}(\phi\nabla\phi_1 - \phi_1\nabla\phi)\cdot d\boldsymbol{S}$$

が得られる．これを式 (7.15) の両辺に加えれば (ϕ_1 の境界での振舞いに注意して)

$$\begin{aligned}\phi(\boldsymbol{x}) &= \int_D \left(\frac{1}{4\pi\|\boldsymbol{x}-\boldsymbol{y}\|} + \phi_1(\boldsymbol{y})\right)\rho(\boldsymbol{y})dv \\ &\quad - \int_{\partial D} \left\{\phi\left(\frac{(\boldsymbol{x}-\boldsymbol{y})}{4\pi\|\boldsymbol{x}-\boldsymbol{y}\|^3} + \nabla\phi_1(\boldsymbol{y})\right) - \left(\frac{1}{4\pi\|\boldsymbol{x}-\boldsymbol{y}\|} + \phi_1(\boldsymbol{y})\right)\nabla\phi\right\} \cdot d\boldsymbol{S} \\ &= \int_D \left(\frac{1}{4\pi\|\boldsymbol{x}-\boldsymbol{y}\|} + \phi_1(\boldsymbol{y})\right)\rho(\boldsymbol{y})dv - \int_{\partial D} \phi\nabla_y\left(\frac{1}{4\pi\|\boldsymbol{x}-\boldsymbol{y}\|} + \phi_1\right) \cdot d\boldsymbol{S}\end{aligned}$$

となる．すなわち D 内の点 $\boldsymbol{x}$ をパラメータとする，∂D において境界値 $-1/4\pi\|\boldsymbol{x}-\boldsymbol{y}\|$ をもつ調和関数 $\phi_1(\boldsymbol{x},\boldsymbol{y})$ から

$$G(\boldsymbol{x},\boldsymbol{y}) = \frac{1}{4\pi\|\boldsymbol{x}-\boldsymbol{y}\|} + \phi_1(\boldsymbol{x},\boldsymbol{y})$$

によって **Dirichlet 問題に対する Green 関数** G を定義すれば Poisson 方程式 $\Delta\phi = -\rho$ の境界値 $\phi|_{\partial D} = f$ を満たす解 ϕ が

$$\begin{aligned}\phi(\boldsymbol{x}) &= \int_D G(\boldsymbol{x},\boldsymbol{y})\rho(\boldsymbol{y})dv - \int_{\partial D} f(\boldsymbol{y})\nabla_y G(\boldsymbol{x},\boldsymbol{y}) \cdot d\boldsymbol{S} \\ &= \int_D G(\boldsymbol{x},\boldsymbol{y})\rho(\boldsymbol{y})dv - \int_{\partial D} f(\boldsymbol{y})\frac{\partial G(\boldsymbol{x},\boldsymbol{y})}{\partial n_y}dS \end{aligned} \tag{7.21}$$

という形に得られることがわかったのである．

Neumann 問題においては，任意に与えられた f に対して境界で $(\partial\phi/\partial n) = f$ を満たす Poisson 方程式の解が存在するとは限らない．Dirichlet 問題同様，Poisson 方程式を解くことはしかるべき境界条件 $(\partial\phi_1/\partial n) = g$ を満たす Laplace 方程式を解くことに帰着する．すなわち Neumann 問題は，式 (7.15) の体積積分の部分で定義される $\boldsymbol{x}$ の関数 $\phi_0(\boldsymbol{x})$ の境界 ∂D における法線微分と与えられた境界値 f の差 $g = f - (\partial\phi_0/\partial n)$ を境界における法線微分としてもつ調和関数 ϕ_1 を見つけることに帰着される．ところが，有限領域で定義された調和関数の境界における法線微分の ∂D 上の積分値は，消えることが示せる (D 内で定義された任意の調和関数 ϕ と，定数関数 1 に対して Green の公式 (7.13) を適用すればよい) ので，$f - (\partial\phi_0/\partial n)$ の ∂D 上の積分が消えないような f, ρ の組合せに対して Poisson 方程式の解は存在しないことになるのである．f, ρ が適合する場合には Dirichlet 問題と同様にして Neumann 問題の Green 関数をつくることができる．

具体的な D の形に対する Green 関数を解析的に求めることは簡単ではない．D が球体のような簡単な形の場合には Dirichlet，Neumann 問題双方に対する Green

関数の具体形を求めることは可能である．その詳細および Neumann 問題の扱いについての詳細は寺沢[8]などを参照して欲しい．

7.3 完全微分 (ポテンシャル) の条件

スカラー関数の勾配の導入のところで，任意のベクトル場 $\boldsymbol{f}$ を何らかのスカラー関数の勾配として書くことは不可能であり，必要条件として $(\partial f_i/\partial x_j) = (\partial f_j/\partial x_i)$ が成立しないといけないことを説明した．それは $\boldsymbol{f}$ の回転 $\nabla \times \boldsymbol{f}$ が消えること (回転なし，rotation free とよぶ) を意味していて，定理 7.1 の前半の主張にほかならない．実はこの条件は，単純な形の領域，例えば凸領域で定義された $\boldsymbol{f}$ に関してそれが $\boldsymbol{f} = \nabla f$ と書けるための十分条件にもなっている．同様に，ベクトル場 $\boldsymbol{B}$ が $\boldsymbol{B} = \nabla \times \boldsymbol{A}$ のように書ける．すなわち，**ベクトルポテンシャル**をもつための必要条件として定理 7.1 の後半より $\nabla \cdot \boldsymbol{B} = \boldsymbol{0}$ (発散なし，divergence free という) が得られるが，$\boldsymbol{B}$ が凸領域で定義されているとき，これは上と同様十分条件にもなる．以下でこれらを証明することにしよう．なお，一般の領域においては回転なしの場に，それに対するスカラーポテンシャルが存在することも，発散なしの場にベクトルポテンシャルが存在することも保証されない．定義域全体で well defined となるポテンシャルの存在には場の定義域の大域的な位相的性質が効いてくるのである．

まず初めにベクトル場の「原始関数」の存在に関して次が成立する．

定理 7.7 ベクトル場 $\boldsymbol{f}$ がある凸領域 D *4中で回転なしになる，すなわち $\nabla \times \boldsymbol{f} = \boldsymbol{0}$ となるなら D 上のスカラー関数 h をうまくとって D において $\boldsymbol{f} = \nabla h$ であるようにできる (つまり $\boldsymbol{f}$ は「原始関数」をもつ)．ただし凸領域 D とはその内部の任意の 2 点 $\boldsymbol{x}, \boldsymbol{y}$ に対してそれを結ぶ線分 $\overline{\boldsymbol{xy}}$ も D に含まれるような領域のことをいう．

本定理の証明の前にそれ自体とても重要な命題を掲げよう．

命題 7.10 弧状連結開領域 D，すなわちその任意の 2 点を D 内にある曲線で結べるような開領域内 (以降考えている領域が開集合であることはいちいち断らない)

*4 実際にはもっと仮定を弱めた領域に対しても定理は成り立つが，スカラー，ベクトルポテンシャルについてまとめて同じ十分条件にするため，強めの仮定をおいた．

で定義されたベクトル場 $\boldsymbol{f}$ に対して，D 内の任意の 2 点 $\boldsymbol{x}, \boldsymbol{y}$ を端点とする D 内の経路 C に沿っての積分

$$\int_C \boldsymbol{f} \cdot d\boldsymbol{x}$$

が $\boldsymbol{x}, \boldsymbol{y}$ にしか依存しないとする．このとき $\boldsymbol{f}$ は D 上で原始関数をもつ，すなわち $\boldsymbol{f} = \nabla h$ となるスカラー関数 h が存在する．そして逆に ∇h という形のベクトル場の線積分の値は端点にしか依存しない．

(証明) まず，上記命題の最後の主張は定理 6.1 にほかならなく，したがってすでに証明されている．次に仮定が満たされているとき D 内の任意の点 $\boldsymbol{x}_0$ を固定し，D の任意の点を $\boldsymbol{x}$ として $\boldsymbol{x}_0$ を始点，$\boldsymbol{x}$ を終点とする D 内の経路 C をとってこよう．ここで関数 $h(\boldsymbol{x})$ を

$$h(\boldsymbol{x}) = \int_C \boldsymbol{f} \cdot d\boldsymbol{x}$$

で定義する．仮定によって用いた経路 C に関係なく右辺の値は $\boldsymbol{x}_0, \boldsymbol{x}$ だけで決まるので，$\boldsymbol{x}_0$ を固定するなら確かにこれは $\boldsymbol{x}$ の関数を定義している．このとき $\boldsymbol{f} = \nabla h$ を示すため $\boldsymbol{x}$ における h の偏微係数 $(\partial h/\partial x_i)$ を定義どおりに計算しよう．そのために $\boldsymbol{h}_i = \epsilon \boldsymbol{e}_i$ ($\boldsymbol{e}_i$ は座標軸方向の単位ベクトル) とし，$\boldsymbol{x}_0$ と $\boldsymbol{x} + \boldsymbol{h}_i$ を結ぶ経路として一旦 $\boldsymbol{x}$ に達したのち x_i 軸に沿って $\boldsymbol{x} + \boldsymbol{h}_i$ に至るもの (仮定より $\boldsymbol{x}$ は D の内点だから十分小さな ϵ に対して $\boldsymbol{x}$ と $\boldsymbol{x} + \boldsymbol{h}$ を結ぶ線分は D にすっかり入ることに注意) をとれば

$$\delta h = h(\boldsymbol{x} + \boldsymbol{h}_i) - h(\boldsymbol{x}) = \int_0^\epsilon \boldsymbol{f}(\boldsymbol{x} + t\boldsymbol{e}_i) \cdot \boldsymbol{e}_i dt$$

ということになる．この右辺の被積分項は $\boldsymbol{f}(\boldsymbol{x} + t\boldsymbol{e}_i) = \boldsymbol{f}(\boldsymbol{x}) + O(t) = \boldsymbol{f}(\boldsymbol{x}) + O(\epsilon)$ と評価できるので $\boldsymbol{f}(\boldsymbol{x} + t\boldsymbol{e}_i) \cdot \boldsymbol{e}_i = \boldsymbol{f}(\boldsymbol{x}) \cdot \boldsymbol{e}_i + O(\epsilon)$ となり，よって

$$\left(\frac{\partial h}{\partial x_i}\right)_{\boldsymbol{x}} = \lim_{\epsilon \to 0} \frac{1}{\epsilon} \int_0^\epsilon \boldsymbol{f}(\boldsymbol{x} + t\boldsymbol{e}_i) \cdot \boldsymbol{e}_i dt = \lim_{\epsilon \to 0} \frac{(\boldsymbol{f}(\boldsymbol{x}) \cdot \boldsymbol{e}_i + O(\epsilon))\epsilon}{\epsilon} = f_i(\boldsymbol{x})$$

■

本定理の証明とは関係ないが，上の命題からただちに得られる次の命題もよく用いられる．

命題 7.11 弧状連結領域 D 内における任意の閉曲線に沿っての $\boldsymbol{f}$ の積分が消えるならこのベクトル場は原始関数をもつ．

(証明)　いま D 内の点 $\boldsymbol{x}_0$ を勝手に選んで固定し，D の任意の点を $\boldsymbol{x}$ としよう．そして $\boldsymbol{x}_0$ から $\boldsymbol{x}$ に至る曲線 C_0 を勝手に選んで固定する．ここでやはり同じ始点，終点をもつ曲線を任意に選んでそれを C とするとき，曲線 $C-C_0$ は閉曲線になり，よって命題 5.1，命題 5.2 と仮定より

$$\int_{C-C_0} \boldsymbol{f}\cdot d\boldsymbol{x}=0 \quad \text{すなわち,} \int_C \boldsymbol{f}\cdot d\boldsymbol{x}=\int_{C_0}\boldsymbol{f}\cdot d\boldsymbol{x}$$

となり，命題 7.10 より $\boldsymbol{f}$ は原始関数をもつ．■

(定理 7.7 の証明)　それでは定理 7.7 の証明に取りかかることにしよう．まず凸領域 D の 1 点 $\boldsymbol{x}_0$ を勝手に選んでそれを固定する．次に D の任意の点 $\boldsymbol{x}$ に対して線分 $L=\overline{\boldsymbol{x}_0\boldsymbol{x}}$ を考え (その始点は $\boldsymbol{x}_0$ とする．仮定より線分 L は D 内部に入る)，これに沿った $\boldsymbol{f}$ の積分を $\boldsymbol{x}$ の関数と考えたものを $h(\boldsymbol{x})$ とおこう．するとこれが $\boldsymbol{f}$ の原始関数になることが以下のようにして示される．

まず $\boldsymbol{x}$ に対して積分経路 L は一意に定まるので関数 h は確かに定義可能である．次に h の勾配を定義に従って計算することにしよう．そこで命題 7.10 の証明と同じ記号を用いれば

$$\left(\frac{\partial h}{\partial x_i}\right)_{\boldsymbol{x}}=\lim_{\epsilon\to 0}\frac{1}{\epsilon}\left(\int_{L'}\boldsymbol{f}\cdot d\boldsymbol{x}-\int_L \boldsymbol{f}\cdot d\boldsymbol{x}\right) \tag{7.22}$$

となる．ここに L' は $\boldsymbol{x}_0$ と $\boldsymbol{x}+\epsilon\boldsymbol{e}_i$ を結ぶ線分である (図 7.2 参照)．ここで D の凸性より $\boldsymbol{x}$ から $\boldsymbol{x}+\epsilon\boldsymbol{e}_i$ に向かって引いた線分 l も D の内部に入り，区分的に滑らかな曲線 $L'-l-L$ は $\boldsymbol{x}_0$ を発して $\boldsymbol{x}+\epsilon\boldsymbol{e}_i, \boldsymbol{x}$ を経由してもとに戻る閉曲線となる．ここで L', l, L を三辺とする三角形 Δ も D 内にある ($\boldsymbol{x}_0$ と l 上の各点を結ぶ線分も D 内に入り，それら線分の和集合がこの三角形になるから) ことに注意すると定理の仮定より Δ 上 $\nabla\times\boldsymbol{f}\equiv\boldsymbol{0}$ と，$\boldsymbol{f}$ の回転は Δ 上で消えることになる．

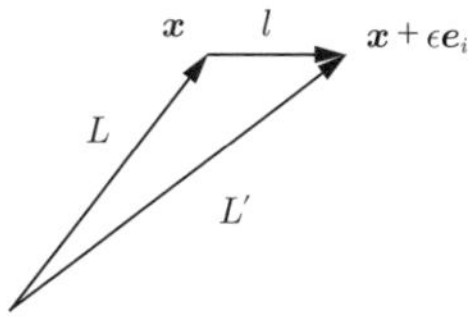

図 7.2　定理 7.7 を証明するため，原点と点 $\boldsymbol{x}$ を結ぶ線に沿っての $\boldsymbol{f}$ の積分が原始関数になることを直接示す

したがって Stokes の定理より

$$\int_{L'-l-L} \boldsymbol{f} \cdot d\boldsymbol{x} = \int_{\Delta} \nabla \times \boldsymbol{f} \cdot d\boldsymbol{S} = 0$$

となり，これより

$$\int_{L'} \boldsymbol{f} \cdot d\boldsymbol{x} - \int_{L} \boldsymbol{f} \cdot d\boldsymbol{x} = \int_{l} \boldsymbol{f} \cdot d\boldsymbol{x} = \int_0^{\epsilon} \{\boldsymbol{f}(x) \cdot \boldsymbol{e}_i + O(\epsilon, t)\} dt = \epsilon f_i(\boldsymbol{x}) + o(\epsilon)$$

したがって式 (7.22) の右辺の極限は $f_i(\boldsymbol{x})$ となり，確かに $\nabla h = \boldsymbol{f}$ となる． ■

ここまではベクトル場が原始関数をもつための必要十分条件について述べた．さて電磁気学において，定常電流密度 $\boldsymbol{j}$ の下での磁界 $\boldsymbol{H}$ は Ampère の法則 $\nabla \times \boldsymbol{H} = \boldsymbol{j}$ に従うことが知られている．ここで両辺の発散をとると左辺に関しては定理 7.1 の後半より

$$\nabla \cdot (\nabla \times \boldsymbol{H}) = 0$$

となるので，当然 $\nabla \cdot \boldsymbol{j} = 0$ でないといけない．ところが定常電流の場合この式は電荷保存の主張にほかならないので，これは確かに成立している．逆に $\nabla \cdot \boldsymbol{j} = 0$ を満たす定常電流に対して $\nabla \times \boldsymbol{H} = \boldsymbol{j}$ を満たす磁界 $\boldsymbol{H}$ が存在する物理的事実を数学的に抽象化して定式化すると以下のようになる．

定理 7.8 (ベクトルポテンシャルの存在) 凸領域において定義されたベクトル場 $\boldsymbol{B}$ に対して $\nabla \times \boldsymbol{A} = \boldsymbol{B}$ なるベクトル場 $\boldsymbol{A}$ が存在するための必要十分条件は $\nabla \cdot \boldsymbol{B} = 0$ となること，すなわち $\boldsymbol{B}$ が発散なし (divergence free) な場になることである．

電流密度 $\boldsymbol{j}$ とは違って磁束密度 $\boldsymbol{B}$ はいかなるときにも発散なし $\nabla \cdot \boldsymbol{B} = 0$ であるから，上の定理はあらゆる磁束密度 $\boldsymbol{B}$ に対して $\nabla \times \boldsymbol{A} = \boldsymbol{B}$ を満たす $\boldsymbol{A}$ が存在することを主張している．この $\boldsymbol{A}$ を $\boldsymbol{B}$ の**ベクトルポテンシャル**とよぶ．

定理 7.8 を証明するには電流密度 $\boldsymbol{j}$ が与えられたときの Biot-Savart (ビオ・サバール) の公式に相当するものを用いればよい．それでは定理 7.8 を証明しよう．

(証明) まずは $\boldsymbol{B}$ が全空間で定義され，無限遠で十分急速に消える場合について考える．

まず方程式 $\nabla \times \boldsymbol{A} = \boldsymbol{B}$ において $\nabla \times \boldsymbol{C} = \boldsymbol{A}$ となる $\boldsymbol{C}$ があったとしよう．すると公式 (7.9) より

$$\nabla \times (\nabla \times \boldsymbol{C}) = -\Delta \boldsymbol{C} + \nabla(\nabla \cdot \boldsymbol{C}) = \boldsymbol{B}$$

ということになる．そこで方程式 $\Delta \boldsymbol{C} = -\boldsymbol{B}$ を，$\nabla \cdot \boldsymbol{C} = 0$ が満たされるように解くことができれば問題が解決したことになる．そのためにスカラー関数に対する Poisson 方程式の解法で行った議論を反復することにしよう．デカルト座標においてはベクトルラプラシアンもスカラーラプラシアンと同形になることから $\Delta \boldsymbol{C} = -\boldsymbol{B}$ の全空間における解は領域 D を無限に大きくしていった極限をとるときの

$$\boldsymbol{C}(\boldsymbol{x}) = \lim_{D \to \infty} \int_D \frac{1}{4\pi\|\boldsymbol{x} - \boldsymbol{y}\|} \boldsymbol{B}(\boldsymbol{y}) dv_y \tag{7.23}$$

で与えられることになる．ここで $\boldsymbol{C}$ の発散をとると (公式 (7.4) に注意．この後も用いる)

$$\nabla_x \cdot \boldsymbol{C}(\boldsymbol{x}) = \int_D \nabla_x \cdot \left(\frac{1}{4\pi\|\boldsymbol{x} - \boldsymbol{y}\|} \boldsymbol{B}(\boldsymbol{y}) \right) dv_y = \int_D \nabla_x \left(\frac{1}{4\pi\|\boldsymbol{x} - \boldsymbol{y}\|} \right) \cdot \boldsymbol{B}(\boldsymbol{y}) dv_y$$

である*5 が $1/\|\boldsymbol{x} - \boldsymbol{y}\|$ に対して $\boldsymbol{x}$ に関するナブラ演算子を作用させることは $\boldsymbol{y}$ に関するそれを作用させることと符号しか違わないので

$$\nabla_x \cdot \boldsymbol{C}(\boldsymbol{x}) = -\int_D \nabla_y \left(\frac{1}{4\pi\|\boldsymbol{x} - \boldsymbol{y}\|} \right) \cdot \boldsymbol{B}(\boldsymbol{y}) dv_y \tag{7.24}$$

ということになる．ここで $\nabla \cdot \boldsymbol{B} = 0$ という仮定を用いると

$$\nabla_y \cdot \left(\frac{1}{4\pi\|\boldsymbol{x} - \boldsymbol{y}\|} \boldsymbol{B}(\boldsymbol{y}) \right) = \nabla_y \left(\frac{1}{4\pi\|\boldsymbol{x} - \boldsymbol{y}\|} \right) \cdot \boldsymbol{B}(\boldsymbol{y})$$

となるので式 (7.24) は Gauss の定理を用いて面積分に書き換えられる．すなわちこの積分は

$$-\int_{\partial D} \left(\frac{1}{4\pi\|\boldsymbol{x} - \boldsymbol{y}\|} \boldsymbol{B}(\boldsymbol{y}) \right) \cdot d\boldsymbol{S}$$

に等しい．ところがこの面積分は D を大きくしていく極限で消える (そのような $\boldsymbol{B}$ だけ相手にしている) ので，これで $\nabla \cdot \boldsymbol{C} = 0$ がわかった．したがって式 (7.23)

*5 $1/(4\pi\|\boldsymbol{x} - \boldsymbol{y}\|)$ の勾配の大きさは $\boldsymbol{x} \sim \boldsymbol{y}$ において $\|\boldsymbol{x} - \boldsymbol{y}\|^2$ のオーダーであり，したがって $\boldsymbol{y}$ に関して可積分なので積分記号下の微分法が使える．

の回転をとれば (以下の式においても積分と $\boldsymbol{x}$ に関する微分の順番を入れ替えられるので)

$$\boldsymbol{A}(\boldsymbol{x}) = -\int \frac{(\boldsymbol{x}-\boldsymbol{y}) \times \boldsymbol{B}(\boldsymbol{y})}{4\pi\|\boldsymbol{x}-\boldsymbol{y}\|^3} dv_y$$

が求めるべきベクトルポテンシャルになっている．もちろんこれは上の $\boldsymbol{B}$ を電流密度とみなしたときの Biot-Savart の公式と同じ形になっている．

領域 D が有限の場合には表面積分が残り，これをきれいな格好の式に変形するのは簡単ではないので，かわりに抽象的な，数学的に正しいだけの方法を用いることにしよう．目標は $\nabla \cdot \boldsymbol{B} = 0$ を満たす $\boldsymbol{B}$ に対して $\nabla \times \boldsymbol{A} = \boldsymbol{B}$ を満たす $\boldsymbol{A}$ を求めることである．天下り的だが，それは凸領域 D の 1 点 $\boldsymbol{x}_0$ を固定したとき次で与えられる (積分路存在の十分条件として D の凸性を用いた)：

$$\boldsymbol{A}(\boldsymbol{x}) = \int_0^1 \boldsymbol{B}\big(t(\boldsymbol{x}-\boldsymbol{x}_0)+\boldsymbol{x}_0\big) \times t(\boldsymbol{x}-\boldsymbol{x}_0)dt$$

これを示すため，$\boldsymbol{A}$ の回転をとれば公式 (7.6) と仮定 $\nabla \cdot \boldsymbol{B} = 0$ より

$$\begin{aligned}
&\nabla_x \times \boldsymbol{A}(\boldsymbol{x}) \\
&= \int_0^1 t\Big\{\big(\nabla \cdot (\boldsymbol{x}-\boldsymbol{x}_0)\big)\boldsymbol{B}\big[t(\boldsymbol{x}-\boldsymbol{x}_0)+\boldsymbol{x}_0\big] + \big((\boldsymbol{x}-\boldsymbol{x}_0)\cdot\nabla\big)\boldsymbol{B}\big[t(\boldsymbol{x}-\boldsymbol{x}_0)+\boldsymbol{x}_0\big] \\
&\quad - \big(\nabla \cdot \boldsymbol{B}\big[t(\boldsymbol{x}-\boldsymbol{x}_0)+\boldsymbol{x}_0\big]\big)(\boldsymbol{x}-\boldsymbol{x}_0) - \big(\boldsymbol{B}\big[t(\boldsymbol{x}-\boldsymbol{x}_0)+\boldsymbol{x}_0\big]\cdot\nabla\big)(\boldsymbol{x}-\boldsymbol{x}_0)\Big\}dt \\
&= \int_0^1 t\Big\{3\boldsymbol{B}\big[t(\boldsymbol{x}-\boldsymbol{x}_0)+\boldsymbol{x}_0\big] + \big((\boldsymbol{x}-\boldsymbol{x}_0)\cdot\nabla\big)\boldsymbol{B}\big[t(\boldsymbol{x}-\boldsymbol{x}_0)+\boldsymbol{x}_0\big] \\
&\quad - \boldsymbol{B}\big[t(\boldsymbol{x}-\boldsymbol{x}_0)+\boldsymbol{x}_0\big]\Big\}dt \\
&= \int_0^1 \Big(2t\boldsymbol{B}\big[t(\boldsymbol{x}-\boldsymbol{x}_0)+\boldsymbol{x}_0\big] + \big(t(\boldsymbol{x}-\boldsymbol{x}_0)\cdot\nabla\big)\boldsymbol{B}\big[t(\boldsymbol{x}-\boldsymbol{x}_0)+\boldsymbol{x}_0\big]\Big)dt
\end{aligned}$$

が得られる．ここで $\boldsymbol{y} = t(\boldsymbol{x}-\boldsymbol{x}_0)+\boldsymbol{x}_0$ として

$$\frac{\partial}{\partial t}\boldsymbol{B}[t(\boldsymbol{x}-\boldsymbol{x}_0)+\boldsymbol{x}_0] = \frac{d\boldsymbol{y}}{dt}\cdot\nabla_y\boldsymbol{B}[\boldsymbol{y}] = \frac{(\boldsymbol{x}-\boldsymbol{x}_0)}{t}\cdot\nabla_x\boldsymbol{B}[t(\boldsymbol{x}-\boldsymbol{x}_0)+\boldsymbol{x}_0],$$

ゆえに

$$\begin{aligned}
&\nabla_x \times \boldsymbol{A}(\boldsymbol{x}) = \int_0^1 \Big(2t\boldsymbol{B}\big[t(\boldsymbol{x}-\boldsymbol{x}_0)+\boldsymbol{x}_0\big] + t^2\frac{\partial}{\partial t}\boldsymbol{B}\big[t(\boldsymbol{x}-\boldsymbol{x}_0)+\boldsymbol{x}_0\big]\Big)dt \\
&= \Big[t^2\boldsymbol{B}\big[(t(\boldsymbol{x}-\boldsymbol{x}_0)+\boldsymbol{x}_0)\big]\Big]_0^1 + \int_0^1 \Big(2t\boldsymbol{B}\big[t(\boldsymbol{x}-\boldsymbol{x}_0)+x_0\big] - 2t\boldsymbol{B}[t(\boldsymbol{x}-\boldsymbol{x}_0)+x_0]\Big)dt \\
&= \boldsymbol{B}(\boldsymbol{x})
\end{aligned}$$

と，確かに欲しい結果が得られた．これは外微分法における Poincaré (ポアンカレ) の補題の逆とよばれる命題を 3 次元ベクトル場に適用したものであり，ここでは『微分形式の理論』[5] による，見かけがすっきりしたものを紹介した．

スカラーポテンシャルに任意定数だけの不定性があるように，ベクトルポテンシャルには任意のスカラー関数の勾配 ∇f だけの不定性がある，つまり $\nabla\times\boldsymbol{A}=\boldsymbol{B}$ なら $\nabla\times(\boldsymbol{A}+\nabla f)=\boldsymbol{B}$ となるので，適当な付加条件をつけない限りベクトルポテンシャルは一意には決まらない．そのことを反映して『ベクトル・テンソルと行列』[1] に載っている別の計算法で得られた結果は上述のものとスカラー関数の勾配分だけ異なっている．■

一般に $\nabla f=\boldsymbol{f}$，あるいは $\nabla\times\boldsymbol{g}=\boldsymbol{f}$ と書けるようなベクトル場 $\boldsymbol{f}$ をそれぞれスカラーポテンシャル，ベクトルポテンシャルの存在に関して**完全** (exact) であるといい，$\nabla\times\boldsymbol{f}=\boldsymbol{0}$，あるいは $\nabla\cdot\boldsymbol{f}=0$ となる $\boldsymbol{f}$ を (それぞれのポテンシャルに関して) **閉** (closed) であるという．以上によりベクトル場の完全性と閉性は凸領域においては同値であることがわかった．しかし一般の領域に関しては閉なベクトル場がいつも完全になるとは限らない．すなわちベクトル場の完全性と閉性の概念が一致するか否かは，それが定義された領域の位相的性質に依存するのである．例えば無限に長い直線上を流れる電流 $I\neq 0$ によって生じる磁界は $\boldsymbol{H}=(I/2\pi\rho)(-y/\rho,x/\rho),\rho=\sqrt{x^2+y^2}$ と書けるがこれは $\boldsymbol{H}$ の定義域である全空間から z 軸を抜いた空間 D において回転なしになる，という意味で閉である．したがって D の任意の凸な部分領域で $\boldsymbol{H}$ はスカラーポテンシャルをもち，例えばそれが任意定数を除いて $\phi=(I/2\pi)\theta(x,y)$ ($\theta(x,y)$ は空間の点 $\boldsymbol{x}$ を xy 平面に正射影した点の偏角) で与えられることは容易にわかる．しかしこの関数を D 全体で一意関数として表すことができないのは $\theta(x,y)$ の多価性より明らかだろう．命題 7.11 にあるように，$\boldsymbol{H}$ が D において原始関数をもつためには D 内の任意の閉曲線 C に対する線積分が消えなければならないが，z 軸を 1 周する積分，例えば xy 平面上の原点を中心とする単位円周に沿った $\boldsymbol{H}$ の積分は $I\neq 0$ となっている．定理 7.7 の証明において閉曲線 C に対して Stokes の定理を用いたが，それは C を境界にもつ曲面の「内側」の領域全体に対してベクトル場が定義されていないといけないのに対し，いま考えている $\boldsymbol{H}$ に関しては z 軸を 1 周するような閉曲線に対しては，それを境界とするいかなる曲面 S に対しても S は z 軸と交点をもってしまい，したがって D 全体での原始関数を得ることはできないのであ

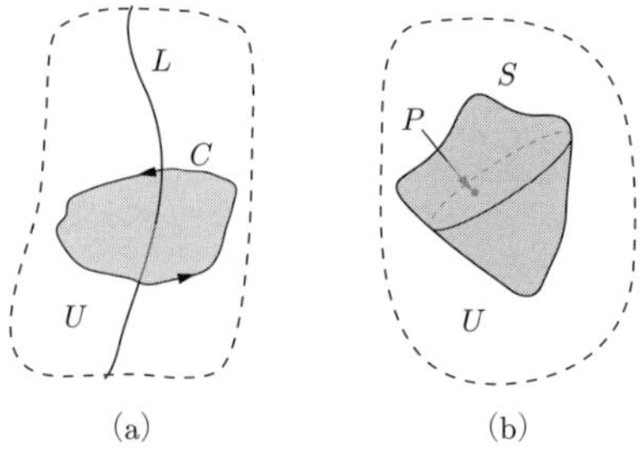

図 7.3　(a) 点線で示された領域から曲線 L を抜いた領域 U 上で定義された回転なしのベクトル場は U 全域でポテンシャルをもつとは限らない．図で示されたような閉曲線 C に Stokes の定理が適用できるとは限らないからである．(b) 点線で示された領域から点 P を抜いた領域 U 上で定義された発散なしのベクトル場は U 全域でベクトルポテンシャルをもつとは限らない．図で示された閉曲面 S に Gauss の定理が適用できるとは限らないからである

る[*6]．これとは逆に，D 内のいかなる閉曲線も D 内で連続変形して 1 点に縮めることができるような空間 (単連結とよぶ) においてはベクトル場の $\nabla\times\boldsymbol{f}=\mathbf{0}$ の意味での閉性とスカラーポテンシャルに関する完全性は一致する．したがって D 全体での原始関数を求めることはあきらめ，適当な集合 F を除いた領域 $D-F$ が単連結になるようにすれば，$D-F$ 上での原始関数が求まる．いまの例の $\theta(x,y)$ は，これを主値と考えるなら D から xz 平面の $x\geq 0$ となる半平面を取り除いた単連結領域において一意かつ連続微分可能となっている．

同様なことはベクトルポテンシャルに関しても起こる．例えば $\boldsymbol{f}=-\nabla(1/r)=\boldsymbol{x}/r^3$ は $1/r$ が原点を除いて調和であることからそれは定義域において発散なしであり，したがってベクトルポテンシャル $\nabla\times\boldsymbol{g}=\boldsymbol{f}$ を (局所的には) もつ．物理的にこれは，原点から四方に伸びる力線を磁力線と解釈して，そのような磁場を生じる電流分布を求めることに対応し，よって片端が無限遠方に，もう片端が原点にある無限に細いソレノイドを流れる電流といったものがそのような場を与えるだろう．このことから $\rho=\sqrt{x^2+y^2}$ として

$$\boldsymbol{g}=\Big(\frac{y(z+r)}{r\rho^2},-\frac{x(z+r)}{r\rho^2},0\Big)$$

*6　超関数論の立場では $\boldsymbol{H}$ は，$\nabla\times\boldsymbol{H}$ が z 軸上で 2 次元の Dirac のデルタ関数が連なったものとして振舞い，よってこれは全空間における閉ベクトル場ではない，とみなされる．

が単極場 $\boldsymbol{f} = \boldsymbol{x}/r^3$ のベクトルポテンシャルとして得られる (磁気単極子に関して出てくる，いわゆる Dirac の紐である[*7])．しかしこの $\boldsymbol{g}$ は，$\boldsymbol{f}$ が原点以外のすべての点で定義されているのに対して z 軸の正の部分でも定義不能となっている．これは直線電流のつくる磁界 $\boldsymbol{H}$ の原始関数 $(I/2\pi)\theta(x,y)$ が z 軸だけでなく，それを含む半平面を除いた領域でのみ一意，かつ連続に定義可能であったのと同様の数学的な事情による．一般に領域 Ω に含まれる閉曲面 S で，その内側に Ω 以外の点をもつようなものが存在するとき，そのような Ω の上で定義されたベクトル場が発散なしだからといってそれが Ω 全体で定義されたベクトルポテンシャルをもつとは限らないのである．

7.4 Helmholtz の分解定理

標題のものは，発散なしでも渦なしでもないベクトル場 $\boldsymbol{B}$ を，うまいスカラー関数 h の勾配とベクトル場 $\boldsymbol{A}$ の回転で表すことが可能であることを主張している．いま全空間で定義され，無限遠で急速に消えるベクトル場 $\boldsymbol{B}$ が与えられたとしよう．そして $\rho = \nabla \cdot \boldsymbol{B}$ とおき，Poisson 方程式 $\Delta h = -\rho$ の解 h を式 (7.17) でもって与える．ここで $\boldsymbol{D} = \boldsymbol{B} + \nabla h$ とおけば $\nabla \cdot \boldsymbol{D} = \rho + \Delta h = 0$，つまり $\boldsymbol{D}$ は発散なしの場になるので今度は定理 7.8 によって $\nabla \times \boldsymbol{A} = \boldsymbol{D}$ となる $\boldsymbol{A}$ が見つかる．したがって $\boldsymbol{B} = -\nabla h + \nabla \times \boldsymbol{A}$ という分解が得られた．すなわち次が成り立つ．

定理 7.9 全空間で定義されたベクトル場 $\boldsymbol{B}$ が無限遠で十分速く消えるなら適当なスカラー関数 h とベクトル場 $\boldsymbol{A}$ を用いて

$$\boldsymbol{B} = -\nabla h + \nabla \times \boldsymbol{A}$$

という形に表すことができる．

上記定理を Helmholtz (ヘルムホルツ) の分解定理とよび，$-\nabla h$ を $\boldsymbol{B}$ の渦なし部分，$\boldsymbol{D} = \nabla \times \boldsymbol{A}$ を $\boldsymbol{B}$ の回転部分などとよぶ．この定理は以下のようにすれ

*7 $\boldsymbol{f}$ についても，すでに 7.2.2 項冒頭で述べたように，それを超関数論的に考えれば $\nabla \cdot \boldsymbol{f} = 4\pi\delta(\boldsymbol{x}) \neq 0$ となり，したがって $\boldsymbol{f}$ は閉ベクトル場ではない．なお Dirac は量子力学の範囲において，単極子強度が特定の値をとるとき，上述のもの (Dirac の紐の存在) とは別の立場をとり得ることを指摘した．

ばもっとエレガントな表記を得る．定理 7.8 において発散なしの場 $\boldsymbol{B}$ に対して $\Delta \boldsymbol{C} = -\boldsymbol{B}$ の解を考えたが，ここでは発散なしとは限らない $\boldsymbol{B}$ に対して

$$\boldsymbol{C}(\boldsymbol{x}) = \int_D \frac{1}{4\pi\|\boldsymbol{x}-\boldsymbol{y}\|}\boldsymbol{B}(\boldsymbol{y})dv_y$$

とするのである．このときすでに見たように

$$\Delta \boldsymbol{C} = \nabla(\nabla\cdot\boldsymbol{C}) - \nabla\times(\nabla\times\boldsymbol{C}) = -\boldsymbol{B}$$

となるので

$$\boldsymbol{B} = \nabla\times\boldsymbol{A} - \nabla h,\ \boldsymbol{A} = \nabla\times\boldsymbol{C},\ h = \nabla\cdot\boldsymbol{C} \tag{7.25}$$

がわかる．ここで $\boldsymbol{x}$ 微分と積分を入れ替えられること，$\psi = 1/(4\pi\|\boldsymbol{x}-\boldsymbol{y}\|)$ の $\boldsymbol{x}$ 微分と $\boldsymbol{y}$ 微分は符号だけ異なることを再び用い，また

$$\nabla_y\times\Big(\frac{1}{4\pi\|\boldsymbol{x}-\boldsymbol{y}\|}\boldsymbol{B}\Big) = \Big(\nabla_y\frac{1}{4\pi\|\boldsymbol{x}-\boldsymbol{y}\|}\Big)\times\boldsymbol{B} + \frac{1}{4\pi\|\boldsymbol{x}-\boldsymbol{y}\|}\nabla_y\times\boldsymbol{B}$$

であるから，公式 (7.12) (本質的には Gauss の定理である) の右辺として上式左辺を用いたものにおいて，そこに登場する境界 ∂D に対する面積分が，D を無限に大きくする過程で消える，したがって上式左辺の体積積分が消えることを利用して (要するに部分積分公式の一つとなる)

$$\boldsymbol{A}(\boldsymbol{x}) = \nabla\times\boldsymbol{C} = -\int_{\mathbb{R}^3}\Big(\nabla_y\frac{1}{4\pi\|\boldsymbol{x}-\boldsymbol{y}\|}\Big)\times\boldsymbol{B}dv = \frac{1}{4\pi}\int_{\mathbb{R}^3}\frac{\nabla\times\boldsymbol{B}(\boldsymbol{y})}{\|\boldsymbol{x}-\boldsymbol{y}\|}dv$$

同様にして (今度は普通の Gauss の定理から)

$$h(\boldsymbol{x}) = \nabla\cdot\boldsymbol{C} = -\int_{\mathbb{R}^3}\nabla_y\Big(\frac{1}{4\pi\|\boldsymbol{x}-\boldsymbol{y}\|}\Big)\cdot\boldsymbol{B}dv = \frac{1}{4\pi}\int_{\mathbb{R}^3}\frac{\nabla\cdot\boldsymbol{B}(\boldsymbol{y})}{\|\boldsymbol{x}-\boldsymbol{y}\|}dv$$

という形が最終的に得られた．

最後にこの分解の一意性に関して注意しておく．もし $\boldsymbol{B}$ が別の分解 $\boldsymbol{B} = \nabla\times\boldsymbol{A}' - \nabla h'$ を許したとすると $\nabla(h-h') = \nabla\times(\boldsymbol{A}-\boldsymbol{A}')$ となり，ベクトル場 $\boldsymbol{A}-\boldsymbol{A}'$ は発散なしかつ回転なし，すなわち調和ベクトル場になる．ところが，7.1.2 項で述べたように，この場 $\boldsymbol{A}-\boldsymbol{A}'$ は $\Delta(\boldsymbol{A}-\boldsymbol{A}') = \boldsymbol{0}$ を満たす．すると，デカルト座標で書いた場合ベクトルラプラシアンの格好はスカラーのそれと一致するから，$\boldsymbol{A}-\boldsymbol{A}'$ の各成分は「関数」として調和になる．これにより調和ベクトル場 $\boldsymbol{A}-\boldsymbol{A}'$ が消えることがわかる．デカルト座標系においては，調和ベクトル場の各成分が調和関数となるが，全空間で調和かつ無限遠で消えるスカラー関数は恒等的に消

える関数以外にないことがわかっているからである (下記注意参照). よって $h, \boldsymbol{A}$ が無限遠で消えるという境界条件を課せば Helmholtz 分解は一意に決まることがわかった.

注意 7.6 調和関数の性質について簡単に触れておく. まず任意の点 $\boldsymbol{x}$ を中心とする半径 r の球 B_r と微小半径 ϵ の球 B_ϵ を考え, 二つの球に挟まれた領域 $B_r - B_\epsilon$ において ϕ を調和関数, $\psi = 1/(4\pi\|\boldsymbol{x} - \boldsymbol{y}\|)$ として Green の公式を適用すると, 定理 7.3 の証明と同様にして

$$\phi(\boldsymbol{x}) = \frac{1}{4\pi}\int_{\partial B_r} \phi(\boldsymbol{x} + r\boldsymbol{n})do$$

が得られる. ここに $\boldsymbol{n}$ は方位ベクトル, do は立体角要素で, ∂B_r 上 $\nabla\psi = -(1/4\pi r^2)\boldsymbol{n}$ となることを用いた. この等式は, 調和関数の任意の点における関数値は, その点から等距離の点における関数値の平均 (方位に関する平均) に一致することを意味していて, Gauss の平均値の定理とよばれている.

さて, いま無限遠で消える調和関数 ϕ があったとして, それに平均値の定理を適用すれば任意の有限点における関数値が無限遠における関数値の方位平均, すなわち 0 に一致することになるので確かに本文で用いた主張が証明された. また複素関数論などで触れられている 2 変数の調和関数に対してと同様に, 3 次元においても最大値の原理が平均値の定理から導かれる. ◁

8 座標変換と曲線座標系

ベクトル解析は幾何学的な対象を取り扱うもので，どの座標系を採用するかによって答えが変わるものではない．ところが，実際に計算を行っていくとき，考えている系のもっている対称性と適合した座標系を採用すると計算が簡単になることが多い．例えば我々にとってなじみ深いデカルト座標系 (x, y, z) も球対称性をもつ現象，例えば点電荷が放出する電場などを計算するときには最適な座標系とはいえない．その場合は，むしろ，後述する球座標 (r, θ, ϕ) を採用するほうがよかろう．この章ではそのように実践的な観点から曲線座標とその間の座標変換について説明する．

8.1 曲 線 座 標

3 次元デカルト座標系 $x_i = (x, y, z)$ に対して，新たに 3 変数 $u_\alpha = (u_1, u_2, u_3)$ を導入して，もともとの座標が新しい変数で

$$(x, y, z) = (x(u_1, u_2, u_3), y(u_1, u_2, u_3), z(u_1, u_2, u_3)) \tag{8.1}$$

のように表せたとしよう．ここでは，二つの座標系を区別するために $i = 1, 2, 3$ とギリシア文字 $\alpha = 1, 2, 3$ のラベルを用いる．この対応

$$x_i = (x, y, z) \leftrightarrow u_\alpha = (u_1, u_2, u_3) \tag{8.2}$$

が 1 対 1 であれば，逆に

$$(u_1, u_2, u_3) = (u_1(x, y, z), u_2(x, y, z), u_3(x, y, z)) \tag{8.3}$$

のように x, y, z を使って解ける．このとき，座標系 u_α はよい座標系である．

次に，新しい座標系で微分演算を定義することを考える．多変数関数の微分における連鎖律 (chain rule) により x_i 微分は u_α 微分と

$$\frac{\partial f}{\partial x_i} = \sum_{\alpha=1}^{3} \frac{\partial u_\alpha}{\partial x_i} \frac{\partial f}{\partial u_\alpha}, \quad \frac{\partial f}{\partial u_\alpha} = \sum_{i=1}^{3} \frac{\partial x_i}{\partial u_\alpha} \frac{\partial f}{\partial x_i} \tag{8.4}$$

によって結びつけられている．この連鎖律で登場する係数をまとめて微分の変換行列

$$\Lambda = \begin{pmatrix} \dfrac{\partial x}{\partial u_1} & \dfrac{\partial x}{\partial u_2} & \dfrac{\partial x}{\partial u_3} \\ \dfrac{\partial y}{\partial u_1} & \dfrac{\partial y}{\partial u_2} & \dfrac{\partial y}{\partial u_3} \\ \dfrac{\partial z}{\partial u_1} & \dfrac{\partial z}{\partial u_2} & \dfrac{\partial z}{\partial u_3} \end{pmatrix} \tag{8.5}$$

および，

$$\tilde{\Lambda} = \begin{pmatrix} \dfrac{\partial u_1}{\partial x} & \dfrac{\partial u_1}{\partial y} & \dfrac{\partial u_1}{\partial z} \\ \dfrac{\partial u_2}{\partial x} & \dfrac{\partial u_2}{\partial y} & \dfrac{\partial u_2}{\partial z} \\ \dfrac{\partial u_3}{\partial x} & \dfrac{\partial u_3}{\partial y} & \dfrac{\partial u_3}{\partial z} \end{pmatrix} \tag{8.6}$$

と定義すると便利である．ここで登場する二つの変換行列は互いに逆行列の関係になっている．すなわち，

$$\Lambda\tilde{\Lambda} = 1 \tag{8.7}$$

が成り立つ (右辺の 1 は単位行列を表す)．新しい座標系 u_α で微分が定義されるためには変換行列とその逆行列が正しく定義される必要がある．例えば，極座標や円柱座標においては $r = 0$ では微分が定義できず，特別な考察が必要になってくることを注意する．

基本的には連鎖律を使えば，座標変換に伴う微分演算の書き換えの計算を行うことができる．しかし，次に見る直交曲線座標系では，単位接線ベクトルと線素という概念を用いることで微分演算の表式をより深く理解することができる．

8.2　直交曲線座標

$x_i = (x, y, z)$ 座標系では各点の座標は $\boldsymbol{r} = \sum_{i=1}^{3} x_i \boldsymbol{e}_i = x\boldsymbol{e}_x + y\boldsymbol{e}_y + z\boldsymbol{e}_z$ のように基底ベクトル $\boldsymbol{e}_x = (1, 0, 0)$, $\boldsymbol{e}_y = (0, 1, 0)$, $\boldsymbol{e}_z = (0, 0, 1)$ を用いて表すことができた．さらに，これらのベクトル $\boldsymbol{e}_i$ は “i 方向” という向きを指定している．このように “i 方向” を指定するベクトルを接線ベクトルとよぶが，$x_i = (x, y, z)$ 座標系では接線ベクトルの組 $\{\boldsymbol{e}_i\}$ はそれぞれ長さが 1 であり，互いに直交している．このような条件を満たす座標系を直交曲線座標系とよぶ．一般の座標系 $u_\alpha = (u_1, u_2, u_3)$ でも空間の “α 方向” の接線ベクトルを考えることが可能で，具体的には

$$\frac{\partial \boldsymbol{r}}{\partial u_\alpha} = \sum_{i=1}^{3} \frac{\partial x_i}{\partial u_\alpha} \boldsymbol{e}_i, \qquad (\alpha = 1, 2, 3) \tag{8.8}$$

で与えられる．特に接線ベクトル $\partial \boldsymbol{r}/\partial u_\alpha$ が互いに直交するような座標系 $u_\alpha = (u_1, u_2, u_3)$ を直交 (曲線) 座標系とよぶ．接線ベクトルの大きさは

$$h_\alpha = \sqrt{\left(\frac{\partial x}{\partial u_\alpha}\right)^2 + \left(\frac{\partial y}{\partial u_\alpha}\right)^2 + \left(\frac{\partial z}{\partial u_\alpha}\right)^2} \tag{8.9}$$

で与えられる．接線ベクトルを規格化することにより単位接線ベクトル

$$\boldsymbol{f}_\alpha = \frac{1}{h_\alpha} \frac{\partial \boldsymbol{r}}{\partial u_\alpha} \tag{8.10}$$

を得る．もともとの座標系の単位接線ベクトル $\boldsymbol{e}_i$ と比べ，新しい座標系の単位接線ベクトル $\boldsymbol{f}_\alpha$ は空間の各点 $\boldsymbol{r}$ で向きが異なっており，両者は回転行列

$$\boldsymbol{f}_\alpha = \sum_{i=1}^{3} O_{\alpha i} \boldsymbol{e}_i \tag{8.11}$$

によって関係付けられる．その要素は

$$O_{\alpha i} = \frac{1}{h_\alpha} \frac{\partial x_i}{\partial u_\alpha} \tag{8.12}$$

で与えられることが式 (8.8) より見てとれるだろう．また，行列として直交関係

$$O^\top O = O O^\top = 1 \tag{8.13}$$

が成り立ち，転置行列 $(O^\top)$ が O の逆行列となることもわかる．

さらに，ベクトル場 $\boldsymbol{A}$ は

$$\boldsymbol{A} = \sum_i A_i \boldsymbol{e}_i = \sum_\alpha A_\alpha \boldsymbol{f}_\alpha \tag{8.14}$$

のように，どちらの座標系の単位接線ベクトルを基底として表示してもよいのだが，それらの成分表示は

$$A_i = \sum_{\alpha=1}^{3} A_\alpha O_{\alpha i} \tag{8.15}$$

あるいは

$$A_\alpha = \sum_{i=1}^{3} A_i O_{i\alpha} \tag{8.16}$$

によって関係付けられている．

なお，式 (8.9) で定義された h_α は α 方向の線素とよばれる量であり，$u_\alpha = (u_1, u_2, u_3)$ 座標系を用いて積分を定義するときに必要なものである．つまり，線積分，面積分，体積積分などは

$$\int_C \boldsymbol{A} \cdot d\boldsymbol{r} = \sum_\alpha \int_C A_\alpha h_\alpha du_\alpha \tag{8.17}$$

$$\int_S \boldsymbol{A} dS = \sum_\alpha \int_S \boldsymbol{A}_\alpha dS_\alpha \tag{8.18}$$

$$dS_1 = h_2 h_3 du_2 du_3,\ dS_2 = h_3 h_1 du_3 du_1,\ dS_3 = h_1 h_2 du_1 du_2 \tag{8.19}$$

$$\int_V f dv = \int_V f h_1 h_2 h_3 du_1 du_2 du_3 \tag{8.20}$$

のように線素に加え，面積要素 dS_α や体積要素 dv を用いて表すことができる．

8.3　一般座標系での微分演算子

ここでは，一般座標系 $u_\alpha = (u_1, u_2, u_3)$ における微分演算子 ∇f, $\nabla \cdot \boldsymbol{A}$, $\nabla \times \boldsymbol{A}$, Δf の表式を導出する．導出は式 (8.4) の多変数微分の連鎖律を用いて行われるが，その表式は Gauss の定理や Stokes の定理を使っても直観的に導出できる．これは，微分演算がこれらの積分定理により微分を伴わない積分表式に関係付けられるからであり，その際，重要な役割を果たすのが線素 h_α である．

8.3.1　勾配 (gradient)

まず，x_i 座標系における勾配の表式

$$\nabla f = \sum_{i=1}^{3} \frac{\partial f}{\partial x_i} \boldsymbol{e}_i \tag{8.21}$$

からスタートする．式 (8.11) と連鎖律を用いると

$$\begin{aligned}\nabla f &= \sum_{i=1}^{3} \frac{\partial f}{\partial x_i} \sum_{\alpha=1}^{3} O_{i\alpha} \boldsymbol{f}_\alpha \\ &= \sum_{i,\alpha=1}^{3} \frac{\partial f}{\partial x_i} \frac{\partial x_i}{\partial u_\alpha} \frac{1}{h_\alpha} \boldsymbol{f}_\alpha\end{aligned}$$

となり，最終的な表式

$$\nabla f = \sum_{\alpha} \frac{1}{h_\alpha} \frac{\partial f}{\partial u_\alpha} \boldsymbol{f}_\alpha \tag{8.22}$$

を得る．見ると x_i 座標系と比べて $1/h_\alpha$ という因子が付け加わっている．この因子を理解するために式 (8.17) を使って u_α から u'_α まで走る経路 C に沿って線積分を実行してみる．

$$\int_C \nabla f \cdot d\boldsymbol{r} = \sum_{\alpha} \int_{u_\alpha}^{u'_\alpha} \frac{\partial f}{\partial u_\alpha} du_\alpha = f(u'_\alpha) - f(u_\alpha) \tag{8.23}$$

となり，Newton-Leibniz の公式の拡張である定理 6.1 が成立することがわかる．線積分の表式自体は x_i 座標系でも u_α 座標系でも同じ形をとることに注意されたい．これは，これは 6 章で言及したように積分定理が座標によらない形で定式化されていることの一つの反映である．

8.3.2　発散 (divergence)

一般座標における発散は次のように与えられる：

$$\nabla \cdot \boldsymbol{A} = \frac{1}{h_1 h_2 h_3} \left[\frac{\partial}{\partial u_1}(A_1 h_2 h_3) + \frac{\partial}{\partial u_2}(h_1 A_2 h_3) + \frac{\partial}{\partial u_3}(h_1 h_2 A_3) \right] \tag{8.24}$$

(証明)　この表式を示すためには準備が必要である．まず，式 (8.22) において $f = u_\alpha$ を代入すると

$$\boldsymbol{f}_\alpha = h_\alpha \nabla u_\alpha \tag{8.25}$$

が示せる．さらに $\boldsymbol{f}_i$ が互いに直交する単位ベクトルであることより

$$\boldsymbol{f}_1 = \boldsymbol{f}_2 \times \boldsymbol{f}_3 \tag{8.26}$$

が成り立つ．これらを使うと，関係式

$$\begin{aligned}
\nabla \cdot (A_1 \boldsymbol{f}_1) &= \nabla \cdot (A_1 h_2 h_3 \nabla u_2 \times \nabla u_3) \\
&= \nabla (A_1 h_2 h_3) \cdot (\nabla u_2 \times \nabla u_3) + A_1 h_2 h_3 \nabla \cdot (\nabla u_2 \times \nabla u_3) \\
&= \nabla (A_1 h_2 h_3) \cdot \frac{\boldsymbol{f}_1}{h_2 h_3}
\end{aligned}$$

$$= \frac{1}{h_1 h_2 h_3} \frac{\partial}{\partial u_1}(A_1 h_2 h_3)$$

が示せる．2 行目の第 2 項は $\nabla\cdot(\nabla u_2 \times \nabla u_3) = (\nabla\times\nabla u_2)\cdot\nabla u_3 - (\nabla\times\nabla u_3)\cdot\nabla u_2$ という変形を行い，括弧の中が消えることにより，消滅する．さらに，最後の等式では式 (8.22) を用いている．この関係式は証明したい式 (8.24) の第 1 項を与えており，ほかの 2 項も同様に証明することができる．■

さて，式 (8.24) の発散の表式は x_i 座標系での表示の式 (4.5) と比べ，線素 h_α が入っており複雑に見える．分母の $h_1h_2h_3$ や u_1 微分の後ろの h_2h_3 などの因子は何であろうか？　ここではこれらの因子が現れる必然性を積分定理との関連で説明する．式 (8.18) や (8.20) で触れたとおり，これらの因子は体積積分や表面積分を行うときの積分因子 dv，dS_i に現れる．Gauss の定理を 6.3 節で証明したのであるが，図 8.1 のような微小な領域で体積積分の表式 (8.20) を用いてベクトル場の発散を積分してみる．すると

$$\begin{aligned}
\int_V \nabla\cdot\boldsymbol{A}dv &= \int_V \frac{1}{h_1h_2h_3}\left[\frac{\partial}{\partial u_1}(A_1h_2h_3) + \frac{\partial}{\partial u_2}(h_1A_2h_3) + \frac{\partial}{\partial u_3}(h_1h_2A_3)\right]dv \\
&= \int_{S_1} A_1h_2h_3du_2du_3 + \int_{S_2} A_2h_1h_3du_1du_3 + \int_{S_3} A_3h_1h_2du_1du_2 \\
&= \int_{S_1} A_1dS_1 + \int_{S_2} A_2dS_2 + \int_{S_3} A_3dS_3 \\
&= \int_S \boldsymbol{A}\cdot d\boldsymbol{S}
\end{aligned}$$

のように領域の表面からの流れ出るベクトル場の流れの表式を得る．ここで，二つ目の等号では，例えば第 1 項では u_1 積分を実行し，S_1 で指定される表面上の

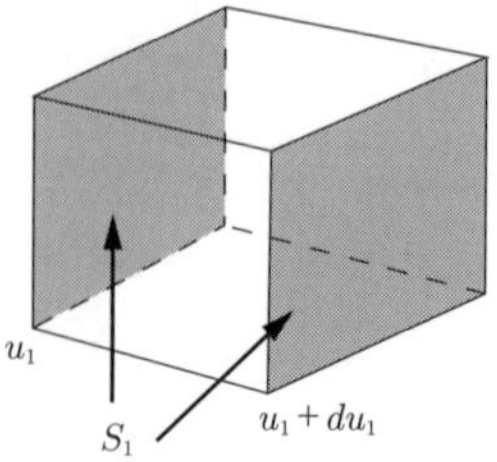

図 8.1　体積積分における微小領域．ここで，S_1 は灰色で表された二つの定 u_1 面を表し，向きは領域から外向きを正として定義する

表面積分 (8.20) に書き換えられている．Gauss の定理は座標系によらない関係式であり，当然直交曲線座標系でも成立するが，その際，積分と適合するために積分因子が発散の表式の中に現れるわけである．

8.3.3 ラプラシアン (Laplacian)

関数 f に対するラプラシアンの作用は勾配と発散の合成として $\Delta f = \nabla \cdot (\nabla f)$ によって定義される．これまでに導出した勾配と発散の表式を組み合わせることでラプラシアンが

$$\Delta f = \frac{1}{h_1 h_2 h_3}\left[\frac{\partial}{\partial u_1}\left(\frac{h_2 h_3}{h_1}\frac{\partial f}{\partial u_1}\right) + \frac{\partial}{\partial u_2}\left(\frac{h_3 h_1}{h_2}\frac{\partial f}{\partial u_2}\right) + \frac{\partial}{\partial u_3}\left(\frac{h_1 h_2}{h_3}\frac{\partial f}{\partial u_3}\right)\right] \tag{8.27}$$

のように与えられることがわかる．

8.3.4 回 転 (rotation)

一般座標における回転は次のように与えられる：

$$\begin{aligned}\nabla \times \boldsymbol{A} = \frac{\boldsymbol{f}_1}{h_2 h_3}\left[\frac{\partial}{\partial u_2}(h_3 A_3) - \frac{\partial}{\partial u_2}(h_2 A_2)\right] + \\ \frac{\boldsymbol{f}_2}{h_3 h_1}\left[\frac{\partial}{\partial u_3}(h_1 A_1) - \frac{\partial}{\partial u_1}(h_3 A_3)\right] + \frac{\boldsymbol{f}_3}{h_1 h_2}\left[\frac{\partial}{\partial u_1}(h_2 A_2) - \frac{\partial}{\partial u_2}(h_1 A_1)\right]\end{aligned} \tag{8.28}$$

(証明) 発散のときと同様に，一つの項を考える．

$$\begin{aligned}\nabla \times (A_1 \boldsymbol{f}_1) &= \nabla \times (A_1 h_1 \nabla u_1) \\ &= \nabla \times (A_1 h_1) \times \nabla u_1 + A_1 h_1 \nabla \times (\nabla u_1) \\ &= \nabla (A_1 h_1) \times \frac{1}{h_1}\boldsymbol{f}_1 \\ &= \sum_{\alpha=1}^{3}\left(\frac{1}{h_\alpha}\frac{\partial}{\partial u_\alpha}(A_1 h_1)\boldsymbol{f}_\alpha\right) \times \frac{1}{h_1}\boldsymbol{f}_1 \\ &= \frac{\boldsymbol{f}_2}{h_3 h_1}\frac{\partial}{\partial u_3}(A_1 h_1) - \frac{\boldsymbol{f}_3}{h_1 h_2}\frac{\partial}{\partial u_2}(A_1 h_1)\end{aligned}$$

ほかの二項も同様に示すことができる． ■

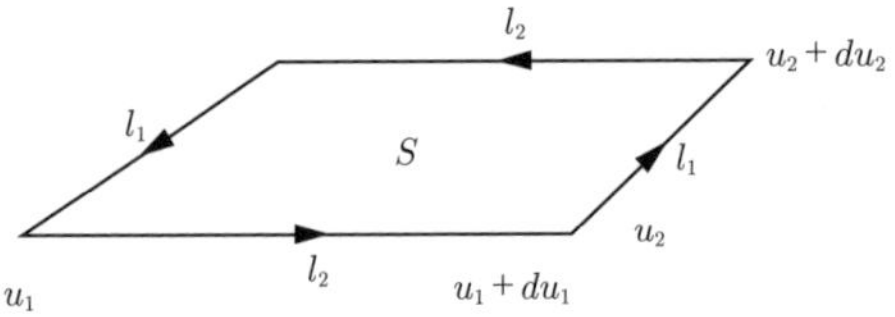

図 8.2 面積積分に使う微小表面 S．ここでは u_3 定数面を考える．l_1 と l_2 は S の境界のうち u_1，および u_2 が一定の切片

発散が Gauss の定理と関係していたのと同様に，回転の表式は Stokes の定理と関係している．つまり，分母の因子は表面積分 dS_i，そして，u_i 微分の後の因子は線積分 dl_i と関係している．図 8.2 のような微小な表面 S でベクトル場の回転を表面積分することを考える．すると，

$$\begin{aligned}\int_S \nabla \times \boldsymbol{A} d\boldsymbol{S} &= \int_S \frac{1}{h_1 h_2}\left[\frac{\partial}{\partial u_1}(h_2 A_2) - \frac{\partial}{\partial u_2}(h_1 A_1)\right] h_1 h_2 du_1 du_2 \\ &= \int_{l_1} A_2 h_2 du_2 - \int_{l_2} A_1 h_1 du_1 \\ &= \int_{\partial S} \boldsymbol{A} \cdot d\boldsymbol{l}\end{aligned}$$

のように表面積分が正しく境界の線積分になることがわかる．

8.4 さまざまな直交曲線座標系

この節ではいくつかの代表的な直交曲線座標系について紹介する．

8.4.1 円柱座標(r, θ, z)

円柱座標 (図 8.3)

$$(x, y, z) = (r\cos\varphi, r\sin\varphi, z) \tag{8.29}$$

$r \geq 0,\ 0 \leq \varphi < 2\pi$ では $z = 0$ 面内での単位接線ベクトルは図 8.3 の $\boldsymbol{f}_r$，$\boldsymbol{f}_\varphi$ のようになる．このとき，線素は

$$h_r = 1, \quad h_\varphi = r,\ h_z = 1 \tag{8.30}$$

である．したがって，微分演算子については

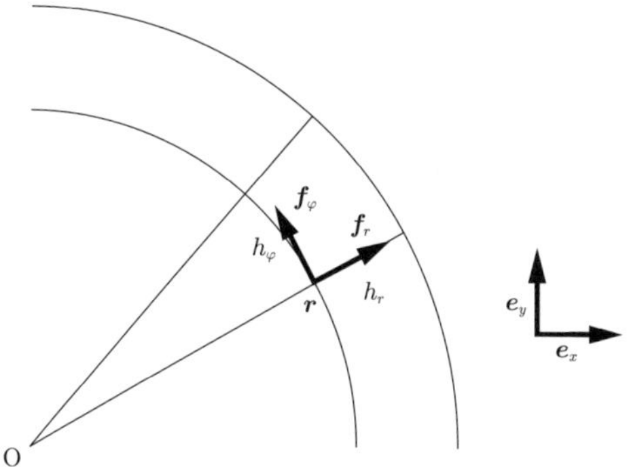

図 8.3 円柱座標 (r, φ, z) の場合の単位法線ベクトル $\boldsymbol{f}_r$, $\boldsymbol{f}_\varphi$ および線素 h_r, h_φ

$$\nabla f = \hat{\boldsymbol{r}}\frac{\partial f}{\partial r} + \hat{\varphi}\frac{1}{r}\frac{\partial f}{\partial \varphi} + \hat{\boldsymbol{z}}\frac{\partial f}{\partial z}$$
$$\nabla \cdot \boldsymbol{A} = \frac{1}{r}\frac{\partial}{\partial r}(rA_r) + \frac{1}{r}\frac{A_\varphi}{\partial \varphi} + \frac{\partial A_z}{\partial z}$$
$$\Delta f = \frac{1}{r}\frac{\partial}{\partial r}\left(r\frac{\partial f}{\partial r}\right) + \frac{1}{r^2}\frac{\partial^2 f}{\partial \varphi^2} + \frac{\partial^2 f}{\partial z^2}$$

という表現が得られる.

8.4.2 極座標 (r, θ, φ)

極座標 (図 8.4)

$$(x, y, z) = (r\sin\theta\cos\varphi, r\sin\theta\sin\varphi, r\cos\theta) \tag{8.31}$$

$r \geq 0,\ 0 \leq \varphi < 2\pi, 0 \leq \theta \leq \pi$ においては線素は

$$h_r = 1,\ h_\theta = r,\ h_\varphi = r\sin\theta \tag{8.32}$$

で与えられる. したがって, 微分演算子については

$$\nabla f = \hat{\boldsymbol{r}}\frac{\partial f}{\partial r} + \hat{\theta}\frac{1}{r}\frac{\partial f}{\partial \theta} + \hat{\varphi}\frac{1}{r\sin\theta}\frac{\partial f}{\partial \varphi}$$
$$\nabla \cdot \boldsymbol{A} = \frac{1}{r^2\sin\theta}\left(\sin\theta\frac{\partial}{\partial r}(r^2A_r) + r\frac{\partial}{\partial \theta}(\sin\theta A_\theta) + r\frac{\partial A_\varphi}{\partial \varphi}\right)$$

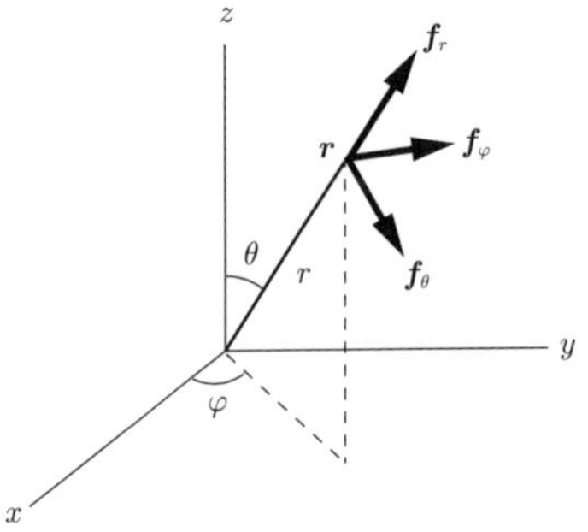

図 **8.4**　極座標 (r,θ,φ) の単位法線ベクトル $\boldsymbol{f}_r$, $\boldsymbol{f}_\theta$, $\boldsymbol{f}_\varphi$

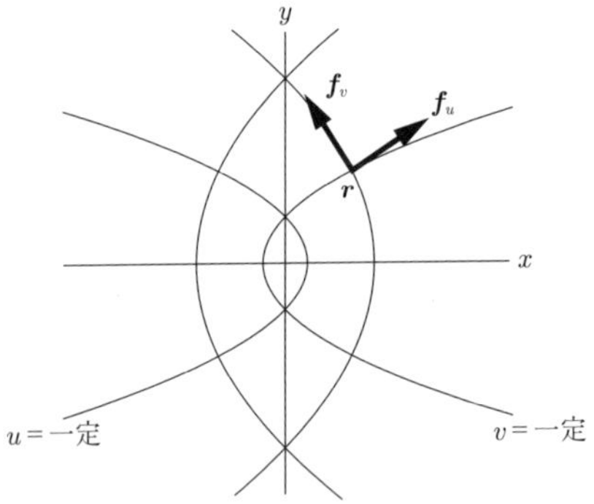

図 **8.5**　双曲座標 (u,v,z) の単位法線ベクトル $\boldsymbol{f}_u$, $\boldsymbol{f}_v$

$$\Delta f = \frac{1}{r^2 \sin\theta}\left(\sin\theta\frac{\partial}{\partial r}\left(r^2\frac{\partial f}{\partial r}\right) + \frac{\partial}{\partial\theta}\left(\sin\theta\frac{\partial f}{\partial\theta}\right) + \frac{1}{\sin\theta}\frac{\partial^2 f}{\partial^2\varphi}\right)$$

という表現が得られる．

8.4.3　双曲座標 (u,v,z)

双曲座標 (図 8.5)

$$(x,y,z) = \left(\frac{1}{2}(u^2 - v^2), uv, z\right) \tag{8.33}$$

$-\infty < u < \infty$, $v \geq 0$, $-\infty < z < \infty$ では線素は

$$h_u = h_v = \sqrt{u^2 + v^2}, h_z = 1 \tag{8.34}$$

で与えられる．したがって，微分演算子については

$$\nabla f = \frac{\hat{\boldsymbol{u}}}{\sqrt{u^2+v^2}}\frac{\partial f}{\partial u} + \frac{\hat{\boldsymbol{v}}}{\sqrt{u^2+v^2}}\frac{\partial f}{\partial v} + \hat{\boldsymbol{z}}\frac{\partial f}{\partial z}$$

$$\nabla \cdot \boldsymbol{A} = \frac{1}{u^2+v^2}\left(\frac{\partial}{\partial u}(\sqrt{u^2+v^2}A_u) + \frac{\partial}{\partial v}(\sqrt{u^2+v^2}A_v) + \frac{\partial}{\partial z}(u^2+v^2)A_z\right)$$

$$\Delta f = \frac{1}{u^2+v^2}\left(\frac{\partial}{\partial u}\left(\frac{\partial f}{\partial u}\right) + \frac{\partial}{\partial v}\left(\frac{\partial f}{\partial v}\right) + (u^2+v^2)\frac{\partial^2 f}{\partial^2 z}\right)$$

という表現が得られる．

9 ベクトル方程式の例

本章ではベクトル解析の諸公式が物理学に対してどのように適用されるか，典型的な例について見ていくことにする．まず初めに，質点の運動におけるベクトル算法の簡単な応用を述べる．ここでは，ベクトルの外積，ベクトル三重積の応用として角運動量保存則の証明と Kepler (ケプラー) 問題の解法を紹介する．その後，真の意味でのベクトル解析，すなわちベクトル場，スカラー場の数学の物理への応用を述べる．まず連続の方程式と勾配概念の応用として拡散方程式に触れる．次にベクトル解析の揺籃の地である流体力学と電磁気学において，7 章で与えられたさまざまな公式がどのように物理と関わっているのか簡単に紹介することにする．

9.1 古典力学から

本節では質点の力学に対するベクトル算法の応用を述べる．

9.1.1 角運動量保存則

中心力場，つまりポテンシャル U が原点からの距離 $r = \|\boldsymbol{x}\|$ だけの関数になっている場合の質点運動に対しては，角運動量 $\boldsymbol{L} = \boldsymbol{x} \times m\boldsymbol{v}$ が一定に保たれる (万有引力の下での惑星運動に関する Kepler の第一法則は $\boldsymbol{L}/m =$ 一定，と表現できる)．これは力学的エネルギー同様，運動の積分とよばれるものの一種であり，それは質点の運動方程式が $m\boldsymbol{a} = -\nabla U = -(dU/dr)(\boldsymbol{x}/r)$ となることを用いて以下のように導出される：

$$\frac{d\boldsymbol{L}}{dt} = \frac{d}{dt}(\boldsymbol{x} \times m\boldsymbol{v}) = m\frac{d\boldsymbol{x}}{dt} \times \boldsymbol{v} + \boldsymbol{x} \times (m\boldsymbol{a}) = m\boldsymbol{v} \times \boldsymbol{v} + \frac{1}{r}\frac{dU}{dr}\boldsymbol{x} \times \boldsymbol{x} = \boldsymbol{0}$$

これより運動において常に $\boldsymbol{x}, \boldsymbol{v}$ は角運動量 $\boldsymbol{L}$ に垂直になり，したがって質点軌道は $\boldsymbol{L}$ に垂直な平面上に束縛されることになる．

9.1.2　Kepler 問題の解法

万有引力によって恒星を周回する惑星の運動方程式

$$m\boldsymbol{a} = -\frac{GMm}{r^3}\boldsymbol{x}, \quad (r = \|\boldsymbol{x}\|, G \text{ は万有引力定数}, M \text{ は太陽質量}, m \text{ は惑星質量})$$

に対してその軌道の形を決定しよう．なお，太陽質量は巨大なので太陽は原点に留まって動かず，惑星だけが原点のまわりを運動するとし，また太陽と考えている惑星だけを考え (2 体問題)，ほかの惑星の存在は無視しよう (2 体問題において重心座標と相対座標の分離を行えば，太陽が静止しているという近似のほうははずすことができる)．

まずエネルギー保存則より

$$\frac{mv^2}{2} - \frac{GMm}{r} = -E = \text{一定}$$

となる．ここで周回軌道を描く場合には，全力学的エネルギーが負になることを見越した表記法を用いた．次に前項からの帰結として角運動量 $\boldsymbol{L}$ が z 軸方向を向くように座標系を設定すれば，$\boldsymbol{x}$，$\boldsymbol{v}$ ともに xy 平面内にあることになる (図 9.1 参照)．ここで天下り的に $\boldsymbol{b} = \boldsymbol{v} \times \boldsymbol{L} - (GMm/r)\boldsymbol{x}$ という量を導入し，その時間変化を計算しよう：

$$\begin{aligned}\frac{d\boldsymbol{b}}{dt} &= \frac{d}{dt}(\boldsymbol{v} \times \boldsymbol{L}) - \frac{d}{dt}\left(\frac{GMm}{r}\boldsymbol{x}\right) \\ &= \boldsymbol{a} \times \boldsymbol{L} - \frac{d}{dt}\left(\frac{GMm}{r}\right)\boldsymbol{x} - \frac{GMm}{r}\boldsymbol{v} \\ &= \boldsymbol{a} \times \boldsymbol{L} + \frac{GMm}{r^3}(\boldsymbol{x} \cdot \boldsymbol{v})\boldsymbol{x} - \frac{GMm}{r}\boldsymbol{v}\end{aligned}$$

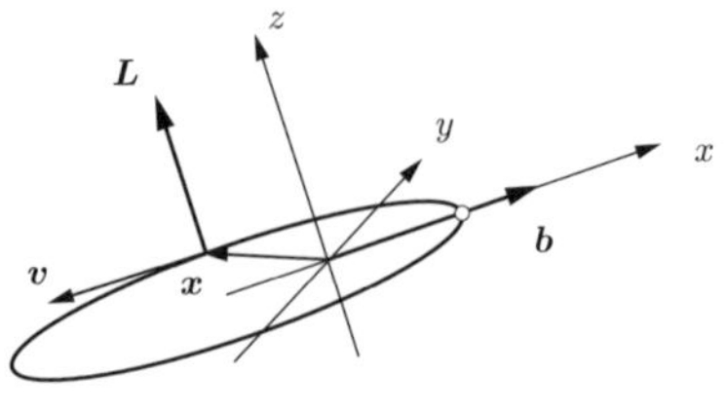

図 9.1　Kepler 運動において近日点は時間変化せず，運動の積分になる (白抜きの点が近日点であり，$\boldsymbol{b}$ に適当な量を掛ければ近日点を表す位置ベクトルとなる)

ここで角運動量保存則 $d\boldsymbol{L}/dt=\boldsymbol{0}$ と $dr/dt=\boldsymbol{v}\cdot\nabla r=(\boldsymbol{x}\cdot\boldsymbol{v})/r$ を用いた．次にベクトル三重積の式 (1.52) と運動方程式により

$$\boldsymbol{a}\times\boldsymbol{L}=m\boldsymbol{a}\times(\boldsymbol{x}\times\boldsymbol{v})=-\frac{GMm}{r^3}\boldsymbol{x}\times(\boldsymbol{x}\times\boldsymbol{v})=-\frac{GMm}{r^3}(\boldsymbol{x}\cdot\boldsymbol{v})\boldsymbol{x}+\frac{GMm}{r}\boldsymbol{v}$$

となるから結局 $\boldsymbol{b}$ も運動の積分になることがわかる．そこで $\boldsymbol{b}$ と動径 $\boldsymbol{x}$ の内積をとると，それらの間の角を θ とし，また $b=\|\boldsymbol{b}\|$ として

$$\boldsymbol{b}\cdot\boldsymbol{x}=br\cos\theta=\left((\boldsymbol{v}\times\boldsymbol{L})-\frac{GMm}{r}\boldsymbol{x}\right)\cdot\boldsymbol{x}=(\boldsymbol{v}\times\boldsymbol{L})\cdot\boldsymbol{x}-GMmr$$

となりここでスカラー三重積の性質から $(\boldsymbol{v}\times\boldsymbol{L})\cdot\boldsymbol{x}=(\boldsymbol{x}\times\boldsymbol{v})\cdot\boldsymbol{L}=L^2/m\ (L=\|\boldsymbol{L}\|)$ となり，したがって $br\cos\theta=(L^2/m)-GMmr$，すなわち

$$r=\frac{L^2}{m(GMm+b\cos\theta)}=\frac{L^2}{GMm^2(1+e\cos\theta)},\quad e=\frac{b}{GMm} \tag{9.1}$$

となる．ここに登場した非負の量 e が 1 未満のときに**楕円軌道**となることは $r=\sqrt{x^2+y^2}$，$\cos\theta=x/r$ を代入して式変形すればすぐにわかる．この e は**離心率**とよばれ，軌道の扁平度を表す量であって $e=0$ のとき円軌道となる．また $\theta=0$，つまり惑星が $\boldsymbol{b}$ と同方向にあるとき太陽–惑星距離が最短になるのは式 (9.1) から明らかであり，よって $\boldsymbol{x}_0=\bigl(L^2/GMm^2(1+e)\bigr)(\boldsymbol{b}/b)$ は**近日点ベクトル**にほかならない．また直後に見るように，全エネルギー $-E$ が負のときには $e<1$ であって $e\to 1$ に従って扁平度が増していく．そして全力学的エネルギーが 0 のときには $e=1$ となり，これは**放物線軌道**を表し，全エネルギーが正のときには $e>1$ であって，これは**双曲線軌道**を表すことになる．

そこで最後に b の大きさを求めて終わりにしよう．$\boldsymbol{b}^2$ をベクトル三重積とスカラー三重積公式，そして $\boldsymbol{v}$ と $\boldsymbol{L}$ が直交することを用いて変形していくと

$$\begin{aligned}b^2&=\left((\boldsymbol{v}\times\boldsymbol{L})-\frac{GMm}{r}\boldsymbol{x}\right)^2=(\boldsymbol{v}\times\boldsymbol{L})\cdot(\boldsymbol{v}\times\boldsymbol{L})-\frac{2GMm}{r}(\boldsymbol{v}\times\boldsymbol{L})\cdot\boldsymbol{x}+G^2M^2m^2\\&=\boldsymbol{v}\cdot(\boldsymbol{L}\times(\boldsymbol{v}\times\boldsymbol{L}))-\frac{2GMm}{r}(\boldsymbol{x}\times\boldsymbol{v})\cdot\boldsymbol{L}+G^2M^2m^2\\&=\boldsymbol{v}\cdot(L^2\boldsymbol{v}-(\boldsymbol{v}\cdot\boldsymbol{L})\boldsymbol{L})-\frac{2GMmL^2}{mr}+G^2M^2m^2\\&=\frac{2L^2}{m}\left(\frac{mv^2}{2}-\frac{GMm}{r}\right)+G^2M^2m^2=-\frac{2EL^2}{m}+G^2M^2m^2\end{aligned}$$

となって，上に述べた e の値と全エネルギー E の関係もわかった．

9.2　拡 散 方 程 式

静止している流体中を漂うコロイド粒子，あるいは流体を構成する溶媒分子とは別種類の溶質分子が拡散していく様子を記述する方程式について考えよう．いま考えている流体は静止していると考え，その中に存在する異種粒子の位置 $\boldsymbol{x}$，時刻 t における数密度を $N(\boldsymbol{x},t)$ とおくことにする．またこの異種粒子の位置 $\boldsymbol{x}$，時刻 t における粒子の流れ密度を $\boldsymbol{J}(\boldsymbol{x},t)$ としよう．このとき全異種粒子数が (化学反応などが起きず) 不変に保たれるなら N と $\boldsymbol{J}$ は連続の方程式 (6.10)

$$\frac{\partial N}{\partial t} + \nabla \cdot \boldsymbol{J} = 0$$

を満たすことになる．

さて，異種粒子の動きが溶媒分子とのまったくランダムな衝突によって起こされるものとするなら，その流れ $\boldsymbol{J}$ は密度 N の大きいところから小さいところへ向かうだろう．各粒子がどこへ向かうかはまったくランダムなので，結果として密度のより濃いところからその周囲の方向に異種粒子が流れていくことになるからである．よって一番素直に考えて

$$\boldsymbol{J} = -D\nabla N$$

という比例関係が成り立つとしていいだろう．スカラー関数 f の勾配ベクトル ∇f は f がより大きな値をとる点に向かって伸びているからである．これは実際多くの場合に成り立ち，**Fick** (フィック) **の法則**とよばれている．これと連続の方程式を組み合わせれば N だけの方程式

$$\frac{\partial N}{\partial t} = D\Delta N \tag{9.2}$$

が成り立つこととなる．この，時間微分に関して 1 階，空間微分に関して 2 階の方程式を**拡散方程式**とよぶ．そして上式に現れる係数 D を**拡散係数**とよぶ．ここでは一様媒質中の拡散を考えているが，もし溶媒が空間的に変動するなら拡散係数 D が空間依存性をもつこととなり，したがって方程式は $(\partial N/\partial t) = \nabla \cdot (D\nabla N)$ という形になる．

物質中の熱伝導を表す**熱伝導方程式**も拡散方程式と同じ形をしている．いま位置 $\boldsymbol{x}$，時刻 t における物体温度を $T(\boldsymbol{x},t)$，同じ位置，時刻での熱流密度を $\boldsymbol{J}(\boldsymbol{x},t)$ としよう．またその位置での体積あたりの比熱を C とおこう (簡単のため一様物質を考え C は一定とする)．するとこの物体の位置 $\boldsymbol{x}$，時刻 t における内部エネル

ギーの体積密度は，平衡温度 T_0 からの温度のずれ $\delta T = T - T_0$ と，平衡温度における内部エネルギー密度 E_0 を用いて

$$E(\boldsymbol{x}, t) = C\delta T + E_0 = C(T - T_0) + E_0$$

と表されることになる．したがってこの物質の体積変化などがなく，外部と仕事のやりとりをしない場合のエネルギー保存則 (熱力学第一法則) は

$$\frac{\partial E}{\partial t} + \nabla \cdot \boldsymbol{J} = C\frac{\partial T}{\partial t} + \nabla \cdot \boldsymbol{J} = 0$$

で表される．また熱流 $\boldsymbol{J}$ は明らかに温度の高いところから低いところに向かうので，これまた Fick の法則同様

$$\boldsymbol{J} = -K\nabla T$$

という形の法則が成り立つと考えられる (これも多くの場合に成立し，Newton の法則とよばれている)．これを組み合わせると

$$\frac{\partial T}{\partial t} = \kappa \Delta T, \quad \kappa = \frac{K}{C} \tag{9.3}$$

がわかる．これを熱伝導方程式とよび，κ を**熱伝導係数**とよぶ．

9.3 流体力学への応用

本節では粘性，すなわち内部摩擦のある流体の基礎方程式を述べる．その際に現れる諸物理量および概念に対してベクトル解析などがどのように応用されるかを見ていくことにする．なおここでは Newton 流体とよばれる，粘性力が速度の空間変化 (速度勾配) を表す $(\partial v_i/\partial x_j)$ に線形に依存する場合だけに，そしてまた化学反応なども起きず，流体の組成が一定に保たれる場合だけに話を限ることにする．以下ではまず流体の微小部分の加速度がどう書かれるかに注目して流体の運動方程式を与える．その際に登場する，いわゆる慣性項について，その書き換えによって得られる項の物理的，数学的意義を述べる．ついで連続体の力学で特徴的な隣接し合う部分どうしにはたらく力，すなわち応力の概念を導入し，応力に関する基本的な性質を紹介する．そして Newton 流体の場合に応力が速度勾配の線形関数となることから，その運動方程式 (Navier-Stokes 方程式) がどのような形に書かれるかを紹介し，最後に流体における運動量保存について簡単に触れてこの節を終える．

9.3.1　流体の運動方程式—Euler 方程式—

まずは流体の運動方程式を求めよう．ここでは与えられた位置 $\boldsymbol{x}$，時刻 t における流体の速度 $\boldsymbol{v}(\boldsymbol{x},t)$，すなわち流体速度場に対する方程式を立てることにしよう．各時刻 t において，流体物質が過去にどの位置にあったかに関係なく，純粋にその時刻における空間の各点 $\boldsymbol{x}$ での速度分布 $\boldsymbol{v}(\boldsymbol{x},t)$ や質量密度分布 $\rho(\boldsymbol{x},t)$ の形状だけに注目する考え方を，流体運動の **Euler** (オイラー) **的描像**とよぶ．これに対して流体の各部分が時間とともにどう動いていくか，を追求する考え方を **Lagrange** (ラグランジュ) **的描像**とよぶ．明らかに Lagrange 的描像のほうが物理学的に自然な考え方だが，方程式の定式化やその解法は Euler 的記述のほうが扱いやすい．なお Euler 的定式化によって速度場 $\boldsymbol{v}(\boldsymbol{x},t)$ が求められたならこれを積分することにより流体の各点の動きを求めることができる．すなわち常微分方程式 $\dot{\boldsymbol{x}}(t) = \boldsymbol{v}(\boldsymbol{x},t), \boldsymbol{x}(0) = \boldsymbol{x}_0$ を解けば $t=0$ において位置 $\boldsymbol{x}_0$ にあった流体部分が時刻 t で位置 $\boldsymbol{x}(t)$ に来ることがわかる．それでは運動方程式を得るため，時刻 t において位置 $\boldsymbol{x}$ を中心とする微小領域 δD を占めていた流体の，短い時間間隔 δt における動きを考えよう (図 9.3.1 参照)．ここで微小時間 δt を十分短くとれば δD はそれほど形を変えることなく全体として $\delta\boldsymbol{x} = \boldsymbol{v}(\boldsymbol{x},t)\delta t$ だけ移動するとしてよいだろう．したがって，いま考えている微小部分の時刻 $t+\delta t$ における速度は

$$\begin{aligned}\boldsymbol{v}(\boldsymbol{x}+\delta\boldsymbol{x}, t+\delta t) &= \boldsymbol{v}(\boldsymbol{x},t) + \delta\boldsymbol{x}\cdot\nabla\boldsymbol{v} + \frac{\partial\boldsymbol{v}}{\partial t}\delta t + o(\delta t)\\ &= \boldsymbol{v}(\boldsymbol{x},t) + \left((\boldsymbol{v}(\boldsymbol{x},t)\cdot\nabla)\boldsymbol{v} + \frac{\partial\boldsymbol{v}}{\partial t}\right)\delta t + o(\delta t) \end{aligned} \tag{9.4}$$

で与えられることになり，時刻 t における，この微小部分の加速度 $\boldsymbol{a}$ は (高次の微小量は無視して)

$$\boldsymbol{a} = \frac{\delta\boldsymbol{v}}{\delta t} = (\boldsymbol{v}\cdot\nabla)\boldsymbol{v} + \frac{\partial\boldsymbol{v}}{\partial t}$$

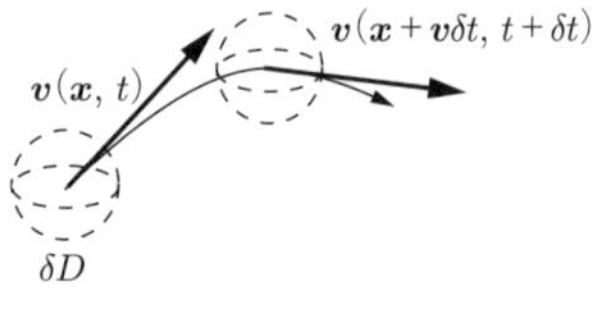

図 **9.2**　流体中の微小領域 δD の動き．δD 内の流体質量にかかる合力によって流体速度が変化する

で計算される．よってこの微小部分の体積を δV，流体の質量密度を ρ とすると微小部分 δD の従うべき運動方程式は

$$\rho\delta V\boldsymbol{a} = \rho\delta V\frac{d\boldsymbol{v}}{dt} = \rho\delta V\left(\frac{\partial\boldsymbol{v}}{\partial t} + (\boldsymbol{v}\cdot\nabla)\boldsymbol{v}\right) = \delta\boldsymbol{F}$$

で与えられることになる．ここに $\delta\boldsymbol{F}$ は δD 内の流体部分にはたらく合力であり，左辺が微小領域の体積 δV に比例する量である以上 $\delta\boldsymbol{F}$ も同様でなければならない．現実の流体を連続体であると近似するなら，δD を小さくしていく極限において正しい流体の運動方程式が得られると考えられるからである．したがって上式の両辺を δV で割った後 $\delta V \to 0$ とする際に $\boldsymbol{K} = \lim \delta\boldsymbol{F}/\delta V$ なる極限値が存在することになる．これは力を体積で割った次元をもつので**体積力**とよばれる．この流体無限小部分にかかる全体積力 $\boldsymbol{K}(\boldsymbol{x}, t)$ を用いると運動方程式は

$$\rho\left(\frac{\partial\boldsymbol{v}}{\partial t} + (\boldsymbol{v}\cdot\nabla)\boldsymbol{v}\right) = \boldsymbol{K} \tag{9.5}$$

という形にまとめられることがわかった．このようにして得られた流体の運動方程式を **Euler 方程式**とよぶ．流体の無限小部分の加速度には速度場の時間による偏微分だけではなく，速度場の自身の方向の方向微分 $(\boldsymbol{v}\cdot\nabla)\boldsymbol{v}$ が加わるが，この項は**慣性項**あるいは**移流項**とよばれている．

注意 9.1 上で加速度 $\boldsymbol{a}$ が速度 $\boldsymbol{v}$ の全微分であるとして記号 $d\boldsymbol{v}/dt$ を用いたが，流体力学ではこれを伝統的に $D\boldsymbol{v}/Dt$ などとも書く．流体の各微小部分に対する加速度は，それがつくる流れ自身によって空間中を移動していくことまで考慮すると速度の時間偏微分 $\partial\boldsymbol{v}/\partial t$ ではなく，流体粒子の軌道 $\boldsymbol{x}(t)$ に沿っての時間全微分 $d\boldsymbol{v}/dt$ で与えられることは明らかだろう． ◁

9.3.2 流体力学における Euler 方程式の慣性項の書き換え

上ではデカルト座標系を用いているため，慣性項が $(\boldsymbol{v}\cdot\nabla)\boldsymbol{v}$ という形に書かれているが，方向微分作用素 (の場) $(\boldsymbol{v}\cdot\nabla)$ はスカラー場に対して幾何学的に不変な意味をもつのであって，ベクトル場に関しては不変な内容をもたない．曲線座標系 $\boldsymbol{u}$ を用いた場合，もともと位置 $\boldsymbol{u}$ にあった流体の微小部分が時刻 $t + \delta t$ で位置 $\boldsymbol{u} + \delta\boldsymbol{u}$ に来たとすると，我々は $\boldsymbol{v}(\boldsymbol{u} + \delta\boldsymbol{u}, t + \delta t)$ を展開しなければならないことになる．ところで 8 章で見たように，(直交) 曲線座標系におけるベクトルの

基底は，一般に空間の点 $\boldsymbol{u}$ によって変化するので式 (9.4) の計算において基底ベクトルをも変化する場として扱わなければならない．したがって $\boldsymbol{u}$ を用いて書かれた作用素 $(\boldsymbol{v}\cdot\nabla)$ を $\boldsymbol{v}$ の成分表示 $\boldsymbol{v}'=(v_1',v_2',v_3')$ だけに作用させるだけでは正しい結果は得られないのである．そして一般の座標系において，$\boldsymbol{v}\cdot\nabla\boldsymbol{v}$ の第 i 成分は共変微分とよばれる微分を用いて計算されることになるが，慣性項に関しては別の計算法も存在する．

スカラー関数 f に対する勾配 ∇f，ベクトル場 $\boldsymbol{f}$ に対する回転と発散 $\nabla\times\boldsymbol{f},\nabla\cdot\boldsymbol{f}$ は 6 章で見たように座標系の選定に依存しない，幾何学的に不変な意味をもっていた (それらは微小部分に対する積分という，座標系の選定に依存しない量で与えることもできるのだった)．したがって $(\boldsymbol{v}\cdot\nabla)\boldsymbol{v}$ がそれらの量を用いて表すことができたなら，その表式はどの座標系でも意味をもつ表現となる．そこで公式 (7.8) の $\boldsymbol{a},\boldsymbol{b}$ に $\boldsymbol{v}$ を代入すると

$$(\boldsymbol{v}\cdot\nabla)\boldsymbol{v}=\nabla\left(\frac{v^2}{2}\right)-\boldsymbol{v}\times(\nabla\times\boldsymbol{v}),$$

となり，右辺は幾何学的に不変な形になっているので，共変微分のかわりにこの表式を用いてもよいことになる (具体的な表式は一致する)．もちろん注意 7.3 でも述べたように，上式において $\nabla=(\partial/\partial s)$ ではなく，∇f の ∇,$\nabla\times\boldsymbol{f}$ の $\nabla\times$ はともに直交曲線座標においては 8 章で与えられた表式を用いて計算しなければならないが，ともかく我々は

$$\rho\frac{\partial\boldsymbol{v}}{\partial t}=\rho\boldsymbol{v}\times(\nabla\times\boldsymbol{v})-\frac{\rho}{2}\nabla\boldsymbol{v}^2+\boldsymbol{K}\tag{9.6}$$

といういかなる (直交) 座標系に対しても通用する運動方程式の表式を得たのである．次にこの表式から得られるいくつかの物理的結論を述べることにしよう．なお次節において体積力 $\boldsymbol{K}$ としては，スカラー関数の勾配として書かれるものだけ，特に簡単のため圧力勾配と重力だけを考える．

a.　渦 度 方 程 式

式 (9.6) に登場する $\nabla\times\boldsymbol{v}$ を $\boldsymbol{\omega}$ と書いて渦度ベクトルとよぶ．一般に，ベクトル場 $\boldsymbol{f}$ をあたかも流れの場 $\boldsymbol{v}$ のようにみなすとき，「流れ」$\boldsymbol{f}$ は，局所的には (全体的な平行移動とともに) その回転 $\nabla\times\boldsymbol{f}(\boldsymbol{x})$ を角速度ベクトル (の 2 倍) とする剛体回転を与えるのだった (4.3 節参照) から，これはもっともなことだろう．さて式 (9.6) の右辺の体積力 $\boldsymbol{K}$ は次節で見るように，一般に流体の隣接する部分

どうしが及ぼし合ういわゆる応力由来の項と，ポテンシャル力である重力から成る．さらに応力由来の項のうち，流体の圧力勾配からくる体積力は圧力を p として $-\nabla p$ と，あたかもポテンシャル力のように書かれることがわかる (9.3.3 項参照)．そして一般に圧力以外の応力が流体の内部摩擦，すなわち粘性を表すことがわかっているので，粘性が無視できる流体に対しては $\boldsymbol{K} = -\nabla(p+U)$，ここに $U = \rho g z$ は流体の位置エネルギー密度，と書かれることになる (z 軸を垂直上向きにとった)．

いま，粘性なしというだけでなく，密度変化もない，いわゆる**完全流体**の運動を考えよう[*1]．このとき，一般にスカラー関数の回転が消えること (定理 7.1) を用いて式 (9.6) の両辺の回転をとると

$$\frac{\partial \boldsymbol{\omega}}{\partial t} = \nabla \times (\boldsymbol{v} \times \boldsymbol{\omega})$$

と，渦度に対する方程式が得られ，しかもこの式において渦度ベクトル $\boldsymbol{\omega}$ が同次 1 次で現れることになる．したがってもし $\boldsymbol{\omega}$ がある領域 D において初期時刻 $t=0$ で消えていたなら後のいかなる時刻においても D 上の流れ $\boldsymbol{v}$ は渦なし，すなわち $\boldsymbol{\omega} = \nabla \times \boldsymbol{v} \equiv \boldsymbol{0}$ となることが Euler の運動方程式の具体形にかかわらず結論できる．この事実は渦定理とよばれる定理群に対する根拠を与えることになる．

b. Bernoulliの定理

完全流体の運動において，考えている流れが定常流である，つまり $\partial \boldsymbol{v}/\partial t \equiv 0$ が満たされているとしよう．すると $\boldsymbol{v}$ が時間変動しないことから各点における $\boldsymbol{v}$ を結んでできる曲線群 (流線とよばれる) は流体の無限小部分の軌道に一致することになる．ここで式 (9.6) の両辺と $\boldsymbol{v}$ の内積をとれば

$$\begin{aligned} &\rho \boldsymbol{v} \cdot (\boldsymbol{v} \times (\nabla \times \boldsymbol{v})) - \frac{\rho}{2}(\boldsymbol{v} \cdot \nabla)\boldsymbol{v}^2 - (\boldsymbol{v} \cdot \nabla)(p + \rho g z) \\ &= -(\boldsymbol{v} \cdot \nabla)\left(\frac{\rho}{2}\boldsymbol{v}^2 + p + \rho g z\right) = 0 \end{aligned}$$

となる．すなわち量 $(\rho \boldsymbol{v}^2/2) + \rho g z + p$ の速度方向の方向微分が消えることがわかる．$(\rho \boldsymbol{v}^2/2) + \rho g z + p$ は，圧力 p を一種のポテンシャルとみなすならば流体のもつ単位体積あたりの力学的エネルギーだと考えていいだろう．これが各流線上一定値をとる，ということは流体の無限小部分に対する $(\rho \boldsymbol{v}^2/2) + \rho g z + p$ の値が時

*1 意外に多くの流体運動が近似的には完全流体の運動とみなせるのでこれは十分意味のある仮定である．

間的に一定であることを意味する (定常流の場合に流体の各部分は流線に沿って動くのだった)．この事実は質点の力学における力学的エネルギー保存則の拡張と考えられ，Bernoulli (ベルヌーイ) の定理として知られている．

9.3.3　応力とその基本的性質

Euler 方程式 (9.5) に現れる体積力 $\boldsymbol{K}$ には重力 $\boldsymbol{W} = \rho(0, 0, -g)$ のような本来的な体積力だけでなく，流体の隣り合う部分どうしが，その境界を通して及ぼし合う力に由来する項も存在する．例えば圧力 p が空間変化する，つまり圧力勾配が存在するなら流体は圧力の大きなところから小さいところへ向かう力を受けるだろう．以下でこのような力について考えよう．

一般に連続体の隣り合う微小領域はその境界面を通して互いに力をやりとりをしていると考えられる．それは境界の面積に比例するので面積力とよばれる (図 9.3 参照)．圧力はその典型例で，ある微小領域 δD の受ける圧力は常にその境界の法線方向内向きにかかることになる (逆に δD は周囲の流体を外向きに押し返している)．いま点 $\boldsymbol{x}$ を中心とする微小面を δs (その面積に対してもこの記号を流用する) とし，その法線を $\boldsymbol{n}$ としよう．つまり微小面を向き付け，$\boldsymbol{n}$ が外向き方向を指定するものとする．すると時刻 t において，δs を通じて外から δD に対してはたらく面積力を $\delta \boldsymbol{f}(\boldsymbol{n}, \boldsymbol{x})$ とおけば，δs をどんどん小さくしていく際

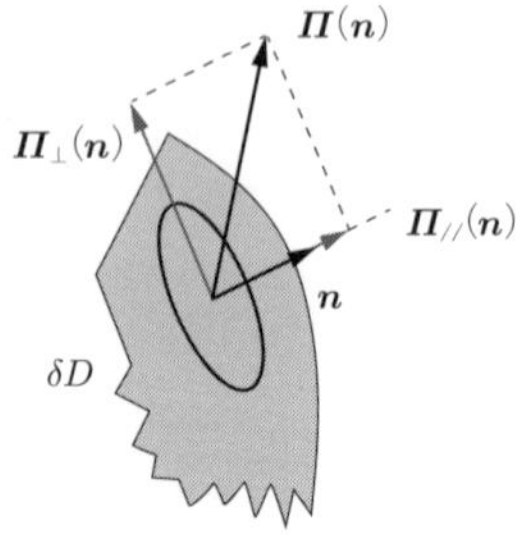

図 9.3　流体中の微小領域 δD の微小表面にかかる応力 $\boldsymbol{\Pi}(\boldsymbol{n})$．この場合 $\boldsymbol{\Pi}$ の法線成分 $\boldsymbol{\Pi}_{//}$ は外向きなので圧力とは異なって δD が外側に向かって引っ張られるような，張力を表すことになる．法線 $\boldsymbol{n}$ に垂直な成分 $\boldsymbol{\Pi}_\perp$ は領域 δD を歪ませるようにはたらく力になっている

$$\lim_{\delta s \to 0} \frac{\delta \boldsymbol{f}}{\delta s} = \boldsymbol{\Pi}(\boldsymbol{n}, \boldsymbol{x}, t)$$

なる極限が存在することになる．この，圧力と同じ次元 ([力]÷[面積]) をもった量 $\boldsymbol{\Pi}$ を法線 $\boldsymbol{n}$ で指定される微小面にはたらく**応力**とよぶ．例えば応力としての圧力は，その大きさを $p(\boldsymbol{x}, t)$ とするとき $\boldsymbol{\Pi}(\boldsymbol{n}, \boldsymbol{x}, t) = -p(\boldsymbol{x}, t)\boldsymbol{n} = -pI\boldsymbol{n}$，ここに I は単位行列，と書かれることになる (この最後の形は Newton 流体の場合 $\boldsymbol{\Pi}$ が各点で定義された行列による $\boldsymbol{n}$ への作用として書かれることを先取りしたものである．また図 9.3 からもわかるように，負符号は圧力が微小領域 δD を押しつぶす方向にはたらく力であることを反映している)．するとこの応力 $\boldsymbol{\Pi}$ を，点 $\boldsymbol{x}_0$ を中心とする微小領域 δD の境界 δS 上で足し合わせた

$$\delta \boldsymbol{F} = \int_{\delta S} \boldsymbol{\Pi} dS, \quad (dS \text{ はスカラー面積要素}) \tag{9.7}$$

が δD 内の質量にかかる応力由来の合力になる．

さていままでの議論から，δD の体積を δV として $\delta \boldsymbol{F}/\delta V$ の $\delta V \to 0$ に対する極限が存在しないといけない．すると注意 6.4 で予告したようにこの要請から $\boldsymbol{\Pi}$ が $\boldsymbol{n}$ に線形に依存することを，補題 6.1 を用いて示すことができる．応力由来の合力が体積力にならねばならない，という要請を微小四面体に適用して合力の近似計算を行い，少なくともそれが面積に比例する項をもってはならないことから，$\boldsymbol{\Pi}(\boldsymbol{n})$ が法線 $\boldsymbol{n}$ に線形に依存することが導かれるのである．

いま点 $\boldsymbol{x}$ を内部に含む微小四面体 Δ を考えよう．このとき Δ の各面の面積を $\delta s_1, \cdots, \delta s_4$，(外向き) 法線を $\boldsymbol{n}_1, \cdots, \boldsymbol{n}_4$ とすれば，各面にはたらく応力は高次の微小量，つまり Δ の直径の大きさを d として d^2 より高次の微小量を無視する範囲で $\delta s_i \boldsymbol{\Pi}(\boldsymbol{n}_i, \boldsymbol{x})$ と書かれることになる．そしてこれらの和である合力 $\sum_i \delta s_i \boldsymbol{\Pi}(\boldsymbol{n}_i)$ は上述のとおり d の 2 次の微小量の範囲で消えなければならない．すなわち $\sum_i \delta s_i \boldsymbol{\Pi}(\boldsymbol{n}_i) = \boldsymbol{0}$ となる (わかりにくければこの和を d^2 で割った後 $d \to 0$ とする，つまり四面体を相似形のままどんどん小さくしていくことを想像せよ)．さて補題 6.1 によれば四面体の面積ベクトル $\delta \boldsymbol{s}_1, \cdots, \delta \boldsymbol{s}_4$ に対して $\sum_i \delta \boldsymbol{s}_i = \boldsymbol{0}$ が成り立つが，四面体の形をいろいろ変えれば，このような和が消えるような四つのベクトルの配置は十分多く存在し，そのようなベクトルの組に対して，高次の微小量を除いて $\sum_i \delta s_i \boldsymbol{\Pi}(\boldsymbol{n}_i)$ は常に消えることから対応 $\delta s \boldsymbol{n} \to \delta s \boldsymbol{\Pi}(\boldsymbol{n})$ は線形になる．例えば多くの教科書に載っているように，固定された座標軸方向を向い

た三つのベクトル $d_i\boldsymbol{e}_i(i=1,2,3)$ および原点の張る四面体の各面の面積ベクトル $\delta s_i\boldsymbol{n}_i$ に関して[*2] $\sum\delta s_i\boldsymbol{\Pi}(\boldsymbol{n}_i)=\boldsymbol{0}$ が成り立つ，すなわち $\delta s_4\boldsymbol{n}_4=-\sum_{i=1}^{3}\delta s_i\boldsymbol{n}_i$ に対して $\delta s_4\boldsymbol{\Pi}(\boldsymbol{n}_4)=-\sum\delta s_i\boldsymbol{\Pi}(\boldsymbol{n}_i)$ となるということを意味する．ここで $\delta s_i\boldsymbol{n}_i(i=1,2,3)$ として，それらが一次独立となっているという条件以外は好き勝手にとれるから対応 $\delta s\boldsymbol{n}\to\delta s\boldsymbol{\Pi}(\boldsymbol{n})$ は線形になる，というわけである．

以上により各点 $\boldsymbol{x}$ において適当な行列 σ があって $\boldsymbol{\Pi}(\boldsymbol{n})=\sigma\boldsymbol{n}$ と書かれることがわかった．この σ は一般には $\boldsymbol{x}$ に依存するからこれもまた場の量となり，**応力テンソル**とよばれる．なお合力 $\sum\delta s_i\boldsymbol{\Pi}(\boldsymbol{n}_i)$ の微小四面体の体積に比例するような面積に比べて高次の微小量となる部分のはっきりした形を与えるのが Gauss の定理にほかならず，一旦 $\boldsymbol{\Pi}$ が $\boldsymbol{n}$ に線形に依存することがわかったなら式 (9.7) の積分はテンソルに対する Gauss の定理 (命題 7.4) によって計算されることになる．すなわち式 (9.7) は

$$\delta\boldsymbol{F}=\int_D\nabla\cdot\sigma dv\approx\nabla\cdot\sigma(\boldsymbol{x})\delta V,\quad \text{すなわち}\quad \delta F_i=\sum_j\int_D\frac{\partial\sigma_{ij}}{\partial x_j}dv\approx\Bigl(\sum_j\frac{\partial\sigma_{ij}}{\partial x_j}\Bigr)\delta V$$

で与えられることになる．すなわち Euler 方程式 (9.5) の右辺の体積力 $\boldsymbol{K}$ のうち，応力由来の項は $\nabla\cdot\sigma$ と，応力テンソルの発散で与えられることがわかった．よって Euler 方程式 (9.5) の右辺を応力由来の項，純粋な体積力由来の項 $\boldsymbol{K}$ に分けて書けば

$$\rho\Bigl(\frac{\partial\boldsymbol{v}}{\partial t}+\boldsymbol{v}\cdot\nabla\boldsymbol{v}\Bigr)=\nabla\cdot\sigma+\boldsymbol{K},\tag{9.8}$$

また応力のうちの，圧力由来の項 $-pI$ に関して定義どおりに $-\nabla\cdot(pI)$ を計算すれば，それが $-\nabla p$ になることも容易にわかる．

次に応力テンソル σ は**対称テンソル**である，つまり $\sigma_{ij}=\sigma_{ji}$ となることを示そう．そのために微小四面体 Δ の，周囲に対する相対的な回転運動を考える．この運動を記述するため座標原点として Δ の頂点のどれかをとり[*3]，そのまわりの慣性モーメントを I，角速度を $\boldsymbol{\omega}$ としよう．すると δD にはたらく合計の力のモーメントを $\boldsymbol{M}$ とすると，この回転運動は方程式 $I\dot{\boldsymbol{\omega}}=\boldsymbol{M}$ で記述される．ここで I はその定義より δD のサイズ d の，5 乗のオーダーの微小量になるので $\boldsymbol{M}$ も同じオーダーにならなければならない．そして体積力由来の力のモーメントの合計

*2　この場合，$i=1,2,3$ については ijk を 123 の巡回置換として，$\delta s_i\boldsymbol{n}_i=\delta s_i\boldsymbol{e}_i=(d_jd_k/2)(\boldsymbol{e}_j\times\boldsymbol{e}_k)$ である．

*3　本当は重心を座標原点にとるべきだろうが，その場合にも以下の議論は些細な変更で通用する．

はナイーブに計算すると d^4 のオーダーとなり，この後すぐ見るように応力由来の力のモーメントの合計は d^3 のオーダーになるので，それぞれが単独で打ち消し合った結果，合計の力のモーメントが d^5 のオーダーにならないといけない．このことに注意して応力による力のモーメントの合計を求めよう．

そこで $\epsilon \boldsymbol{a}_1, \cdots, \epsilon \boldsymbol{a}_3$ を Δ の原点以外の頂点の位置ベクトルとして Δ の各面にはたらく応力を求めよう．このとき二つのベクトル $\epsilon \boldsymbol{a}_j, \epsilon \boldsymbol{a}_k$ によって張られる面に対する応力が与える力のモーメントは，高次の微小量を無視すると，重心の位置ベクトル $\epsilon(\boldsymbol{a}_j + \boldsymbol{a}_k)/3$ と，Δ の重心 $\boldsymbol{x}$ における応力テンソルの値を用いた $-\epsilon^2 \sigma(\boldsymbol{x})(\boldsymbol{a}_j \times \boldsymbol{a}_k)/2$ との外積として求められる (これは見てわかるとおり 3 次の微小量になる)．そして $\boldsymbol{a}_1, \cdots, \boldsymbol{a}_3$ を頂点とする第 4 の面に対して補題 6.1 を用いれば Δ のつくる微小四面体の表面にかかる合計の力のモーメントが

$$\frac{1}{3}\Big\{\epsilon(\boldsymbol{a}_1 + \boldsymbol{a}_2 + \boldsymbol{a}_3) \times \sigma\Big(\sum_i \boldsymbol{s}_i\Big) - \sum_i \epsilon(\boldsymbol{a}_j + \boldsymbol{a}_k) \times \sigma \boldsymbol{s}_i\Big\} = \epsilon^3 v \sum_i \boldsymbol{a}_i \times \sigma \boldsymbol{a}_i^*,$$

$$\boldsymbol{s}_i = \frac{\epsilon^2}{2}(\boldsymbol{a}_j \times \boldsymbol{a}_k)$$

(ここに (ijk) は (123) の巡回置換をわたり，また $\boldsymbol{a}_i^*$ は式 (6.9) で与えられた $\boldsymbol{a}_1, \cdots, \boldsymbol{a}_3$ の双対基底，$\epsilon^3 v$ は Δ の体積)，と計算されることがわかる．ここで応力由来の力のモーメントが ϵ^5 のオーダーになるべきことから

$$\sum_i \boldsymbol{a}_i \times \sigma \boldsymbol{a}_i^* = \boldsymbol{0}$$

が結論されるが，これは任意の Δ に対して成立するのだから特に $\boldsymbol{a}_i = \boldsymbol{e}_i = \boldsymbol{e}_i^*$ と，基本単位ベクトルに対して上式を具体的に計算すれば $\sigma_{ij} = \sigma_{ji}$ が得られる．

注意 9.2　すでに見たように $\boldsymbol{a}_i \cdot \boldsymbol{a}_j^* = \delta_{ij}$ であった．このことは縦ベクトル $\boldsymbol{a}_i$ を横に並べてできる行列 A と，横ベクトル $(\boldsymbol{a}_i^*)^\top$ を縦に並べてできる行列 A' が互いに逆の関係 $A'A = I$ にあることを意味するので特に $AA' = I$ ともなる．この式は $\boldsymbol{a}_i, \boldsymbol{a}_j^*$ の成分表示を a_{ik}, a_{jl}^* とするとき，$\sum_k a_{ki} a_{kj}^* = \delta_{ij}$ となることを意味する．このことを用いて $\sum_i \boldsymbol{a}_i \times \sigma \boldsymbol{a}_i^*$ の第 i 成分を計算すれば

$$\sum_{jklm} \epsilon_{ijk} a_{lj} \sigma_{km} a_{lm}^* = \sum_{jkm} \epsilon_{ijk} \delta_{jm} \sigma_{km} = \sum_{jk} \epsilon_{ijk} \sigma_{kj} = \sigma_{kj} - \sigma_{jk} = 0$$

となって，やはり σ の対称性が得られる．　◁

9.3.4　Newton 流体における応力の速度勾配依存性と Navier-Stokes 方程式

応力テンソルに関する以上の事柄は連続体一般に成り立つものであるが，ここで話を流体の応力テンソルに限定しよう．このとき σ には圧力からくるものと，流体の内部摩擦からくるものの二つが考えられる．前者はすでに見たように $-pI$ といった形に書かれるが，内部摩擦はどうなるのであろうか？　この場合 σ は流体速度場の非一様性に依存すると考えられる．すなわち一番単純には，σ は速度勾配を表す諸量 $(\partial v_i/\partial x_j)$ に線形に依存すると考えられるだろう (初めに述べた Newton 流体の性質にほかならない)．次にその具体的な形を求めるために伝統的に用いられている論法を紹介しよう．なお，以下では簡単のため等方的な系，すなわち特別な方向をもたない系での議論に限定する (重力があっても，それが摩擦現象に影響を及ぼさない状況なら以下の議論はそのまま成立する)．

一般に自然現象が我々の使用する座標系に依存するはずがない，つまり物理現象を表す方程式は座標変換に対して不変な内容になっていなければならない．すなわちいま考えているような等方的な系では方程式はあらゆるデカルト座標系の選定に対して同じ形とならねばならない (重力がはたらいている以外は等方的な系なら鉛直軸以外の座標軸の選定に対して方程式は不変にならないといけない．すでに述べたように，ここでは重力の存在も無視して完全に等方な場合を考える)．したがって，いまの場合 σ の $(\partial v_i/\partial x_j)$ に依存する仕方は，いかなる直交座標系に対しても異なってはならないことになる．さて直交変換 $\boldsymbol{x} \to \boldsymbol{y} = T\boldsymbol{x}$ の下 2 階のテンソル B は直交行列 T を用いて $B \to TBT^\top = TBT^{-1}$ と変換される．したがって B をその反対称部分 B^{a}，対称トレースレス部分 $B^{\mathrm{s}'}$ (すぐ下の式で定義を与える．見てわかるように $B^{\mathrm{s}'}$ のトレースは 0 である)，対角 (スカラー) 部分 B^{d} に

$$B^{\mathrm{a}} = \frac{1}{2}\big(B - B^\top\big),\ B^{\mathrm{s}'} = \frac{1}{2}\big((B + B^\top) - \frac{2}{3}(\mathrm{tr}B)I\big),\ B^{\mathrm{d}} = \frac{1}{3}(\mathrm{tr}B)I$$

と分解すれば，座標変換によってこれらは互いに混じり合うことなく変換されることになる ($TIT^\top = I, TC^\top T^\top = (TCT^\top)^\top$, 一般に $\mathrm{tr}\,AB = \mathrm{tr}\,BA$，したがって特に $\mathrm{tr}\,TAT^\top = \mathrm{tr}\,T^\top TA = \mathrm{tr}\,A$ だからである)．そこで対称な σ を上記のように $\sigma = \sigma^{\mathrm{s}'} + \sigma^{\mathrm{d}}$ と分解すれば，σ^{d} は微小面の法線 $\boldsymbol{n}$ に対して圧力同様スカラーのようにはたらくことになる．そして対称トレースレス部分 $\sigma^{\mathrm{s}'}$ は流体の純粋な

粘性を表す面積力を与えるものと考えられる．

次に速度の非一様性 (速度勾配) を表す $(\partial v_i/\partial x_j)$ を i 行 j 列のテンソル場 W とみなし (このことは一般座標系においては正しくない．注意 9.3 参照)，これもまた三つの部分に

$$\frac{\partial v_i}{\partial x_j} = W^{\mathrm{a}} + W^{\mathrm{s}'} + W^{\mathrm{d}},$$
$$W^{\mathrm{a}} = \frac{1}{2}\left(\frac{\partial v_i}{\partial x_j} - \frac{\partial v_j}{\partial x_i}\right),\ W^{\mathrm{s}'} = \frac{1}{2}\left(\left(\frac{\partial v_i}{\partial x_j} + \frac{\partial v_j}{\partial x_i}\right) - \frac{2}{3}\left(\sum_i \frac{\partial v_i}{\partial x_i}\right)I\right),$$
$$W^{\mathrm{d}} = \frac{1}{3}\left(\sum_i \frac{\partial v_i}{\partial x_i}\right)I = \frac{1}{3}(\nabla\cdot\boldsymbol{v})I$$

と分解しよう．このとき W^{a} には $\boldsymbol{v}$ の回転 $\nabla\times\boldsymbol{v}$ (の 1/2 倍) がその行列要素として現れている．これが流れの場 $\boldsymbol{v}$ の引き起こす局所的な剛体回転を表している (4.3 節参照) ことを考慮すれば，それは応力に関係しないことになる．流体の剛体回転に対して摩擦が生じるはずがないからである[*4]．なお W の対称部分 $W^{\mathrm{s}} = W^{\mathrm{s}'} + W^{\mathrm{d}}$ は**ひずみ速度テンソル**とよばれる．速度勾配の対角項 W^{d} は，応力テンソルの対角項 σ^{d} とともに本質的にスカラー量であるから，それらは直接

$$\sigma^{\mathrm{d}} = -pI + \chi W^{\mathrm{d}}$$

のように関係付けることが可能である．両者とも座標変換に対して変化しないスカラー量だからである．一方 W^{d} を応力項の対称トレースレス部分 $\sigma^{\mathrm{s}'}$ に関係付けることは等方的な系では不可能である．なぜなら一般にスカラー量 W^{d} に線形に依存する 2 階対称トレースレステンソル K をつくるには $K = K'W^{\mathrm{d}}, K'$ もまた対称トレースレステンソルとする以外にないことは明らかだろう．ところが非自明な 3 次元 2 階対称トレースレステンソル K' は (トレースレスの条件から) 少なくとも一つの非縮退固有ベクトル $\boldsymbol{u}$ をもち，したがって K' によって特別な方向 $\boldsymbol{u}$ が与えられる以上系は等方的ではなくなるからである．よって残った可能性は $\sigma^{\mathrm{s}'}$ と $W^{\mathrm{s}'}$ が比例する，というものでそれは

$$\sigma^{\mathrm{s}'} = 2\eta W^{\mathrm{s}'} = \eta\left(\left(\frac{\partial v_i}{\partial x_j} + \frac{\partial v_j}{\partial x_i}\right) - \frac{2}{3}\left(\sum_i \frac{\partial v_i}{\partial x_i}\right)I\right) \tag{9.9}$$

---

*4 この後の，等方的な系において W^{d} と $\sigma^{\mathrm{s}'}$ を線形に関係付けることはできない，という議論と同じ論法で σ が W^{a} には線形に依存し得ないことを示すこともできる．

である．ここに登場する係数 η は (運動量)÷(面積) の次元をもち，**粘性係数**とよばれている (σ^{d} に現われる W^{d} の係数 χ も同じ次元をもっている)．以上をまとめると，等方的な系においては応力テンソルと速度勾配テンソルの間には

$$\begin{aligned}\sigma &= \sigma^{\mathrm{d}} + \sigma^{\mathrm{s}'} = -pI + \chi W^{\mathrm{d}} + 2\eta W^{\mathrm{s}'} \\ &= -pI + \chi(\nabla\cdot\boldsymbol{v})I + \eta\left(\left(\frac{\partial v_i}{\partial x_j} + \frac{\partial v_j}{\partial x_i}\right) - \frac{2}{3}(\nabla\cdot\boldsymbol{v})I\right) \qquad (9.10)\end{aligned}$$

という関係だけが成立可能ということになる．なお式 (9.10) 中の $\chi(\nabla\cdot\boldsymbol{v})I$ という項は速度の不均一性というより，隣り合う領域どうしの膨張，収縮に伴う摩擦効果を表しているといえよう．連続の方程式 $\nabla\cdot(\rho\boldsymbol{v}) + (\partial\rho/\partial t) = 0$ より $\nabla\cdot\boldsymbol{v}$ は流体の微小領域 δD の体積変化の目安を与えることになるからである (注意 4.4 参照)．

以上から $\nabla\cdot\sigma$ を計算すれば運動方程式 (9.5) の右辺の体積力 $\boldsymbol{K}$ のうち応力由来のものが求められることになるが，ここでさらに話を単純化して $\rho\equiv\rho_0$ としよう．すなわち液体のような非圧縮性流体の場合を考えよう．すると流量ベクトルが $\boldsymbol{J} = \rho_0\boldsymbol{v}$ で与えられることと連続の方程式から $\nabla\cdot\boldsymbol{v} = 0$ と，$\boldsymbol{v}$ の発散は消えてしまう．したがって式 (9.10) は

$$\sigma = -pI + \eta\left(\frac{\partial v_i}{\partial x_j} + \frac{\partial v_j}{\partial x_i}\right)$$

となる．その結果 $\nabla\cdot\sigma^{\mathrm{s}'} = \eta(\Delta\boldsymbol{v} + \nabla(\nabla\cdot\boldsymbol{v})) = \eta\Delta\boldsymbol{v}$ が内部摩擦による体積力となり，したがって Euler 方程式は

$$\rho_0\left(\frac{\partial\boldsymbol{v}}{\partial t} + \boldsymbol{v}\cdot\nabla\boldsymbol{v}\right) = \nabla\cdot\sigma + \boldsymbol{K} = \eta\Delta\boldsymbol{v} - \nabla p + \boldsymbol{K} \qquad (9.11)$$

となることがわかった．なおこの式に現れる $\boldsymbol{K}$ は重力等，流体の微小部分に直接はたらく体積力である．これを (非圧縮性の流れに対する) Navier-Stokes (ナヴィエ・ストークス) 方程式とよぶ．この方程式と連続の方程式 $\nabla\cdot\boldsymbol{v} = 0$ の四つの方程式から未知量である速度 $\boldsymbol{v}$，圧力 p の四つが求められるのである．式 (9.11) を見ればわかるように粘性項 $\eta\Delta\boldsymbol{v}$ は 9.2 節の拡散方程式に出てくるのと同じ形の微分作用素であるから，これは速度場 $\boldsymbol{v}$ を均そうとする時間的に不可逆な過程を記述する項であることもわかったことになる．なお流体密度が変化する場合には連続の方程式は $(\partial\rho/\partial t) + \nabla\cdot(\rho\boldsymbol{v}) = 0$ となり，ρ もまた未知関数となるので，さらにもう一つ方程式がないと未知関数と方程式の数が同じにならない．このために

用いられる仮定については流体力学独自の話になるのでここでは論じない (流体の微小部分は原子，分子から見ればマクロな量とみなされ，熱力学的な扱いなどが行われる．密度 ρ と圧力 p の間に経験的な関係式を仮定してしまってその時点で未知関数と方程式数を等しくさせる (バロトロピック (barotropic) 仮定) か，あるいは温度場 T，内部エネルギー密度場 u，エントロピー密度場 s を導入して全未知数に合う数だけの方程式を立てる).

9.3.5 流体における運動量保存

最後に次節における電磁気学へのベクトル解析の応用に絡めて，流体運動における運動量保存則について述べておく．よく知られているように Newton の第二法則 (運動方程式) は，運動量の時間微分がその物体にはたらく合力であることを主張しており，これと第三法則 (作用反作用の法則) を合わせると運動量保存則が導かれる．なお簡単のため，流体にはたらく力は (流体どうしが及ぼし合う) 応力 $\nabla\cdot\sigma$ しかない，すなわち流体系だけで運動量保存が成立する場合だけを考えるものとし，ここでは流体密度は変化し得るものとする．

さて，Lagrange 的描像と Euler 的描像の違いを理解するため，二つの方法で運動量保存について見ていこう．そこでどちらの場合についても運動方程式を積分量で表してみることにする．いま仮想的な (有限) 領域 D を考え，その内側の流体のもつ全運動量 $\boldsymbol{P}$ の時間変化を考える．ここで Lagrange 的描像で考えるためには，D が時間とともに動いていくことを考慮しなければならない．まず時刻 t における $\boldsymbol{P}$ は

$$\boldsymbol{P} = \int_D \rho(\boldsymbol{x}, t)\boldsymbol{v}(\boldsymbol{x}, t)dv$$

という積分で与えられることに注意する．次に，時刻 t において位置 $\boldsymbol{x}$ にあった流体粒子は短い時間 δt で位置 $\boldsymbol{y}_{\delta t} = \boldsymbol{y}(\boldsymbol{x}, t + \delta t) = \boldsymbol{x} + \boldsymbol{v}(\boldsymbol{x}, t)\delta t + \boldsymbol{o}(\delta t)$ に来ることを考えると，時刻 $t + \delta t$ におけるいま考えている流体部分のもつ全運動量は以下のように計算される．ただし記号 dv_y は $\boldsymbol{y} = \boldsymbol{y}_{\delta t}$ を変数とする積分，dv は $\boldsymbol{x}$ を変数とする積分を表し，また D 内の流体部分が時刻 $t + \delta t$ において占める領域を D' としている：

$$\int_{D'} \rho(\boldsymbol{y}_{\delta t}, t + \delta t)\boldsymbol{v}(\boldsymbol{y}_{\delta t}, t + \delta t)dv_y = \int_D \left(\rho(\boldsymbol{x}, t) + \left(\frac{\partial \rho}{\partial t} + (\boldsymbol{v}\cdot\nabla)\rho\right)\delta t\right)$$

$$\times \left(\boldsymbol{v}(\boldsymbol{x},t) + \left(\frac{\partial \boldsymbol{v}}{\partial t} + (\boldsymbol{v}\cdot\nabla)\boldsymbol{v}\right)\delta t\right)\big(1 + (\nabla\cdot\boldsymbol{v})\delta t\big)dv \tag{9.12}$$

ここで変数変換 $\boldsymbol{y} \to \boldsymbol{x}$ の際の変換のヤコビアンが δt の 1 次の範囲で $1 + (\nabla\cdot\boldsymbol{v})\delta t$ と書けることも用いた ($\boldsymbol{y} = \boldsymbol{x} + \boldsymbol{v}\delta t + \boldsymbol{o}(\delta t)$ より Jacobi 行列は $J = I + (\partial\boldsymbol{v}/\partial\boldsymbol{x})\delta t$ となり，この行列式は δt の 1 次の範囲では J のトレースに等しいことは直接計算でわかる (注意 4.4)．なお，$I + \epsilon A$ という形の行列の行列式が ϵ の 1 次の範囲で $1 + \epsilon\,\mathrm{tr}\,A$ になることは覚えておくとよいだろう)．以上から

$$\frac{d\boldsymbol{P}}{dt} = \int_D \left(\frac{\partial\rho}{\partial t} + \boldsymbol{v}\cdot\nabla\rho\right)\boldsymbol{v} + \rho\left(\frac{\partial\boldsymbol{v}}{\partial t} + (\boldsymbol{v}\cdot\nabla)\boldsymbol{v}\right) + \rho(\nabla\cdot\boldsymbol{v})\boldsymbol{v}dv$$

ということになり，連続の方程式 $(\partial\rho/\partial t) + \nabla\cdot(\rho\boldsymbol{v}) = 0$ において $\nabla\cdot(\rho\boldsymbol{v}) = (\boldsymbol{v}\cdot\nabla)\rho + \rho(\nabla\cdot\boldsymbol{v})$ と計算されることと Euler 方程式 (9.8) を用いれば

$$\frac{d\boldsymbol{P}}{dt} = \int_D \rho\frac{\partial\boldsymbol{v}}{\partial t} + \rho(\boldsymbol{v}\cdot\nabla)\boldsymbol{v}dv = \int_D \nabla\cdot\sigma dv \tag{9.13}$$

と，運動量の時間変化 (要するに D 内にはたらく合力) が応力テンソルの発散 $\nabla\cdot\sigma$ の積分で表されることがわかった．もちろんこれは当然そうなるべきことではあるが，念のために Lagrange 的描像に立って確かめてみたのである．ここで応力テンソル σ に対する Gauss の法則 (命題 7.4) を用いると上式右辺は

$$\int_D \nabla\cdot\sigma dv = \int_{\partial D} \sigma d\boldsymbol{S}$$

と面積積分に変形される．これは D 内の運動量変化がその境界における応力によって生じるはずであることから当然の結果であるが，微小面 $\delta s\boldsymbol{n}$ を通しての運動量の流入が $\sigma\boldsymbol{n}\delta s$ で計算されると解釈することもできる．言い換えると $-\sigma$ が単位面積あたり，単位時間あたりの運動量の「流量」ともよぶべき量になっていると考えるのである．そして T の線形性より $\sigma(-\boldsymbol{n}) = -\sigma\boldsymbol{n}$ であるから，隣り合う二つの領域において片方がその境界を通して (単位時間，単位面積あたりの) 運動量 $\sigma\boldsymbol{n}$ を失えば，もう片方が同じ分の運動量を得ることになり，したがって確かに運動量は全系で保存することになる．

次に Euler 的描像に立って運動量の時間変化を計算してみよう．すなわち空間に固定された領域 D 内の全運動量の時間変化を計算してみる．それはたったいま計算した応力からくる周囲の領域との運動量の交換だけでなく，D に流出入する流体のもつ運動量の時間変化を含むはずである．実際

$$\frac{d}{dt}\int_D \rho\boldsymbol{v}dv = \int_D \frac{\partial\rho}{\partial t}\boldsymbol{v} + \rho\frac{\partial\boldsymbol{v}}{\partial t}dv = \int_D -\nabla\cdot(\rho\boldsymbol{v})\boldsymbol{v} + \nabla\cdot\sigma - \rho(\boldsymbol{v}\cdot\nabla)\boldsymbol{v}dv$$

$$= \int_D \nabla \cdot \sigma - \big((\nabla\rho)\cdot \boldsymbol{v} + (\rho\nabla\cdot \boldsymbol{v})\boldsymbol{v} + \rho(\boldsymbol{v}\cdot\nabla)\boldsymbol{v}\big)dv$$

$$= \int_D \nabla \cdot \sigma - \nabla \cdot P dv,\ \ (\text{ここで},\ P = \rho \boldsymbol{v}\boldsymbol{v}^\top) \tag{9.14}$$

と計算され，質量流量ベクトル $\boldsymbol{J}(\boldsymbol{x},t) = \rho\boldsymbol{v}(\boldsymbol{x},t)$ を点 $\boldsymbol{x}$ における時刻 t での**運動量密度**と解釈すれば σ, P を用いて

$$\frac{\partial \boldsymbol{J}}{\partial t} + \nabla\cdot(\sigma + P) = 0 \tag{9.15}$$

が成立することになる．この，式 (9.14) で定義されたテンソル $P = \rho\boldsymbol{v}\boldsymbol{v}^\top$ は運動量密度 $\boldsymbol{J}$ が流体の移動 $\boldsymbol{v}$ とともに流れていくことを表していて，これこそが前述の，流体の流出入に伴う運動量の流れを与える項となっている．そして式 (9.15) が Euler 的記述での (連続の方程式としての) 運動量の保存則を表していることになる．

注意 9.3 繰返しになるが，9.3.2 項の冒頭でも注意したように，以上はデカルト座標に対して成立する事柄であって一般の曲線座標系ではもっと複雑な扱いが必要である．例えばひずみ速度テンソルはいわゆる共変微分を用いて $(W^{\mathrm{S}'})^{ij} = v^{i;j} + v^{j;i}$ などとしなければならない．ただ式 (9.10) の発散 $\nabla\cdot\sigma$ に現れる速度微分は $\Delta\boldsymbol{v}, \nabla(\nabla\cdot\boldsymbol{v})$ の形のものだけであり，ここで前者をベクトルラプラシアンと解釈すれば Newton 流体に対する応力由来の体積力はいかなる曲線座標系でも通用する形となっている．そして実際にそれでよいこともわかっている．なお，一般の応力 (次節の Maxwell の応力テンソルに対しても) に対する σ の発散は共変微分を用いて定式化すべきである． ◁

9.4 電磁気学から

流体の運動方程式 (9.5) は速度場 $\boldsymbol{v}$ に関して非線形であり，そのため取扱いが面倒である．そこでベクトル解析がもっと簡単に応用される例として電磁気学を取り上げよう．以下では簡単のため真空中の電磁場を考える．電荷や電流が空間に分布していてもよいが，誘電体や磁性体などは存在しない，としよう．

9.4.1 Maxwell 方程式の積分形

真空中に電荷 (密度) および電流 (密度) 分布がある場合の電磁気の基礎方程式は，初学者には積分形で提示されることが多い．すなわち

(1) 電界に対する Gauss の法則：電界 $\boldsymbol{E}$ を任意の閉領域 D の境界 ∂D (これは当然閉曲面になる) で積分したもの (「電気力線の総本数」) は D 内部の全電荷 Q を真空の誘電率 ϵ_0 で割ったものに等しい．すなわち電荷の空間密度を ρ とするとき次式が成り立つ．

$$\int_{\partial D} \boldsymbol{E}(\boldsymbol{x}) \cdot d\boldsymbol{S} = \frac{1}{\epsilon_0} \int_D \rho(\boldsymbol{x}) dv \tag{9.16}$$

(2) 磁束密度に関する Gauss の法則：磁力線は「端」をもたない．すなわち磁力線は常にループ状であり，よって磁束密度 $\boldsymbol{B}$ を任意の閉領域 D の境界 ∂D で積分したものは必ず消える．言い換えると以下が成立する．

$$\int_{\partial D} \boldsymbol{B} \cdot d\boldsymbol{S} = 0 \tag{9.17}$$

∂D を外から内に横切って入って来た磁力線は必ず ∂D の別の部分で内から外に出ていくからである．

(3) 電磁誘導の原理：電界を任意の閉曲線 C で積分したもの，つまりループ C 上に発生する起電力は C を境界とする任意の曲面 S を貫く全磁束 Φ の時間変化の (-1) 倍に等しい．すなわち

$$\int_C \boldsymbol{E} \cdot d\boldsymbol{x} = -\frac{d\Phi}{dt} = -\frac{d}{dt}\int_S \boldsymbol{B} \cdot d\boldsymbol{S} \tag{9.18}$$

ただし C の向きは S から誘導されるものとする．

(4) Ampère の法則の Maxwell による一般化：磁界 $\boldsymbol{H}$ を任意の閉曲線 C で積分したものは，C を境界にもつ任意の曲面 S を貫く全電流と S を貫く全電場の時間変化に真空の誘電率 ϵ_0 を掛けたものの和に等しい．あるいはいま述べたことに対応する関係式の両辺に真空の透磁率 μ_0 を掛けたものとして

$$\int_C \boldsymbol{B} \cdot d\boldsymbol{x} = \mu_0 \int_S \boldsymbol{j} \cdot d\boldsymbol{S} + \mu_0 \epsilon_0 \frac{d}{dt}\int_S \boldsymbol{E} \cdot d\boldsymbol{S} \tag{9.19}$$

が成立する．ここに $\boldsymbol{j}$ は電流密度である．もちろんここでも C の向きは S から誘導されるものとする．

次にこれらの基礎方程式を Gauss–Stokes の定理を用いて変形しよう．

9.4.2 Maxwell 方程式の微分形

(1) まず式 (9.16) は Gauss の定理によって

$$\int_D \left(\nabla \cdot \boldsymbol{E} - \frac{\rho}{\epsilon_0}\right) dv \equiv 0$$

となる．これがいかなる閉領域 D に対しても成立するのだから，このことが

$$\nabla \cdot \boldsymbol{E} = \frac{\rho}{\epsilon_0} \tag{9.20}$$

に同値なのは明らかであり，よって電場の発散が電荷密度を真空の誘電率で割ったものに等しいことがわかった．

(2) 次に式 (9.17) をいまとまったく同様に変形すれば

$$\nabla \cdot \boldsymbol{B} = 0 \tag{9.21}$$

が出る．すなわち磁場は発散なしの場になる．

(3) 今度は式 (9.18) を Stokes の定理を用いて変形すれば

$$\int_S \left(\nabla \times \boldsymbol{E} + \frac{\partial \boldsymbol{B}}{\partial t}\right) \cdot d\boldsymbol{S} \equiv 0$$

となる．よって

$$\nabla \times \boldsymbol{E} = -\frac{\partial \boldsymbol{B}}{\partial t} \tag{9.22}$$

ということになる．

(4) 最後に式 (9.19) を Stokes の定理を用いて変形すると

$$\int_S \left(\nabla \times \boldsymbol{B} - \mu_0 \boldsymbol{j} - \mu_0 \epsilon_0 \frac{\partial \boldsymbol{E}}{\partial t}\right) \cdot d\boldsymbol{S} \equiv 0$$

よって

$$\nabla \times \boldsymbol{B} = \mu_0 \boldsymbol{j} + \mu_0 \epsilon_0 \frac{\partial \boldsymbol{E}}{\partial t} \tag{9.23}$$

が得られた．

以上の四つの微分形の方程式 (9.20)–(9.23) が電磁気学の根本法則である Maxwell 方程式として知られているものになる．

すでに Stokes の定理の証明のところで触れたが，Maxwell 第 4 の方程式 (9.23) において当初の Ampère の法則のように $\nabla \times \boldsymbol{B} = \mu_0 \boldsymbol{j}$ と，変位電流項 $\mu_0 \epsilon_0 (\partial \boldsymbol{E}/\partial t)$

が欠けていたとすると，定理 7.1 より電流密度 $\boldsymbol{j}$ は発散なしになってしまう．これでは充電中のコンデンサーを含む回路のような，電荷密度の時間変化の存在する電流に対して連続の方程式，すなわち電荷保存則を満たすことができなくなってしまう．反対に式 (9.23) の両辺の発散をとると (空間微分と時間微分の順序を入れ替えられることに注意して)

$$\nabla \cdot (\nabla \times \boldsymbol{B}) = 0 = \mu_0 \left(\nabla \cdot \boldsymbol{j} + \epsilon_0 \frac{\partial}{\partial t} (\nabla \cdot \boldsymbol{E}) \right)$$

となり，ここで Maxwell 第一の方程式 (9.20) を上式の $\nabla \cdot \boldsymbol{E}$ に適用すれば

$$\nabla \cdot \boldsymbol{j} + \frac{\partial \rho}{\partial t} = 0$$

となって (正しい) Maxwell 方程式は，その中に電荷保存則を含んでいることになる．次に Maxwell 方程式に対する，ベクトル解析のさらなる応用を紹介しよう．

9.4.3 電磁場の担うエネルギーと運動量—Poynting ベクトルと Maxwell の応力テンソル—

電磁場は電荷と相互作用し，荷電粒子のもつ運動量やエネルギーを変える．ということは，電磁場のもつ運動量，エネルギーまで考えないと運動量，エネルギーの保存則は成り立たないことになる．以下でまず電磁エネルギーの流れを表す Poynting (ポインティング) ベクトルを導入し，電磁エネルギー保存則を導く．その後 Maxwell 応力による電磁運動量保存則の定式化を紹介する．

a. 電磁エネルギーの保存と Poynting ベクトル

初等電磁気学においてコンデンサーに電荷をためる，コイルに電流を流す，という思考実験を通して，電磁場が存在する場合の電磁エネルギー密度が

$$w = \frac{\epsilon_0}{2} \boldsymbol{E}^2 + \frac{1}{2\mu_0} \boldsymbol{B}^2$$

で与えられることを学んだ．このとき Poynting ベクトル

$$\boldsymbol{S} = \frac{1}{\mu_0} \boldsymbol{E} \times \boldsymbol{B}$$

が電磁エネルギー流を表すことを，電荷も電流もない真空中におけるエネルギー保存則を仮定した上で説明しよう．すなわち，もし $\boldsymbol{S}$ が電磁エネルギー密度の流

れを表すなら (仮定より) 電磁エネルギーだけで閉じたエネルギー保存則

$$\nabla \cdot \boldsymbol{S} + \frac{\partial w}{\partial t} = 0$$

が成立するはずであり，これを Maxwell 方程式から導くことにする．まず w の時間微分は

$$\frac{\partial w}{\partial t} = \epsilon_0 \boldsymbol{E} \cdot \frac{\partial \boldsymbol{E}}{\partial t} + \frac{1}{\mu_0} \boldsymbol{B} \cdot \frac{\partial \boldsymbol{B}}{\partial t}$$

となる．一方公式 (7.5) を $\boldsymbol{S}$ に適用すると

$$\nabla \cdot \boldsymbol{S} = \frac{1}{\mu_0}\big(\boldsymbol{B} \cdot (\nabla \times \boldsymbol{E}) - \boldsymbol{E} \cdot (\nabla \times \boldsymbol{B})\big)$$

となり，ここで真空中の Maxwell 方程式のうち式 (9.22)，(9.23) を用いれば

$$\nabla \cdot \boldsymbol{S} + \frac{\partial w}{\partial t} = \Big(-\frac{1}{\mu_0} \boldsymbol{B} \cdot \frac{\partial \boldsymbol{B}}{\partial t} - \epsilon_0 \boldsymbol{E} \cdot \frac{\partial \boldsymbol{E}}{\partial t} \Big) + \frac{\partial w}{\partial t} = 0$$

と，確かに連続の方程式が成立している．次に電流 $\boldsymbol{j}$ が流れている状況を考えるなら方程式 $(1/\mu_0)\nabla \times \boldsymbol{B} = \epsilon_0(\partial \boldsymbol{E}/\partial t) + \boldsymbol{j}$ を用いるべきであり，その結果

$$\nabla \cdot \boldsymbol{S} + (\partial w/\partial t) = -\boldsymbol{j} \cdot \boldsymbol{E} \tag{9.24}$$

が得られる．右辺は電磁エネルギー密度が電流との相互作用によってほかのエネルギー (電流の担い手のもつエネルギー) に変換されることを意味している．例えば電流が Ohm (オーム) の法則 $\boldsymbol{j} = \sigma \boldsymbol{E}$ によって流れる場合には $\boldsymbol{j} \cdot \boldsymbol{E} = \sigma E^2$ は Joule (ジュール) 熱にほかならず，式 (9.24) は電磁エネルギー密度 w が，電磁エネルギー自身の流出入 $\nabla \cdot \boldsymbol{S}$ のほかに Joule 熱として散逸する結果，各点において単位時間に σE^2 の割合で減少していくことを表していることになる[*5]．

b.　電磁運動量の保存と Maxwell の応力テンソル

Poynting ベクトル $\boldsymbol{S} = (1/\mu_0)\boldsymbol{E} \times \boldsymbol{B}$ が電磁エネルギー流を与えることがわかったが，電磁場はエネルギーだけでなく，運動量も担うことが Maxwell によって示された．静電力，Lorentz (ローレンツ) 力により荷電粒子の軌道が曲げられる以上，もし運動量保存則が普遍的に成り立つ法則なら，電磁場も運動量を担わなければならないのは当然だろう．いま天下り的だが電場 $\boldsymbol{E}$ と磁場 $\boldsymbol{B}$ より次のような対称テンソル T をつくろう：

$$T = \epsilon_0 \Big(\boldsymbol{E}\boldsymbol{E}^\top - \frac{\boldsymbol{E}^2}{2} I \Big) + \frac{1}{\mu_0} \Big(\boldsymbol{B}\boldsymbol{B}^\top - \frac{\boldsymbol{B}^2}{2} I \Big)$$

*5　もちろん式 (9.24) 自体は散逸的な電流の場合以外にも適用可能である．

$$
= \begin{pmatrix} (1/2)(E_x^2 - E_y^2 - E_z^2) & E_y E_x & E_z E_x \\ E_x E_y & (1/2)(E_y^2 - E_x^2 - E_z^2) & E_z E_y \\ E_x E_z & E_y E_z & (1/2)(E_z^2 - E_x^2 - E_y^2) \end{pmatrix}
+ \begin{pmatrix} (1/2)(B_x^2 - B_y^2 - B_z^2) & B_y B_x & B_z B_x \\ B_x B_y & (1/2)(B_y^2 - B_x^2 - B_z^2) & B_z B_y \\ B_x B_z & B_y B_z & (1/2)(B_z^2 - B_x^2 - B_y^2) \end{pmatrix} \tag{9.25}
$$

公式 (7.8) を援用して ($\boldsymbol{a} = \boldsymbol{b} = \boldsymbol{E}$ とし，$\nabla(\boldsymbol{E}^2/2)$ の計算に用いる) このテンソルの発散をとり，そこに式 (9.20)–(9.23) を代入すれば

$$
\begin{aligned}
\nabla \cdot T &= \epsilon_0\big((\nabla \cdot \boldsymbol{E})\boldsymbol{E} + (\boldsymbol{E}\cdot\nabla)\boldsymbol{E} - (\boldsymbol{E}\cdot\nabla)\boldsymbol{E} - \boldsymbol{E} \times (\nabla \times \boldsymbol{E})\big) \\
&\quad + \frac{1}{\mu_0}\big((\nabla \cdot \boldsymbol{B})\boldsymbol{B} + (\boldsymbol{B}\cdot\nabla)\boldsymbol{B} - (\boldsymbol{B}\cdot\nabla)\boldsymbol{B} - \boldsymbol{B} \times (\nabla \times \boldsymbol{B})\big) \\
&= \rho\boldsymbol{E} + \epsilon_0 \boldsymbol{E} \times \frac{\partial \boldsymbol{B}}{\partial t} - \boldsymbol{B} \times (\boldsymbol{j} + \epsilon_0 \frac{\partial \boldsymbol{E}}{\partial t}) \\
&= \rho\boldsymbol{E} + \boldsymbol{j} \times \boldsymbol{B} + \frac{\partial}{\partial t}(\epsilon_0 \boldsymbol{E} \times \boldsymbol{B})
\end{aligned}
$$

が得られる．ここで (運動量) ÷ (体積) の次元をもつベクトル場 $\boldsymbol{P}_{\mathrm{EM}}$ を，$\boldsymbol{P}_{\mathrm{EM}} = \epsilon_0 \boldsymbol{E} \times \boldsymbol{B}$ によって導入すれば (a. で導入した Poynting ベクトル $\boldsymbol{S}$ と光速 c を用いて $\boldsymbol{P}_{\mathrm{EM}} = (1/c^2)\boldsymbol{S}$ とも表される)，以上の結果を

$$
\frac{\partial \boldsymbol{P}_{\mathrm{EM}}}{\partial t} = \nabla \cdot T - (\rho\boldsymbol{E} + \boldsymbol{j} \times \boldsymbol{B}) \tag{9.26}
$$

あるいはこれを命題 7.4 を用いて積分形に直して

$$
\frac{d}{dt}\int_D \boldsymbol{P}_{\mathrm{EM}} dv = \int_{\partial D} T d\boldsymbol{S} - \int_D (\rho\boldsymbol{E} + \boldsymbol{j} \times \boldsymbol{B}) dv
$$

という形にまとめることができる．ここで $\boldsymbol{P}_{\mathrm{EM}}$ を電磁場のもつ運動量密度であると解釈すれば上式左辺は D 内の全電磁運動量の時間微分，すなわち D 内の電磁場が受ける合力である，ということになる．そして右辺第 2 項の積分は D 内の荷電物質が受ける電磁力の合計の反対符号であるから，これは電磁場が D 内の荷電物質から受ける反作用力になっている．そこで T を，隣接した電磁場どうしが相手に及ぼし合う応力であるとみなせば，上式は D 内の電磁場の受ける合力が，その外部の電磁場の与える応力の合計と荷電物質からの反作用力の和であること

を主張していることになる．このようにして我々は電磁場も運動量をもつこと，そして隣接した電磁場どうしはあたかも連続体のように互いに力を及ぼし合うことを定式化できた．この，応力の性質をもった T は **Maxwell の応力テンソル**とよばれている．a. の Poynting ベクトルと合わせれば，電磁場の担うエネルギー，運動量まで考えて全系のエネルギー，運動量が保存する形に書けることがわかったのである．なお式 (9.26) の右辺の $\nabla \cdot T$ を左辺に移項して得られる

$$\frac{\partial \boldsymbol{P}_{\mathrm{EM}}}{\partial t} - \nabla \cdot T = -(\rho \boldsymbol{E} + \boldsymbol{j} \times \boldsymbol{B})$$

において $-T$ を単位面積あたり，単位時間あたりに微小面を通して流れ出していく運動量を表す**運動量の流量ベクトル** (9.3.5 項の最後に扱った，流体に伴う運動量の流れを表すテンソル P 同様「ベクトル値の成分をもつベクトル」となるのでテンソルになる) と解釈すれば，この式の右辺が 0 のときには電磁運動量がそれだけで保存することを表す，ベクトル量の流れに関する連続の方程式になり，荷電物質が存在して右辺が消えない場合には，電磁運動量が空間の各点において荷電物質の運動量に転換するさまを表していることになる．

注意 9.4 伝統的な応力の定義では，T は境界 ∂D において外部が内部物体に及ぼす力ということになっている．それゆえこれを運動量の流れと解釈すると，∂D の 1 点における法線 $\boldsymbol{n}$ に対して $T\boldsymbol{n}$ は D の外部から内部に流入する運動量，ということになって，一般にベクトル場 $\boldsymbol{J} \cdot \boldsymbol{n}$ が D の内部から外部に流れていく量を表す，というベクトル解析における約束事と反対になってしまっている．そこで T ではなく，$-T$ のほうが無限小面 $\boldsymbol{n}$ の「裏」から「表」に向かって流れていく運動量密度を表すことになる． ◁

注意 9.5 静電場に対する Maxwell 応力テンソル T が与えられたとき，電場 $\boldsymbol{E}$ に垂直な方向 $\boldsymbol{n}$ にはたらく応力 $T\boldsymbol{n}$ を計算すれば，それは $-\epsilon(E^2/2)\boldsymbol{n}$ になることがすぐにわかる (図 b. 参照)．これは 1 本の電気力線が，隣接する電気力線から $\epsilon E^2/2$ だけの大きさの，押し縮められるような圧力を受けていると解釈できる．したがって電磁気学を初めて学ぶ際「力線どうしは反発し合う」と習ったことが数学的に表現できたことになる．次に $\boldsymbol{n}$ として $\boldsymbol{E}$ に平行なベクトルをとれば，$\boldsymbol{E} = E\boldsymbol{n}$ ゆえに $T\boldsymbol{n} = \epsilon(E^2/2)\boldsymbol{n}$ と今度は正の値が得られる．これは電気力線の 1 点 $\boldsymbol{x}$ から見ると，同じ力線のすぐ隣の点から引っ張られていることを意味

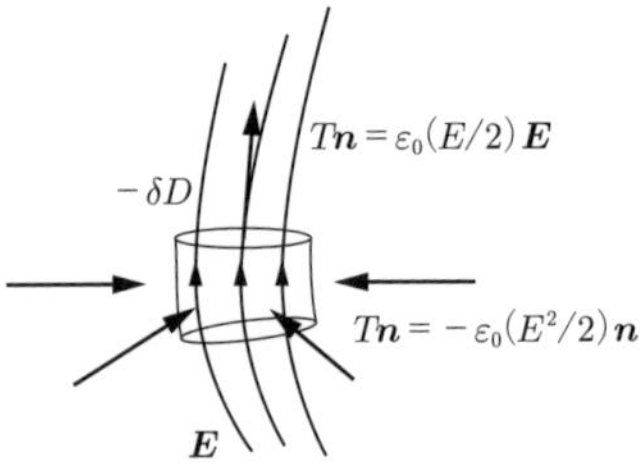

図 **9.4**　力線の性質．各力線は縮みたがり，力線どうしは反発し合う

する．これは電磁気学の入門時に習う「力線 1 本 1 本は縮もうとする」ということの数学的表現になっているわけである．　◁

9.4.4　ベクトルポテンシャル

Maxwell 方程式の第二の式 (9.21) より磁場 $\boldsymbol{B}$ は発散なしの場であることになる．したがって定理 7.8 より $\boldsymbol{B}$ はベクトルポテンシャル $\boldsymbol{A}$ をもつ，すなわち $\nabla\times\boldsymbol{A}=\boldsymbol{B}$ のように書ける (7.3 節参照)．なお，この項では簡単のため磁場，電場は全空間で定義されているものとする．したがって 7.3 節におけるスカラーポテンシャル，ベクトルポテンシャルの存在条件はすべて満たされているものとする．

このとき Poisson 方程式 $-\Delta\varphi=\rho/\epsilon_0$ を解いて (7.2.2 項参照) $\boldsymbol{E}'=\boldsymbol{E}+\nabla\varphi$ とおけば $\boldsymbol{E}'$ は発散なしとなり，一方 $\nabla\varphi$ は回転なしなので Maxwell 第三の式 (9.22) は

$$\nabla\times\boldsymbol{E}'=-\frac{\partial\boldsymbol{B}}{\partial t}=-\nabla\times\frac{\partial\boldsymbol{A}}{\partial t}$$

に帰着する．ここで $\boldsymbol{E}'=-(\partial\boldsymbol{A}/\partial t)$ とおいてみると，確かにこれは上式の解になっている．すなわち時間変動する電界 $\boldsymbol{E}$ が存在する場合，それは一般には静電ポテンシャルを用いて表されるとは限らず

$$\boldsymbol{E}=-\nabla\varphi-\frac{\partial\boldsymbol{A}}{\partial t},\ \boldsymbol{B}=\nabla\times\boldsymbol{A} \tag{9.27}$$

とおけばつじつまが合うことになる．このようにスカラーポテンシャル φ とベクトルポテンシャル $\boldsymbol{A}$ はペアになって扱われるべきで，それは Maxwell 方程式が

4 次元時空の Lorentz 変換で不変になることを反映している．ペア $(\varphi, \boldsymbol{A})$ は四元(ベクトル) ポテンシャルとよばれている．

さて式 (9.27) を Maxwell 第四の方程式に代入すれば

$$\frac{1}{c^2}\frac{\partial^2 \boldsymbol{A}}{\partial t^2} + \nabla \times (\nabla \times \boldsymbol{A}) = \mu_0 \boldsymbol{j} - \frac{1}{c^2}\frac{\partial}{\partial t}\nabla\varphi \tag{9.28}$$

が得られる．つまり電荷分布と電流分布が与えられた下での電磁場の方程式がベクトルポテンシャルとスカラーポテンシャルに対する方程式に帰着されたのである (いまの段階では具体的な解法は与えられていない．$\boldsymbol{B}$ から $\boldsymbol{A}$ が求められた，という前提での式変形結果だからである．解法の概略に関しては以下を参照)．

a. 局所ゲージ力としての電磁場

定理 7.1 によれば任意の勾配は回転なしである．したがって 9.4.4 項のような $\varphi, \boldsymbol{A}$ が見つかったとするとき，任意のスカラー関数 χ をもってきて

$$\varphi' = \varphi - \frac{\partial \chi}{\partial t}, \quad \boldsymbol{A}' = \boldsymbol{A} + \nabla\chi$$

とすると新たに得られた $\varphi', \boldsymbol{A}'$ も同じ電界と磁束密度を与え，四元ポテンシャルの資格をもつことになる．実際

$$-\nabla\varphi' - \frac{\partial \boldsymbol{A}'}{\partial t} = -\boldsymbol{E} + \nabla\frac{\partial \chi}{\partial t} - \frac{\partial}{\partial t}\nabla\chi = \boldsymbol{E}, \quad \nabla \times \boldsymbol{A}' = \boldsymbol{B} + \nabla \times \nabla\chi = \boldsymbol{B},$$

だからである．このようなスカラー関数 χ を用いた，4 次元時空のベクトル場 $(\varphi, \boldsymbol{A})$ から $(\varphi', \boldsymbol{A}')$ への変換を**ゲージ変換**とよび (量子場の理論では 2 種類のゲージ変換が登場し，こちらは局所ゲージ変換とよばれる)，電磁場はゲージ不変である，とよぶ．

注意 9.6 よく知られているように Maxwell の方程式は 4 次元 Minkowski (ミンコフスキー) 空間上の Lorentz 変換によって不変である．そして電磁場は 4 次元時空の場であるとみなすとき，もっとも自然な扱いが可能になる．ベクトル解析の観点から電磁場を 4 次元時空で扱うことの利点を簡単に説明しよう．

注意 6.1 で述べたようにベクトル場の微分や積分に関する一連の定理は一般次元の空間に拡張される．対象となるのは n 次元空間上の r 階反対称共変テンソル A であって，それに対する 1 階の微分作用素で A を $r+1$ 階反対称共変テンソルに変換する外微分作用素 d というものが定義され，これがスカラー場やベクトル場に作用する $\nabla, \nabla\times, \nabla\cdot$ の拡張になっている．

さて4次元時空において電磁場，すなわち電界 $\boldsymbol{E}$ と磁束密度 $\boldsymbol{B}$ のつくる組 $(\boldsymbol{E}, \boldsymbol{B})$ は4次元時空での2階反対称テンソル場 F と考えられる (四つの添字から二つをとってくる組合せは ${}_4C_2 = 6$ となるから確かに自由度は一致している)．すると Maxwell 第二，第三の方程式は4次元時空での外微分を用いて $dF = 0$ という簡単な形にまとめられるのである (正確には反変テンソル F の添字を下げて得られる共変テンソルに対して上が成立し，それが Maxwell 第二，第三の方程式を合わせたものと一致する)．

ところで一般次元における外微分においても定理 7.1 に相当する $d^2 = 0$ が成立し，また 7.3 節で述べた事柄が成立する．例えば F が凸領域で定義されているなら $dF = 0$ (F の閉性) から4次元ベクトル場 A で $-dA = F$ となるものの存在 (F の完全性) が導かれる．これが四元ベクトルポテンシャル $(\varphi, \boldsymbol{A})$ にほかならない．そして任意のスカラー場 χ に対して $d^2\chi = 0$ であるから $A + d\chi$ も四元ポテンシャルの資格を満たす．これから得られる変換 $A \to A' = A + d\chi$ が4次元的に表した局所ゲージ変換にほかならない．なお Maxwell の方程式の残りの組も，Minkowski 時空のさらなる構造をもとにした4次元のベクトル解析による定式化が可能である．　◁

四元ベクトルポテンシャルにおけるゲージの任意性は数学理論的にはさまざまな困難を引き起こすことにもなるが，方程式を解くのには有利な点もある．すなわち $(\varphi, \boldsymbol{A})$ の不定性を利用してこちらで適当な条件を一つだけ課すことができるのである．例えば Coulomb ゲージとよばれる条件

$$\nabla \cdot \boldsymbol{A} = 0$$

を課せば Maxwell 第一の方程式は $-\Delta\varphi = \rho/\epsilon_0$ になるので，まずはこれを解き，ついで式 (9.28) を解けばよく，その際上の Coulomb ゲージ条件とベクトルラプラシアンの定義式 (7.9) より $\nabla \times (\nabla \times \boldsymbol{A}) = -\Delta\boldsymbol{A}$ となるので式 (9.28) は

$$\left(\frac{1}{c^2}\frac{\partial^2 \boldsymbol{A}}{\partial t^2} - \Delta\right)\boldsymbol{A} = \mu_0 \boldsymbol{j} - \frac{1}{c^2}\frac{\partial}{\partial t}\nabla\varphi$$

に帰着する．ところが左辺の微分作用素は波動方程式に登場するものであり，その数学的性質はよくわかっているので，後はこれを解くだけのこととなる．このほかによく利用されるゲージ条件には

$$\nabla \cdot \boldsymbol{A} + \frac{1}{c^2}\frac{\partial\varphi}{\partial t} = 0$$

という Lorentz 条件がある．この場合式 (9.28) の右辺の $(1/c^2)(\partial\nabla\varphi/\partial t)$ は $-\nabla(\nabla\cdot\boldsymbol{A})$ となるので式 (9.28) は

$$\left(\frac{1}{c^2}\frac{\partial^2 \boldsymbol{A}}{\partial t^2} - \Delta\right)\boldsymbol{A} = \mu_0\boldsymbol{j}$$

に帰着する．一方 $-\Delta\varphi$ は $(\rho/\epsilon_0) + (\partial\nabla\cdot\boldsymbol{A}/\partial t)$ に等しくなるが，ここですぐ上の Lorentz 条件を用いれば $\nabla\cdot\boldsymbol{A} = -(1/c^2)(\partial\varphi/\partial t)$ だから結局

$$\frac{1}{c^2}\frac{\partial^2\varphi}{\partial t^2} - \Delta\varphi = \frac{\rho}{\epsilon_0}$$

となって $\boldsymbol{A}$ と φ は別々の方程式に分かれる．後は波動方程式の一般論に従ってこれらの解を求めればよい．

b.　電磁場中の質点の運動

電荷 q をもつ質量 m の質点は，電場 $\boldsymbol{E}$ と磁場 $\boldsymbol{B}$ の存在下では静電力と Lorentz 力を受け $\ddot{\boldsymbol{x}} = q\boldsymbol{E} + q\dot{\boldsymbol{x}}\times\boldsymbol{B}$ で記述される運動を行う．ところで Lagrange による定式化を電磁場中の荷電粒子の運動に適用すると，質点速度を $\boldsymbol{v}$ として次のような Lagrange 関数 (Lagrangian，ラグランジアン)

$$L = \frac{m}{2}\boldsymbol{v}^2 + q\boldsymbol{v}\cdot\boldsymbol{A} - q\varphi$$

を用いて

$$\frac{d}{dt}\left(\frac{\partial L}{\partial \boldsymbol{v}}\right) = \left(\frac{\partial L}{\partial \boldsymbol{x}}\right)$$

(φ はスカラーポテンシャル，$\boldsymbol{A}$ はベクトルポテンシャル) と書かれることになることがわかっている ($\partial/\partial\boldsymbol{v}$ などはその変数に関する勾配演算子を表す．4.1 節冒頭参照)．ここでは解析力学の詳細には触れず，ベクトル解析の応用として上式が確かに Newton 方程式に一致することだけ確かめよう．そこで式 (7.8) を利用して上式を計算すると

$$m\dot{\boldsymbol{v}} + q\frac{\partial\boldsymbol{A}}{\partial t} + q(\boldsymbol{v}\cdot\nabla)\boldsymbol{A} = q\nabla(\boldsymbol{v}\cdot\boldsymbol{A}) - q\nabla\varphi = q\boldsymbol{v}\times(\nabla\times\boldsymbol{A}) + q(\boldsymbol{v}\cdot\nabla)\boldsymbol{A} - q\nabla\varphi$$

すなわち

$$m\dot{\boldsymbol{v}} = q\boldsymbol{v}\times(\nabla\times\boldsymbol{A}) - q\left(\frac{\partial\boldsymbol{A}}{\partial t} + \nabla\varphi\right) = q\boldsymbol{v}\times\boldsymbol{B} + q\boldsymbol{E}$$

と，確かに運動方程式と一致する．

参　考　文　献

[1] ジョージ・アルフケン，ハンス・ウェーバー（権平健一郎，神原武志，小山直人 訳）：基礎物理数学 Vol.1 ベクトル・テンソルと行列，講談社，1999.

[2] 伊理正夫，韓太舜：シリーズ新しい応用の数学　1-I　ベクトルとテンソル第 I 部　ベクトル解析，教育出版，1977.

[3] 小林亮，高橋大輔：ベクトル解析入門，東京大学出版会，2003.

[4] 安達忠次：ベクトル解析，培風館，1961.

[5] H. フランダース（岩堀長慶 訳）：微分形式の理論——およびその物理学への応用，岩波書店，1967.

[6] 戸田盛和：ベクトル解析，岩波書店，1989.

[7] M.A. ジャウスウォン，G.T. シム（関谷壮 監訳）：境界要素法——間接法と直接法——，ブレイン図書出版 (1982)

[8] 寺沢寛一：自然科学者のための数学概論，岩波書店，1983.

[9] 矢野健太郎，石原繁：大学演習　ベクトル解析，培風館，1964.

[10] 永長直人：東京大学工学教程　基礎系　数学　微分幾何学とトポロジー，丸善出版，2016.

お　わ　り　に

「はじめに」でも述べたように，本書ではベクトル解析について理工系学部教育で取り扱われるべき標準的内容について応用を意識しながら解説を行った．

本書の執筆にあたっては，過去に東京大学工学部において数学の講義を担当された大岩，奥薗，松野，岡の 4 名の先生方に分担をお願いし，集まった原稿を有田が最終調整するという方針をとった．第 1 章から 3 章は大岩氏と奥薗氏，第 4 章から 7 章，および 9 章は松野氏，第 8 章は岡氏が担当した．大変厳しい執筆スケジュールの中，ご協力いただいたこれらの先生方に感謝申し上げたい．

最後に，本書の原稿を読んでいくつもの注意と意見を下さった査読者の先生方に感謝する．

2015 年 3 月

著者を代表して
有 田 亮 太 郎

索　　引

欧　文

Bernoulli の定理 (Bernoulli's theorem) 146
Dirac のデルタ関数 (Dirac's delta function) 105
Dirichlet の原理 (Dirichlet's principle) 110
Dirichlet 問題 (Dirichlet problem) 108
Euler 的描像 (Eulerian description) 142
Euler 方程式 (Euler's equation) 143
Frenet-Serret の公式 (Frenet-Serret formula) 30
Gauss の定理 (Gauss' theorem) 73, 85
Green 関数 (Green's function) 112
Green の積分公式 (Green's integral formula) 104
Green の定理 (Green's theorem) 73, 84
Helmholtz の定理 (Helmholtz's theorem) 121
Jacobi 行列 (Jacobian matrix) 50
Keplar の第一法則 (Keplar's first law) 137
Kronecker のデルタ (Kronecker delta) 6, 94
Lagrange 的描像 (Lagrangian description) 142
Levi-Civita 記号 (Levi-Civita symbol) 93
Maxwell の方程式 (Maxwell's equation) 156
Möbius の帯 (Möbius strip) 61
Navier-Stokes 方程式 (Navier-Stokes' equation) 152
Neumann 問題 (Neumann problem) 108
Riemann 積分 (Riemann integral) 47
Schwarz の不等式 (Schwarz inequality) 8
Stokes の定理 (Stokes' theorem) 73, 77

あ　行

一次従属 (linearly dependent) 4
一次独立 (linearly independent) 4
円柱座標 (cylindrical coordinates) 132
オイラー的描像 → Euler 的描像
オイラー方程式 → Euler 方程式

か　行

回転 (rotation) 44
ガウスの定理 → Gauss の定理
拡散方程式 (diffusion equation) 140
擬スカラー (pseudo scalar) 23
基底 (basis) 4
擬ベクトル (pseudo vector) 23
鏡映 (reflection) 23
共変ベクトル (covariant vector) 18
極座標 (polar coordinates) 133
極性ベクトル (polar vector) 23
曲率 (curvature) 29
グリーンの積分公式 → Green の積分公式
グリーンの定理 → Green の定理
クロネッカーのデルタ → Kronecker のデルタ
計量テンソル (metric tensor) 33
ケプラーの第一法則 → Keplar の第一法則
勾配 (gradient) 35

さ 行

軸性ベクトル (axial vector) 23
従法線ベクトル (binormal vector) 29
シュヴァルツの不等式 → Schwarz の不等式
主法線ベクトル (principal normal vector) 29
スカラー (scalar) 3, 16
スカラー三重積 (scalar triple product) 11
ストークスの定理 → Stokes の定理
正規直交化法 (orthonormalization) 7
正規直交基底 (orthonormal basis) 6
正射影 (orthographic projection) 13
接線ベクトル (tangent vector) 28, 126
線形空間 (linear space) 3
線形結合 (linear combination) 3
線素 (line element) 28
双曲座標 (hyperbolic coordinates) 134
双対ベクトル (dual vector) 89

た 行

調和関数 (harmonic function) 98
直交座標系 (orthogonal coordinate system) 126
ディラックのデルタ関数 → Dirac のデルタ関数
ディリクレの原理 → Dirichlet の原理
ディリクレ問題 → Dirichlet 問題
テンソル (tensor) 21
テンソル積 (tensor product) 21

な 行

ナヴィエ・ストークス方程式 → Navier-Stokes 方程式
熱伝導方程式 (heat conduction equation) 140
ノイマン問題 → Neumann 問題

は 行

場 (field) 15
発散 (divergence) 40
反転 (inversion) 23
反変ベクトル (contravariant vector) 18
フレネー・セレーの公式 → Frenet-Serret の公式
ベクトル (vector) 3, 17
ベクトル空間 (vector space) 3
ベクトル三重積 (vector triple product) 12
ベクトル積 (vector product) 8
ベルヌーイの定理 → Bernoulli の定理
ヘルムホルツの定理 → Helmholtz の定理
方向微分 (directional derivative) 36

ま 行

マクスウェルの方程式 → Maxwell の方程式
メビウスの帯 → Möbius の帯
面積分 (surface integral) 60

や 行

ヤコビ行列 → Jacobi 行列

ら 行

ラグランジュ的描像 → Lagrange 的描像
リーマン積分 → Riemann 積分
捩率 (torsion) 30
レビ・チビタ記号 → Levi-Civita 記号

東京大学工学教程

編纂委員会

光　石　　　衛（委員長）
相　田　　　仁
北　森　武　彦
小　芦　雅　斗
佐久間一郎
関　村　直　人
高　田　毅　士
永　長　直　人
野　地　博　行
原　田　　　昇
藤　原　毅　夫
水　野　哲　孝
吉　村　　　忍（幹　事）

数学編集委員会

永　長　直　人（主　査）
岩　田　　　覚
駒　木　文　保
竹　村　彰　通
室　田　一　雄

物理編集委員会

小　芦　雅　斗（主　査）
押　山　　　淳
小　野　　　靖
近　藤　高　志
高　木　　　周
高　木　英　典
田　中　雅　明
陳　　　　　昱
山　下　晃　一
渡　邉　　　聡

化学編集委員会

野　地　博　行（主　査）
加　藤　隆　史
菊　地　隆　司
高井まどか
野　崎　京　子
水　野　哲　孝
宮　山　　　勝
山　下　晃　一

2016 年 11 月

著者の現職

大岩　顕（おおいわ・あきら）
大阪大学産業科学研究所第1研究部門（情報・量子科学系）教授

奥薗　透（おくぞの・とおる）
名古屋市立大学大学院薬学研究科創薬生命科学専攻准教授

松野俊一（まつの・しゅんいち）
東海大学理学部物理学科准教授

岡　隆史（おか・たかし）
マックス・プランク複雑系物理学研究所グループリーダー

有田亮太郎（ありた・りょうたろう）
理化学研究所創発物性科学研究センター
計算物質科学研究チームチームリーダー

東京大学工学教程　基礎系　数学
ベクトル解析

平成28年12月20日　発　　行
令和 6 年 8 月25日　第6刷発行

編　者　東京大学工学教程編纂委員会

著　者　大岩　顕・奥薗　透・松野俊一・
　　　　岡　隆史・有田亮太郎

発行者　池　田　和　博

発行所　丸善出版株式会社
〒101-0051 東京都千代田区神田神保町二丁目17番
編 集：電話(03)3512-3266／FAX(03)3512-3272
営 業：電話(03)3512-3256／FAX(03)3512-3270
https://www.maruzen-publishing.co.jp

組版印刷・製本／三美印刷株式会社

ISBN 978-4-621-30101-2 C 3341　　Printed in Japan